国家重点研发计划项目(2023YFC3008800)资助
国家自然科学基金(52404252)资助

粉体抑爆剂抑制聚乙烯粉和乙烯/聚乙烯粉爆炸特性研究

苏明清　魏利军　多英全　陈思凝　著

中国矿业大学出版社
· 徐州 ·

内 容 提 要

本书通过自主搭建的可燃气固两相爆炸抑制实验系统，以聚乙烯粉和乙烯/聚乙烯粉气固两相混合物作为研究对象，选取 ABC 干粉、三聚氰胺氰尿酸盐 MCA 和三聚氰胺聚磷酸盐 MPP 等典型粉体抑爆剂，研究了粉体抑爆剂对聚乙烯粉和乙烯/聚乙烯粉的爆炸强度和火焰传播的影响规律，并结合热力学分析、分子动力学模拟、产物分析及化学反应动力学分析，明确了粉体抑爆剂对聚乙烯粉或乙烯/聚乙烯粉爆炸过程中热稳性、微观结构及反应路径的影响，揭示了粉体抑爆剂的抑爆机理。

本书可供从事气体与粉尘爆炸的研究人员参考，也可作为从事安全生产和应急管理专业人员的参考用书。

图书在版编目(CIP)数据

粉体抑爆剂抑制聚乙烯粉和乙烯/聚乙烯粉爆炸特性研究 / 苏明清等著. — 徐州 : 中国矿业大学出版社, 2025. 3. — ISBN 978-7-5646-6714-6

Ⅰ. TD714

中国国家版本馆 CIP 数据核字第 2025XA7386 号

书　　名　粉体抑爆剂抑制聚乙烯粉和乙烯/聚乙烯粉爆炸特性研究
著　　者　苏明清　魏利军　多英全　陈思凝
责任编辑　褚建萍
出版发行　中国矿业大学出版社有限责任公司
　　　　　　(江苏省徐州市解放南路　邮编 221008)
营销热线　(0516)83885370　83884103
出版服务　(0516)83995789　83884920
网　　址　http://www.cumtp.com　**E-mail**:cumtpvip@cumtp.com
印　　刷　苏州市古得堡数码印刷有限公司
开　　本　787 mm×1092 mm　1/16　**印张** 9.25　**字数** 237 千字
版次印次　2025 年 3 月第 1 版　2025 年 3 月第 1 次印刷
定　　价　41.50 元
(图书出现印装质量问题，本社负责调换)

前　言

在聚乙烯生产全过程中，造粒、干燥、气力输送、卸料等工艺阶段均存在较高浓度的聚乙烯粉尘云，一旦遇到一定能量的静电、电火花、机械热表面、摩擦等点火源，均可能发生爆炸。运用固态粉体抑爆剂抑制聚乙烯粉尘爆炸是当前的研究热点，但前人多偏重对纯聚乙烯粉的爆炸抑制研究，对乙烯气体参与爆炸的抑爆研究较少。

本书通过自主搭建的可燃气固两相爆炸抑制实验系统，以聚乙烯粉和乙烯/聚乙烯粉气固两相混合物作为研究对象，选取ABC干粉（磷系抑爆剂）、三聚氰胺氰尿酸盐（MCA，氮系阻燃剂）和三聚氰胺聚磷酸盐（MPP，磷-氮协同阻燃剂）等典型粉体抑爆剂，研究了粉体抑爆剂对聚乙烯粉和乙烯/聚乙烯粉爆炸强度和火焰传播的影响规律，并结合热力学分析和分子动力学模拟、产物分析以及化学反应动力学分析，揭示了粉体抑爆剂的抑爆机理。

本书共分为7章，第1章为绪论，介绍了可燃气固两相爆炸以及抑爆的研究现状和进展，提出了本书的主要研究内容和技术路线。第2章为实验系统与实验材料，详细介绍了本书开展研究所使用的球形和管道实验系统，以及所使用的聚乙烯粉和粉体抑爆剂的物理表征特性。第3章利用热重分析（thermogravimetric analysis，TGA）和差式扫描量热法（differential scanning calorimetry，DSC）以及热重分析（TGA）-傅里叶变换红外光谱（fourier transform infrared spectroscopy，FTIR）联用技术，开展不同抑爆剂作用下聚乙烯粉热动力学特性的实验研究，并结合分子动力学模拟对抑爆剂与混合物的氧化热解产物进行分析，为抑爆实验开展和抑爆机理分析提供基础。第4章利用20 L球形实验系统，测试不同抑爆剂对聚乙烯粉爆炸压力特征、爆炸时间特征和火焰形态的影响，同时利用爆炸抑制管道实验系统，研究抑爆剂作用下聚乙烯粉爆炸火焰的传播特性。第5章利用20 L球形实验系统和爆炸抑制管道实验系统，开展抑爆剂抑制乙烯/聚乙烯粉爆炸特性的实验研究。第6章从化学反应动力学出发，对不同工况下的爆炸固态产物进行XPS分析，并结合前文聚乙烯粉和抑爆剂的热解特性分析，明确抑爆剂的热分解作用产物以及爆炸固态产物的化学组分，进而构建抑爆剂作用下聚乙烯粉气相爆炸的化学反应动力学模型，对抑爆机理进行研究。第7章为结论与展望，总结了本书得到的研究结论和创新点以及展望。

本书基于作者近年来在中国安全生产科学研究院开展的气体粉尘爆炸研究成果撰写而成。编写过程中广泛参考了前人的研究成果及国内外相关著作，在此表示感谢。李静静、丁大伟、梁雪荣、姚祺参与了本书部分内容的研究工作，在此一并致谢。

书中提出的许多新观点和新方法有待今后进行更深入细致的研究。由于作者水平有限，书中难免存在疏漏，不妥之处恳请读者批评指正。

中国安全生产科学研究院

苏明清　魏利军　多英全　陈思凝

2024年12月

目　录

1 绪　论

1.1 研究背景与意义

聚乙烯(polyethylene,简称 PE)是一种应用十分广泛的热塑型树脂,由乙烯聚合制成。聚合反应容器所用的压力不同,制得的聚乙烯密度和结构也不同,主要分为高密度聚乙烯(high density polyethylene,简称 HDPE)、低密度聚乙烯(low density polyethylene,简称 LDPE)和线性低密度聚乙烯(linear low density polyethylene,简称 LLDPE)三大类[1]。聚乙烯呈白色蜡状,密度小于水,介电性能好[2],耐低温性能好,在日常生活和工业生产中得到广泛应用。随着制造工艺的改进和性能的提升,聚乙烯也被应用于电子电器、医疗器械、航天航空等领域。作为世界上通用合成树脂中产量与销量最大的品种之一,聚乙烯在合成材料中具有举足轻重的地位,是国民经济中非常重要的石化产品。

应用领域的不断扩大使得聚乙烯全球需求量持续增长,据印度信实集团调研,仅在亚洲市场,聚乙烯的需求量每年将增加 6%[3]。近十年来,我国的聚乙烯生产已进入产能高峰发展阶段,聚乙烯消费量增速持续提升(图 1.1)。到 2024 年年底,我国聚乙烯产能将达到 34 Mt/a[4]。

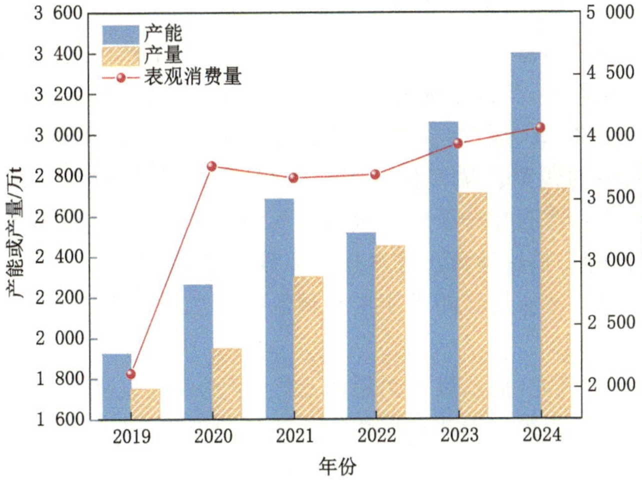

图 1.1　2019—2024 年聚乙烯产能、产量和表观消费量

不断增长的需求量导致聚乙烯生产装置和规模不断扩大,生产过程中易燃易爆物质的种类和数量随之增加,暴露出的事故隐患也变多。尤其在聚乙烯生产全过程中,造粒、干燥、气力输送、卸料等工艺阶段均存在较高浓度的聚乙烯粉尘云,一旦遇到一定能量的静电、电火花、机械热表面、摩擦等点火源,均可能发生粉尘爆炸[5,6]。频发的聚乙烯粉尘火灾

爆炸事故造成了严重的人员伤亡和经济损失,引起社会的广泛关注。例如,中国石油化工集团有限公司曾对10家烯烃生产企业进行联合调查后发现,共发生静电引起的烯烃火灾与爆炸事故70起[7,8]。国内外典型烯烃的爆炸事故如表1.1所示。

表1.1　典型烯烃爆炸事故列举

序号	发生时间	发生地点	事故描述	伤亡损失
1	1989年	美国休斯敦石油化工厂	高密度聚乙烯装置发生火灾爆炸事故	23人死亡,300多人受伤[9]
2	1993	北京某化工厂	高压聚乙烯装置切粒机厂房爆炸	3死4伤[10]
3	2002	中国石油天然气股份有限公司辽阳石化分公司烯烃厂	聚乙烯生产装置发生爆炸	8人死亡,19人受伤[11]
4	2003	美国西式医药公司	厂房顶棚聚乙烯爆炸	6人死亡,38人受伤[12]
5	2013	韩国大林产业高密度聚乙烯第二工厂	筒仓内聚乙烯粉尘爆炸	6死11伤[13]
6	2019	中国石油天然气股份有限公司哈尔滨石化分公司	聚丙烯装置聚丙烯树脂粉料包装间爆炸	1死1伤,直接经济损失250万元[14]
7	2019	美国埃克森美孚贝敦烯烃工厂	聚丙烯装置发生爆炸火灾事故	66人受伤

聚乙烯颗粒在生产和输送过程中存在的可燃气体主要为乙烯,在聚合过程中,乙烯气体与聚乙烯粉尘往往共存。如上述事故中,1993年北京某化工厂聚乙烯切粒机厂房发生爆炸,直接原因是乙烯气体及聚合物从管道中高速喷射,产生静火花引起爆炸[10]。2002年中国石油天然气股份有限公司辽阳石化分公司烯烃厂聚乙烯生产装置爆炸是由于泄漏的乙烯气体被吸入沸腾干燥器内,与聚乙烯粉末、热空气形成爆炸混合物,被聚乙烯粉末沸腾产生的静电火花引爆[11]。2013年韩国大林产业高密度聚乙烯第二工厂储料筒仓在维修时,焊接火星引爆了筒仓内的残留乙烯气体和聚乙烯粉,导致事故发生[13]。2019年中国石油天然气股份有限公司哈尔滨石化分公司的聚丙烯粉料包装间,由于聚丙烯粉料携带丙烯进入包装系统时,因聚丙烯粉料快速流出的摩擦产生静电点燃,造成爆炸[14]。以上事故表明,乙烯气体和聚乙烯粉尘的两相爆炸相较于单一聚乙烯粉尘爆炸更容易发生且威力更大,现有研究也证实了这一点[15]。

综上所述,开展本书研究,揭示聚乙烯粉和乙烯/聚乙烯粉气固爆炸动力学特性及爆炸抑制特性,对提高乙烯/聚乙烯气固两相爆炸灾害防治的效果、减少涉粉生产系统爆炸事故等具有重要的现实意义。

1.2　国内外研究现状及进展

1.2.1　可燃气固两相体系爆炸强度和感度特性研究

可燃气固两相爆炸的危险性特性参数包括爆炸强度和爆炸感度。爆炸强度指的是爆炸发生时的危害程度，如爆炸压力峰值(p_{max})、爆炸压力上升速率峰值$(dp/dt)_{max}$、爆炸指数(K)等；爆炸感度反映爆炸的可能性，如混合爆炸的上下极限、最低着火温度(MIT)和最小点火能量(MIE)等。

19 世纪 80 年代，德国学者 Engler 在研究煤尘爆炸时发现，掺入少量煤尘的低于瓦斯爆炸下限的混合体系也能发生爆炸[16]，被认为是可燃气固两相爆炸研究的开端。由于瓦斯煤尘共存体系常见于煤矿井下开采，大量的煤矿事故也属于此种类型，因此研究得最早和最为普遍。

大多数学者使用球形爆炸装置对电火花或化学点火头引起的煤尘和甲烷(CH_4)爆炸进行了实验研究。Amyotte 等利用 26 L 球形爆炸装置的实验发现，CH_4引起的煤尘爆炸压力特性变化受煤尘浓度的影响，当煤尘浓度较低时，爆炸压力和爆炸压力上升速率的增加幅度显著，随着煤尘浓度的增加，增加幅度减小[17]；CH_4的存在使得煤尘的贫燃极限降低，且点火能量越低，贫燃极限降低的幅度越明显[18]。Ajrash 等利用 20 L 球爆炸装置在使用 5%及以下浓度的 CH_4与煤尘开展混合爆炸实验后发现，混合体系相较于单一煤尘爆炸，混合物的最小爆炸浓度降低，超压和爆燃指数增加[19]。Zhao 等研究了少量 CH_4对两种煤尘爆炸特性的影响，在使用 10 kJ 化学点火器开展 20 L 球爆炸实验时发现，在煤尘浓度相同的情况下，加入 CH_4对煤尘爆炸的促进作用高于可燃气体 H_2和 CO 的促进作用[20]。Song 等得出结论：在大气压作为初始压力时，20 L 球内煤尘瓦斯混合爆炸压力最大的组合为 200 g/m^{3}煤粉和体积分数为 5%的 CH_4，并且当 CH_4浓度低于 8%时，CH_4和煤尘混合爆炸的超压大于单一 CH_4爆炸的超压，而当 CH_4浓度超过 8%时，混合物的最大爆炸压力会随着初始压力的增大而不断上升，最大压力上升速率也呈增大趋势[21]。Li 等向 3 种质量浓度为 125 g/m^{3}的煤尘云中添加不同体积分数 CH_4发现，煤尘最大爆炸压力和爆炸指数随 CH_4浓度的增加先增大后减小，在 CH_4体积分数为 10%时出现压力峰值[22]。

除了煤尘和 CH_4含量、点火能量、初始压力等基本参数之外，在煤的变质程度、点火类型、延迟时间等方面对混合爆炸的影响也开展了大量研究。Landman 使用 1 J 的点火能对质量浓度范围为 40～600 g/m^{3}煤尘和体积分数范围为 1%～10%的 CH_4混合体系开展了爆炸实验，以此得到了不同挥发煤粉的最小爆炸浓度[23]。Wang 等研究了煤的挥发分对煤尘和 CH_4混合爆炸的影响，发现挥发分低对爆炸严重程度影响显著，挥发分高对最小爆炸浓度影响显著[24]。Li 等通过对不同程度加热氧化煤尘与 CH_4的混合爆炸研究发现，煤尘的预氧化会提高 CH_4/煤尘混合物的爆炸强度，并延长燃烧时间[25]。Ma 等认为低温氧化引起煤尘中挥发物的减少抑制了 CH_4/煤尘混合物的火焰传播，但低温氧化过程中煤尘形成的裂纹和孔隙促进了炭的燃烧[26]。Li 等在使用钛与钢摩擦产生的火花作为点火源引发煤尘和瓦斯混合爆炸时发现，煤尘的加入增加了点火延迟时间[27]。Zhang 等自行研制了高温源诱发气体爆炸的装置用于模拟采空区煤自燃引起瓦斯/煤尘爆炸的过程，混合物的爆炸压力特性参数与高温源温度和煤的挥发分含量密切相关[28,29]。

除了常见的立方体实验系统外，也有大量学者利用管道装置开展爆炸传播的研究。Liu 等在内径 199 mm、长 30.8 m 的水平管中，对强点火条件下的 CH_4/煤尘/空气爆炸进行了研究，实验中观察到了 DDT(deflagration-to-detonation transition，爆燃转爆轰)过程[30]。Ajrash 等的研究表明，低浓度煤尘对水平直管道内预混 CH_4火焰爆燃特性的影响随管内燃料浓度的不同而变化：当管内 CH_4浓度为 5%时，10 g/m^{3}煤尘的存在并没有使得混合体系的爆燃特性发生显著变化；30 g/m^3煤尘的存在使爆炸最大超压增加到 13.5 kPa。当 CH_4浓度为 7.5%时，混入 10 g/m^3的煤尘显著地增强了火焰，最大爆炸超压从 42～75 kPa 的范围增加到 85～110 kPa 的范围；当煤尘浓度增加到 30 g/m^3时，最大爆炸超压在 129～195 kPa 之间。9.5%CH_4浓度下 10 g/m^3煤尘的存在使得火焰爆燃特性增强，最大超压达到 375 kPa 左右，30 g/m^3的煤尘降低了爆炸的强度[31]。低浓度煤尘对爆炸下限浓度瓦斯的最大爆炸压力影响显著[32]。Guo 等研究表明，低浓度煤尘的加入提升了瓦斯爆炸强度，当气体浓度为 9.5%时，加入煤尘后，在反射波的影响下，爆炸火焰速度达到爆震级[33]。郭佳琪等通过正交实验研究了不同因素对瓦斯煤尘混合爆炸的量化影响，结果表明对爆炸压力峰值的影响由强到弱依次为：瓦斯体积分数、煤粉质量浓度、煤粉种类、煤粉粒径[34]。王秋红等采用瞬态火焰传播实验系统对煤尘瓦斯混合爆炸开展了研究，与单一瓦斯爆炸相比，煤尘瓦斯混合爆炸产生的中间产物辐射强度增加[35]。汤其建等研究了索特平均直径对煤粉及其在瓦斯气氛中爆炸特性的影响[36]。对于管道内的沉积煤尘，也开展了 CH_4诱导煤尘二次爆炸的研究，考虑了拐弯角度[37]、煤尘特性[38]、CH_4冲击强度[39]、煤尘质量[40]、障碍物[41]等因素。

随着计算能力的快速提高和新算法的发展，数值模拟也逐渐成为研究两相混合爆炸的重要方式之一。魏嘉、李润之运用 Fluent 软件对 CH_4爆炸冲击波引起沉积煤尘卷扬发生爆炸进行了模拟，分析了爆炸过程中的压力和温度变化[42,43]。何琰儒等利用 Fluent 研究了煤粉粒径及质量浓度对煤粉云爆炸超压的影响[44]。李海涛等利用 Fluent 及其二次开发对湍流状态下竖直管道内 CH_4/煤尘预混特征及爆炸过程进行了数值模拟[45]。Yu 等基于化学反应动力学构建了 CH_4与煤挥发物爆炸的反应和颗粒产物生成模型，并利用 CHEMKIN-PRO 软件对不同条件下 CH_4/煤挥发物的混合爆炸开展了数值模拟[46,47]。此外，还有学者从爆炸产物角度研究了可燃气固两相爆炸的特征，以期为事故调查提供物证分析的依据。Li 等提出了 CH_4/煤颗粒混合物诱导爆炸的机制，包括气态和固体产物的形成途径[48]，并收集了 4 种 CH_4/空气氛围下 6 种质量浓度的煤尘爆炸后固体颗粒产物，并利用分形理论对产物进行了定量分析，结果表明颗粒粒径变化的分形维数随 CH_4当量比的增加呈对数递增；颗粒的圆度分布范围随煤尘浓度的增加逐渐扩大，然后随着粒径的增加呈负对数减小[49]。Liu 等研究发现，CH_4/煤尘/空气混合物爆炸后气体产物中可燃气体的体积分数高于 CH_4/空气混合物爆炸后气体产物中的体积分数[50]。

可燃粉尘和易燃气体的混合物广泛存在于煤矿、石化、冶金、纺织和制药工业。常见的可燃气固两相研究包括氢气、烷烃与金属粉、有机粉等。

Baker 对比了 3 种烷烃（CH_4、C_3H_8、C_4H_{10}）与纤维素粉混合体系爆炸与纤维素粉单独爆炸时发现，混合体系的爆炸超压峰值提升不显著，最大爆炸压力上升速率显著提升[51]。Zhang 等研究了铝粉与气态环氧丙烷的混合爆炸，混合物的可燃下限随着铝粉浓度的增加而降低，环氧丙烷的体积分数为 7%时，混合体系的压力值最大且温度最高[52]。

Garcia-Agreda 等基于 CH_4和烟酸在 20 L 球内的实验数据将两相爆炸的作用分为粉尘驱动爆炸、双燃料爆炸、气体驱动爆炸、协同爆炸和无爆炸 5 种类型，并给出了烟酸浓度与 CH_4体积和各自爆炸下限的关系式，如下所示[53]。

$$\frac{c}{\mathrm{MEC}} = \left(1 - \frac{y}{\mathrm{LEL}}\right)^{\lambda} \tag{1.1}$$

Russo 等在 Garcia-Agreda 对爆炸分类的基础上，通过对粉尘挥发分燃烧过程中火焰传播过程的详细模拟，对 CH_4 和烟酸混合爆炸的爆炸指数进行了理论计算，完善了对爆炸指数的预测[54]。

喻健良、纪文涛等对不同的气固两相体系，如 CH_4/石蒜、CH_4/聚乙烯、乙烯/石蒜和乙烯/聚乙烯、氢/镁等开展了大量爆炸实验研究[15,55-58]，基于实验数据提出了可燃下限的预测公式[59]，即

$$\frac{c}{\text{MEC}} = 4.8 - 3.03 y_{CH_4}/\text{LEL} \tag{1.2}$$

式中，c 是混合物中的粉尘浓度，g/m³；y 为混合物中可燃气体的体积分数，%；MEC 是单一粉尘的最小爆炸浓度，g/m³；LEL 是单一可燃气体的爆炸下限，%。

Yu 等从氢气体积分数(5%、10%)[60]、铝粉粒径[61]、可燃气体乙烯添加[62]、密闭反应容器[63]等方面研究了氢气与铝粉的混合爆炸，发现混合爆炸存在一个影响爆炸超压峰值和最大爆炸压力上升速率变化趋势的氢气临界浓度。Cheng 等对低浓度氢气(体积分数为 1%，2%和 4%)与铝粉的爆炸开展了研究，当氢气的体积分数为 4%时，20 L 球体内产生的爆炸压力与单一铝粉相比提升了 8.3%左右，爆炸压力上升率增加了 48%[64]。Yu 等研究了油页岩粉尘与合成气混合物的着火敏感性，发现油页岩的着火敏感性与挥发物的含量有关，但是当合成气含量超过 3%时，挥发性的影响可以忽略不计[65]。徐伟巍等对酒精蒸气/烟草粉尘的最小点火能进行了测试[66]。Kosinski、Torrado 以及 Kylafis 等研究了气体种类、点火延迟时间、湍流环境对炭黑粉与可燃气体/空气混合物爆炸特性的影响，低浓度的炭黑粉对混合体系爆炸压力的提升更显著[67-70]。Pico 等使用 Autodesk Inventor 来构建 20 L 球体装置模型，并利用 STAR-CCM+这一 CFD 模拟软件，对小麦及其热解气的混合爆炸进行了模拟，提出根据相化学反应性质的参数来分析爆炸参数[71]。

关于聚乙烯及其与乙烯混合爆炸的爆炸感度和强度方面也开展了一些研究。Addo 等使用了标准直径为 40～48 μm 和 125 μm 的两种超高分子聚乙烯粉末，分别在 20 L 爆炸球和 1 m³ 爆炸舱内进行测试，实验结果表明，由于粒径减小，细聚乙烯样品的超压峰值和爆炸指数高于粗样品，相同质量样品在 20 L 爆炸球中实验的超压峰值和爆炸指数低于 1 m³ 爆炸舱中实验的值[72]。Stahmer 等研究了颗粒表面积变化对聚乙烯爆炸反应的影响以及爆炸后的气相产物[73,74]。Benedetto 等建立了一个能将粉尘爆炸过程中涉及的所有步骤耦合起来的数学方程模型，用以量化粉尘粒径大小对其爆炸危害性的影响，并将不同粒径聚乙烯爆燃指数的实验值与模型值进行了比较，验证了模型的有效性[75]。郑秋雨等开展了高密度聚乙烯粉的粒度、喷粉压力以及喷粉量对 MIE 的影响研究[76]。Pang 等基于不同粒径聚乙烯粉的 MIE、MIT 和最小爆炸浓度(MEC)实验数据，构建了聚乙烯粉尘爆炸风险评估方法[77,78]。Badli 等分析了 20 L 爆炸球中乙烯气体浓度对低密度聚乙烯粉尘混合爆炸的影响，并根据理想气体定律计算了绝热火焰温度[79]。

刘义等从聚乙烯输送过程中烃类气体含量、聚乙烯粉体最小点火能量[80]、聚乙烯粉体与可燃性气体混合物最小点火能量[81]、静电放电能量等 4 个方面提出了聚乙烯输送系统安全可接受程度分析方法[82,83]。袁长高研究了乙烯对聚乙烯生产过程中发生燃爆危害的影响，指出当聚乙烯粉尘混合了乙烯后，形成的粉尘云爆炸感度降低，易发生闪爆[84]。Cheng 等研究了不同浓度乙烯和丙烯气体对聚乙烯粉尘爆炸特性的影响，加入乙烯和丙烯气后，

聚乙烯粉的最大爆炸压力分别提高了1.4倍和1.1倍[85]。

何贞君从热解氧化角度研究了聚乙烯粉燃爆的机理，提出高密度聚乙烯的脂肪烃官能团容易与氧反应，所以对其氧化燃烧有较大影响[86]。更进一步，尹同山和Bai等开展了乙烯氛围下的聚乙烯热解动力学研究，结果表明，升温速率的增加对聚乙烯的热解速率影响不大。当乙烯浓度在5%～10%之间时，乙烯浓度的增加对聚乙烯的热解有轻微的抑制作用，降低了聚乙烯的热解速率[87,88]。

通过上述研究可以发现，可燃气体与粉尘的两相爆炸的爆炸敏感度比纯粉尘高，同时爆炸强度参数也会增大。从已有的乙烯和聚乙烯两相爆炸的强度特征研究来看，它们也表现出类似的特点。因此，在考虑爆炸防护时应该关注相关两相混合体系的爆炸危险性。

1.2.2 可燃气固两相体系爆炸火焰传播特性研究

爆炸产生的火焰是粉尘爆炸的重要研究对象，粉尘爆炸火焰研究成果可用于两相混合爆炸火焰的分析。Kansa等通过考虑固体热解、气体燃烧、固-气燃烧、辐射传输、质量和热扩散以及对流等过程的作用，构建了煤尘燃烧的动态计算模型[89]。Slezak等建立了包括煤的非均质燃烧、煤的热解、挥发分的均质燃烧以及辐射换热等过程作用的两相燃烧模型，用以描述富燃料状态下煤尘火焰传播的特征[90]。Clark等基于瞬态宏观变化方程，建立了湍流状态下煤尘火焰传播和加速的模型，并对管道直径、煤颗粒直径等因素影响火焰速度的程度进行了预测[91]。Bocanegra等在纳米铝粉尘云中发现了气相火焰传播的现象，并提出了一个三阶段燃烧模型，其中包括冷凝相、气相和均相混合物中的氧化[92]。Zhang等基于纳米聚甲基丙烯酸甲酯(PMMA)爆炸火焰精细结构的分析，构建了纳米粉尘爆炸火焰的传播模型，并将火焰分成6个区域[93,94]。Wang等开展了开放竖管内纳米级和微米级钛粉爆炸实验，结果表明纳米级钛粉爆炸在燃烧过程中形成平滑连续的火焰锋，而微米级钛粉爆炸呈现团簇火焰锋。纳米和微米钛粉爆炸的传热主要由外部传热控制，脉动火焰传播速度随粒径减小而增大[95]。Gao等利用高速摄影和带通滤波器相结合的方法记录了不同材料和颗粒大小分布的粉尘云爆炸火焰结构，观察到了火焰传播的动力学控制机制和脱挥发分控制机制，并通过定义加热和脱挥发分特征时间与燃烧反应特征时间的比率来判断机制的分类[96]。

Wang等开展了Al-Mg合金粉尘的着火敏感性和爆炸危险性实验，发现爆炸火焰传播速度随粒径的增加而逐渐减小，小粒径Al-Mg合金粉尘的火焰传播加速度逐渐增大，并给出了火焰传播机理[97]。

Bai等利用容积为10 m^3的卧式圆柱体爆炸容器开展了CH_4和煤尘预混爆炸的超压和火焰传播研究，并对火焰锋面结构进行了精细化分析[98]。刘义、陈东梁等通过竖直燃烧管道内CH_4和煤尘混合爆炸的传播实验，分析了爆炸复合火焰反应区的基本结构，当煤尘主导时火焰有气相燃烧反应区和非均相燃烧反应区；当CH_4浓度增加成为主导时，复合火焰由两个燃烧反应区变成一个燃烧反应区，并揭示了火焰各个反应区的强度变化[99-101]。裴蓓等利用20 L爆炸球的实验表明，添加煤尘后的混合爆炸在反应初期的火焰速度降低，但是火焰的胞状结构减少，火焰传播更稳定，因而更有利于煤粉粒子参与反应[102]。周永浩等使用低于爆炸下限的不同体积分数CH_4与不同种类的煤粉开展了爆炸实验，研究表明焦煤反应的亮度最高，到达燃烧管口所需的时间最短[103]。景国勋等的研究也说明了这一点，挥发

分高的煤种与 CH_4 混合爆炸的火焰传播速度更大[104]。Wang 等采用激光纹影技术研究了弱点火条件下低浓度煤尘对 CH_4 爆炸的影响。实验结果表明，在 CH_4 体积分数为 9.5%和 8.0%时，最大爆炸压力随煤尘浓度的增加先增大后减小；当 CH_4 体积分数为 6.5%时，低浓度煤尘的存在通常显示出抑制作用。煤尘对球形火焰的初始作用主要是降低拉伸速度和临界半径，使火焰更早地从层状光滑状态转变为胞状褶皱状态[105]。Jiang 等的研究发现，当煤粉和 CH_4 的浓度低于各自的可燃下限时，混合气的火焰传播速度随湍流强度的增加而增加，火焰传播速度的加快是由于湍流引起的挥发性物质释放和火焰折叠区域的增加[106]。

Kim 等使用改进的 1.2 L 哈特曼管研究了丙烷和 *L*-亮氨酸浓度对混合物火焰行为的影响。研究发现，混合物中的火焰速度受气体爆炸速度的影响，火焰速度随着丙烷浓度的增加而增加，但化学计量丙烷、空气、*L*-亮氨酸粉末混合物在爆炸传播初期的火焰速度几乎是恒定的[107]。Torrado 等比较了炭黑和氧化铝纳米颗粒对 CH_4/空气爆炸火焰的影响，炭黑团聚物在高湍流水平下的碎裂增加了火焰的热辐射效应，并增强了火焰表面的改性；另外建立了含纳米颗粒两相介质混合物爆炸的一维火焰速度计算模型，数值模型的结果表明，热辐射贡献对火焰传播有促进作用[108-110]。Vickery 等在利用橡胶球作为反应容器进行等压状态下 CH_4 和铝粉混合爆炸的实验时发现，当 CH_4 后火焰区中没有过量氧气时，火焰速度随着铝质量浓度的增加而降低，当铝粉的质量浓度超过 100 g/m^3 时，由于铝粉火焰与 CH_4 火焰热耦合产生的高温火焰峰，火焰速度保持不变；当氧气过量时，火焰速度随着铝粉质量浓度的增加而不断升高，并在铝粉的质量浓度超过 150 g/m^3 时达到稳定[111]。

对于聚乙烯粉及其与乙烯气体混合爆炸的火焰传播也开展了一些研究。Pang 等对半开放管道中的低密度聚乙烯粉浓度和粒径影响火焰的传播进行了实验研究，结果表明最大火焰速度和平均火焰速度随着聚乙烯质量浓度的增加先变大后变小；聚乙烯颗粒尺寸越小，比表面积越大，总反应面积和燃烧速率越大，火焰的持续加速距离越长，最大和平均火焰速度越高，火焰轮廓越清晰，前表面越光滑和明亮[112]。

Quek 等利用 Fluent 软件对 20 L 球内低密度聚乙烯粉和乙烯气体的混合爆炸开展了数值模拟，并根据模拟结果将混合爆炸的传播分为燃烧阶段、预热阶段和未燃烧阶段，提出粒子力的复杂相互作用、聚乙烯粒子的随机分布、乙烯气体的扩散效应和淬火效应是影响容器内火焰传播的主要机制[113]。

Gan 等研究了高密度聚乙烯粉及其与乙烯气体混合在竖管中的火焰传播。当聚乙烯颗粒尺寸$<$75 μm 时，火焰温度与火焰传播速度具有相同的变化趋势；乙烯/聚乙烯混合火焰由预混气体火焰和扩散粉尘火焰组成，随着乙烯浓度的增加，火焰传播机理由脱挥控制状态过渡到动力学控制状态[114-116]。

喻健良等对体积为 1 L 的圆柱形密闭空间内聚乙烯爆炸火焰传播进行了特性分析，当聚乙烯粉的质量浓度为 400 g/m^3 时，传播速度最高[117]。Ji 研究了 1 L 密闭圆柱形容器内高压状态下乙烯/聚乙烯混合爆炸的火焰传播特性，随着聚乙烯粉尘浓度的增加，密闭容器内聚乙烯粉尘爆炸的火焰亮度、火焰前沿连续性和平均火焰传播速度先增大后减小，加入乙烯后预混火焰区和预热区厚度显著增加[118]。

当前对于聚乙烯粉和乙烯/聚乙烯粉爆炸火焰的传播已具有一定研究基础，但对其与爆炸强度的研究主要集中在爆炸宏观特性参数方面，而对化学反应动力学和分子动力学等微观层面的机理研究较少。

1.2.3 可燃粉尘与气固两相爆炸的抑制研究

爆炸防治最常见手段之一是抑爆，即在探测到爆炸发生时，向爆炸发生的位置喷洒抑爆剂来扑灭火焰，抑制爆炸的进一步发展。根据抑爆剂的形态和性质，抑爆剂可分为固态粉体抑爆剂、气体抑爆剂以及细水雾[119]。

针对聚乙烯一类的合成树脂粉尘，当前主要进行了一些粉体抑爆的研究。Wang 等使用 $NaHCO_3$ 进行聚乙烯粉尘爆炸抑制实验，结果表明，$NaHCO_3$ 粉体能有效地抑制聚乙烯粉尘爆炸，且随着惰性比的增加，抑制效果逐渐增强。$NaHCO_3$ 颗粒的热分解可以有效地吸收聚乙烯粉尘火焰前沿的热量，所生成的含钠物质能有效地与火焰中的自由基反应并清除自由基，尤其是自由基 O·。链式反应速率和热释放速率都会降低，从而产生有效的抑制效果[120]。Zhang 等比较了 $(NH_4)_2CO_3$ 和 SiC 对聚乙烯爆燃火焰传播和爆炸压力特性的影响，随着 $(NH_4)_2CO_3$ 和 SiC 质量分数的增加，火焰的传播速度和加速度都在减小，SiC 通过降低爆炸燃烧温度的物理作用抑制聚乙烯的爆炸燃烧，$(NH_4)_2CO_3$ 通过物理和化学作用抑制聚乙烯的爆炸燃烧，$(NH_4)_2CO_3$ 的抑制效果更好[121]。Pan 等采用原位合成法制备了一种新型氢氧化铝(ATH)/介孔硅材料(SBA-15)的复合粉体抑爆剂对聚乙烯粉的爆炸进行抑制，结果表明，当 ATH/SBA-15 的添加量超过 40%时，聚乙烯粉爆燃完全被抑制。这是由于 SBA-15 分子筛对自由基具有吸附作用、ATH 可以包覆隔绝氧气并分解产生 H_2O 起到吸热和降低氧气浓度作用，消除爆炸过程中自由基 O· 和 H·[122]。Lin 等发现，随着 $Al(OH)_3$ 粉末质量比的增加，聚乙烯粉尘爆炸火焰亮度降低，火焰传播速度减小，火焰传播过程中的脉动减小，$Al(OH)_3$ 粉末破坏了聚乙烯粉尘爆炸火焰结构的连续性，阻碍了火焰的加速传播[123]。王燕等比较了 4 种草酸盐和碳酸氢盐对聚乙烯粉爆炸特性的影响，发现碳酸氢钾抑制爆炸效果最好[124]。

Yang 等研究了聚磷酸铵(APP)对聚丙烯(PP)粉尘爆炸特性的惰化作用，结果表明，随着 APP 质量分数的增加，PP 粉体的 MIE 增大，80%的 APP 能完全惰化 PP 粉体的爆炸；APP 对 PP 粉尘云的 MIT 有显著的惰化作用，当 APP 质量分数增加到 80%时，PP 粉末的 MIT 增加了 80 ℃。PP/APP 混合物热解过程中生成的挥发产物为 H_2O 和 NH_3，在气相中可以稀释和消耗氧气，从而产生抑制作用[125]。Yu 等通过实验研究了结晶Ⅱ型聚磷酸铵(APP-Ⅱ)对微米级丙烯酸-丙烯酸酯共聚物(ACR)粉体爆炸特性的惰化作用，研究表明，30%和 40%的 APP-Ⅱ 对 ACR 粉尘的 MIE 有显著的惰化作用，引入 APP-Ⅱ 可以提高 ACR 的热稳定性，ACR/APP-Ⅱ 混合物的化学作用和 APP-Ⅱ 的吸热分解使 ACR 粉尘爆炸惰性化[126]。Zhou 等研究了 ABC 粉体对 100 nm 聚甲基丙烯酸甲酯(PMMA)粉尘爆炸的抑制作用。结果表明，ABC 粉的加入使抑制火焰变暗，火焰传播速度减慢。随着抑爆剂占比的增加，平均传播速度降低。热分析结果显示，加入抑爆剂可以提高 PMMA 的热稳定性，其抑制机制为 PO_2 和 HOPO 在 H 和 OH 的结合中起催化作用[127]。此外，Zhou 等研究了 $KHCO_3$ 对 PMMA 粉尘爆炸的抑制机理，研究表明，抑制效果与抑爆剂的量正相关，与抑爆剂的粒径负相关[128]。Liu 等在 20 L 球形爆炸系统和透明管爆炸传播实验系统中研究了 $NaHCO_3$ 和 $Al(OH)_3$ 对聚丙烯腈(PAN)粉尘的抑爆性能。结果表明，在标准 20 L 球形爆炸系统中，添加 50% $NaHCO_3$ 和 60% $Al(OH)_3$ 可完全抑制 PAN 粉尘爆炸。在透明管爆炸传播实验系统中，添加 60%$NaHCO_3$和 70%$Al(OH)_3$可完全抑制 PAN 粉尘爆炸火焰[129]。

对于气固两相爆炸的抑制研究，目前也逐渐引起相关学者的研究关注。其中，煤与瓦斯混合爆炸抑制的研究较多。在细水雾抑爆方面，李振峰等发现，细水雾可以降低瓦斯煤尘混合爆炸的反应温度[130]。许红利等研究了添加细水雾后瓦斯煤尘爆炸火焰的变化，发现火焰的脉动现象消失，同时有障碍物作用时，火焰前锋变得平滑，火焰颜色更加明亮[131,132]。陈彪等对密闭容器内超细细水雾抑制 CH_4/煤尘混合爆炸进行了实验研究，发现水雾的临界抑爆浓度随煤尘浓度的增加先增后降，随煤尘粒径的增加而降低[133,134]。基于此，冯萧等对密闭容器内超细细水雾抑制 CH_4/煤尘混合爆炸进行了实验和数值模拟，根据煤颗粒中不同组分的质量损失率，将超细水雾抑制下的混合爆炸过程分为 CH_4气体燃烧过程、煤颗粒中挥发性成分脱挥过程和煤颗粒固定碳燃烧过程[135,136]。Jiang 等研究发现含磷超细水雾对 CH_4/煤尘的爆炸具有优异的抑制作用，含甲基膦酸二甲酯(DMMP)的超细水雾可以有效降低 CH_4/煤尘混合爆炸中一氧化碳和可燃气体 CH_4和 H_2的浓度，数值模拟的研究表明，+5 和+3 价态的气相 P 物质在抑制火焰时起主导作用[137]。裴蓓和李杰等研究了在细水雾中添加惰性气体对煤尘/瓦斯爆炸的抑制作用，二氧化碳可以提升混合爆炸的抑制效果[138-140]。Cao 等着重研究了密闭容器内细水雾作用下 CH_4/煤尘气固两相爆炸时火焰传播和压力上升的对应关系[141]。

关于粉体抑制煤与瓦斯两相爆炸方面，黄子超等使用超细 ABC 粉体形成云幕的方式对开放空间的瓦斯煤尘爆炸进行了抑制实验，随着云幕浓度的增加，隔爆效果增强，云幕在短距离范围内扑灭爆炸火焰，并大幅衰减爆炸冲击波压力[142]。Liu 等利用自行搭建的大型瓦斯爆炸实验系统，进行了一系列抑制 CH_4/煤粉两相爆炸的实验，通过对二次爆炸、火焰和煤粉卷扬的抑制，综合分析了 3 种抑爆剂的抑爆效果从大到小依次为：ABC 粉、岩粉、水[143]。余明高等通过差值改性的方法制备了新型高岭土抑爆剂，当新型高岭土抑爆剂与煤尘占比为 2∶3 且质量浓度为 0.175 g/L 时，抑爆效果最佳[144,145]。Song 等模拟了 CH_4气体爆炸引燃管底部沉积的煤/惰性岩石粉尘的过程，得到了两相燃烧机理，即沉积的粉尘被前导压力波扬起，在管内形成不均匀的粉尘云，然后 CH_4爆炸的火焰点燃粉尘云形成复合火焰[146]。Zhao 等在自行设计的竖直管道内实验发现，体积分数 7%的 CH_4和 200 g/m^3的煤尘混合爆炸的强度最大[147]，并在此基础上加入 ABC 粉进行抑爆实验，当 ABC 粉与煤粉质量的比值为 0.3 时，爆炸几乎被完全抑制[148]；当抑爆剂为 $Al(OH)_3$，其与煤尘质量比为 1∶1 时，火焰传播时间减少了 79%，火焰峰值速度降低了 49%[149]；当抑爆剂为 APP 时，爆炸火焰在 APP 的质量分数大于 30%时无法充满整个管道，尤其是 APP 的质量分数为 40%时，CH_4/煤尘爆炸得到有效抑制，导致压力曲线明显延迟[150]；利用氮气和粉煤灰形成局部全惰性区域研究其对 CH_4/煤尘爆燃火焰传播的影响，随着粉煤灰浓度的增加和惰化区宽度的增加，CH_4/煤尘爆燃的火焰最大高度和温度明显降低[151]。为了进一步完善抑爆实验，还开展了氮气与 APP 作用下的非预混煤尘/瓦斯爆炸抑制实验[152]。Li 等提出了一种基于铜锰氧化物催化剂的喷雾催化剂粉末(SCP)在 CH_4和 CH_4/煤尘混合爆炸中去除 CO 的新方法[153]。

在其他可燃气固两相爆炸体系的抑制方面，Denkevits 采用 20 L 爆炸球研究了氮气稀释对 0.5 μm 钨粉尘在含氢空气中爆炸行为的影响，氮气的存在降低了所有工况下的爆炸超压和爆炸压力上升速率，并对混合爆炸进程的影响更为明显[154]。Tsai 等在镁/氢气混合物中分别加入 5 种常见的抑爆剂开展抑制爆炸实验，发现 Na_2CO_3、$CaCO_3$ 和 $(NH_4)_2HPO_3$ 对混合爆炸有较强的抑制能力[155]。Yang 等采用自行设计的 12 L 圆柱形爆炸罐，研究了低密度聚乙烯(LDPE)粉与乙烯混合后在氮气条件下的爆炸火焰传播特性和超压特征。结果表明，N_2 对低密度聚乙烯粉尘及其与乙烯混合物的爆炸火焰有不同程度的抑制作用：LDPE/乙烯混合物的爆炸超压随 N_2 浓度的增加而降低。N_2 对 LDPE 粉尘爆炸超压的整体抑制效果优于聚乙烯/乙烯混合爆炸[156]。Wei 等使用 20 L 爆炸球对 ABC 粉抑制乙烯/聚乙烯爆炸的效果进行了考察，当 C_2H_4 体积分数为 3%时，完全抑制 300 g/m^3 聚乙烯粉尘爆炸所需 ABC 粉的浓度由 200 g/m^3 增加到 1 200 g/m^3[157]。

由以上分析可知，固态粉体抑爆剂已被广泛应用于可燃粉尘爆炸的抑制。惰性气体更适用于未发生爆炸时的预防和惰化，对于粉尘爆炸的抑制作用一般仅限于物理抑制过程，效果受到限制[158,159]。尽管也开展了大量细水雾实验，但是实际应用时难以在短时间内快速形成抑爆所需的浓度和范围。因此本书对于气固两相爆炸的抑制，也选择使用固态粉体抑爆剂。

其中，ABC 粉作为最常见的灭火剂，在粉尘爆炸抑制方面得到了最广泛的研究，因此可以作为本书实验所需的抑爆剂。除了上述对聚乙烯粉爆炸抑制实验中采用的 $NaHCO_3$、$(NH_4)_2CO_3$ 和 SiC、$Al(OH)_3$ 之外，氮系阻燃剂的典型代表试剂三聚氰胺氰尿酸盐(melamine cyanurate，MCA)和磷-氮协同阻燃剂的典型代表试剂三聚氰胺聚磷酸盐(melamine pyrophosphate，MPP)由于其优异的吸热能力和受热产生的化学作用也开始引起学者的注意。Zheng 等比较了 $Mg(OH)_2$、SiO_2、MPP 对木粉尘最小点火能量和最低点火温度的抑制作用，发现对木粉尘 MIE 的抑制作用从强到弱依次为 MPP$>SiO_2>Mg(OH)_2$，对木粉尘 MIT 的抑制作用从强到弱为 MPP$>Mg(OH)_2>SiO_2$，MPP 对木粉尘的抑制效果最好[160]。黄楚原研究了 MCA、APP、$Al(H_2PO_2)_3$ 对木塑混合物的爆燃抑制作用，发现 APP 的效果最好，MCA 的效果最差[161]。Lu 等考察了 MCA 对 200 网目煤粉爆炸抑制的效果，在 20 L 球体爆炸实验中发现，添加 65%MCA 时爆炸被完全抑制，MCA 的最佳抑制浓度为 195 g/m^3[162]。Dai 等利用漂珠(floating bead，FB)和超细 MCA 为原料合成了一种新型复合抑爆剂(FB/MCA)，并研究了 FB/MCA 复合抑爆剂在垂直燃烧管中对煤尘爆燃的抑制性能[163]。Zhang 等使用 MCA 粉体和 CO_2 气体组成气固两相抑爆剂对铝粉爆炸抑制开展了研究，发现两者有协同抑爆的作用[164]。Zhang 等通过爆炸特性参数测试，评价了 MPP 对聚酰胺 66(PA66)粉尘爆炸的抑制作用，发现添加 10%和 20%MPP 可有效提高 PA66 粉尘的 MIE，但对 PA66 的 MIT 影响不明显。当 MPP 添加量大于 30%时，PA66 的爆炸严重程度和敏感性明显减弱。当 MPP 的添加量达到 50%时，PA66 粉尘在 20 L 球中不发生爆炸[165]。Song 等研究了 MPP 对丙烯腈-丁二烯-苯乙烯(ABS)粉尘爆炸强度和点火灵敏度的抑制作用，MPP 对 ABS 粉尘爆炸有抑制作用，且抑爆效果与 MPP 质量分数成正比[166]。Jiang 等发现，对于 5 μm 和 30 μm 粒径大小的 300 g/m^3 铝粉火焰传播，当抑爆剂 MPP 与铝粉的比值分别为 0.8 和 0.7 时火焰传播被完全抑制；对于相同浓度的 5 μm 和 30 μm 铝粉火焰传播，当抑爆剂 MCA 与铝粉的比值分别为 2.0 和 1.8 时火焰传播被完全抑制，但 MCA 对气相反应抑制更有效，而 MPP 在表面反应抑制方面比 MCA 更有效[167,168]。Ma 等对 MPP 和 $Al(OH)_3$ 抑制铝镁合金粉尘的火焰传播和爆炸超压进行了实验研究，结果表明，MPP 比 $Al(OH)_3$ 更有效地抑制了铝镁合金粉尘的火焰传播和爆炸超压[169]。Meng 等比较了 MPP、$NaHCO_3$、$CaCO_3$、$Al(OH)_3$ 和 $NH_4H_2PO_4$ 五种粉体对中值粒径为 10.376 μm 和 50.766 μm 的铝粉爆炸抑制作用，结果表明 MPP 粉的效果最好[170]。王秋红等首先使用 MIT 测试了各种元素阻燃材料对锆粉云爆燃的抑制效果，发现抑制效果最好的阻燃粉体依次为 ABC 粉、MPP 粉、MCA 粉，进而开展了 3 种试剂与铝粉混合爆炸的强度实验，ABC 粉对爆炸强度的抑制作用同样最佳[171,172]。此外，还开展了以上 3 种粉体抑爆剂对铝粉尘云爆炸的抑制作用对比，发现 ABC 粉的效果最佳，当使用 ABC 粉和 MPP 粉组成复合粉体抑爆时，未发现有协同抑制的效果[173,174]。

可以发现，MPP 粉和 MCA 粉在生物质粉、树脂粉、煤粉、金属粉的爆炸抑制方面展现出了优异的抑爆性能，但其对于聚乙烯粉尤其是乙烯/聚乙烯粉爆炸的抑制效果研究未见相关报道。因此本书也选取这两种抑爆剂粉体开展相关的实验研究。

1.3　当前存在的问题与不足

综合以上文献可以分析得到，对于聚乙烯粉和乙烯/聚乙烯粉气固两相的爆炸特征，已经做了较为广泛和充分的研究，包括爆炸强度、爆炸感度以及火焰传播特性等，目前关于乙烯/聚乙烯粉气固两相爆炸以及抑爆相关的研究还存在以下不足：

(1) 对于聚乙烯一类的树脂粉尘，在粉体抑爆和惰性气体抑爆等方面开展了抑制效果和机理的研究。但一些事故案例表明，聚乙烯粉尘爆炸往往有乙烯气体参与，降低了爆炸的感度，增强了爆炸的强度。但此类更符合实际工程情况的粉体抑爆剂对乙烯/聚乙烯粉两相爆炸抑制的研究较少。

(2) 当前对于聚乙烯粉爆炸的抑制研究中，采用了碳酸氢盐类($NaHCO_3$，$KHCO_3$)、碳酸盐类$(NH_4)_2CO_3$、草酸盐类($Na_2C_2O_4$ 和 $K_2C_2O_4$)、无机物(SiC)、镁铝系阻燃剂 $Al(OH)_3$ 等抑爆剂。氮系阻燃剂 MCA 粉和磷-氮系阻燃剂 MPP 粉在生物质粉、其他聚合物粉、金属粉的爆炸抑制方面展现出了优异的抑爆性能，但并未研究其对于聚乙烯粉和乙烯/聚乙烯粉爆炸的抑制效果。

(3) 现有对于粉体抑爆剂抑制聚乙烯粉尘爆炸的研究，主要集中在宏观层面的爆炸压力特性和火焰传播特性的分析。然而，对于抑爆机理的分析主要涉及抑爆剂“物理作用”和“化学作用”的定性探讨。通过热效应研究抑爆剂对粉尘的抑制作用已得到广泛应用，但并未建立起相应的反应机理函数，对抑制机理进行分析时缺少定量化的数据，也尚未从分子水平开展抑爆机理的分析，对于聚乙烯粉尘爆炸抑制的化学动力学研究较为缺乏。

基于以上三点，开展相关研究。

1.4　研究内容与技术路线

1.4.1　研究内容

基于研究现状和存在的问题与不足，本书的主要研究内容为从实验和模拟开展聚乙烯粉和抑爆剂粉以及其混合物的氧化热解特性研究，为下一步抑爆实验和机理分析提供基础，随后开展聚乙烯粉和乙烯/聚乙烯粉的爆炸和抑爆实验，从爆炸强度和火焰传播两个方面分析粉体抑爆剂的抑爆效果，最后结合产物分析以及化学反应动力学分析，揭示了粉体抑爆剂的抑爆机理。具体研究内容如下：

(1) 惰化条件下聚乙烯粉的热动力学行为

利用热重分析(thermogravimetric analysis，TGA)和差式扫描量热法(differential scanning calorimetry，DSC)研究不同气氛和不同温度条件下添加不同质量抑爆剂后聚乙烯粉的热解特性，得到起始温度、终止温度、失重比、热焓等动力学参数的变化规律，同时利用热重分析(TGA)-傅里叶变换红外光谱(fourier transform infrared spectroscopy，FTIR)联用技术研究聚乙烯粉和抑爆剂粉混合物的气相产物释放规律。根据实验得到的热解参数，结合常用固相反应动力学方程，计算不同混合物的反应机理函数和相应的活化能，并结合分子动力学模拟，量化氧化热解的气相产物产生量，从热解的角度深入分析抑爆剂粉对聚乙烯粉爆炸的抑爆作用。

(2) 聚乙烯粉和乙烯/聚乙烯粉气固两相爆炸的动力学特性

改变聚乙烯粉尘的质量浓度以及乙烯的体积分数，采用 20 L 爆炸球实验系统，实验测量聚乙烯粉和乙烯/聚乙烯粉两相体系的爆炸压力、压力上升速率、爆炸指数等强度参数，得到纯聚乙烯爆炸和乙烯/聚乙烯粉两相体系爆炸特性，并利用球体自带的视窗，研究不同工况下球体内火焰的传播行为；在自行搭建的竖直管道内开展聚乙烯粉和乙烯/聚乙烯粉气固两相爆炸实验，研究爆炸火焰在竖直管道内的传播行为。

(3) 粉体抑爆剂对聚乙烯粉和乙烯/聚乙烯粉气固两相爆炸基本特性和火焰传播的影响

选取 ABC 粉、MCA 粉和 MPP 粉等典型粉体抑爆剂，分析抑爆剂种类和占比对聚乙烯粉和乙烯/聚乙烯粉两相的爆炸压力、压力上升速率、爆炸指数等爆炸强度参数的影响规律。结合高速摄像机，研究不同抑爆剂种类和占比下球体和管道内聚乙烯粉和乙烯/聚乙烯粉爆炸火焰传播行为的变化规律。

(4) 基于爆炸固态产物和化学反应动力学的抑爆机理分析

对不同工况下的爆炸固态产物进行 XPS 分析，并结合聚乙烯粉和抑爆剂的热解特性分析，明确抑爆剂的热分解作用产物以及爆炸固态产物的化学组分，并以此为依据，构建抑爆剂作用下聚乙烯粉爆炸的化学反应动力学机理模型，采用 CHEMKIN PRO 软件进行数值模拟，研究爆炸和抑爆过程中不同种类和占比的粉体抑爆剂对体系反应的影响，确定抑爆的关键反应步骤，揭示爆炸抑制的反应动力学机理。

1.4.2 技术路线

本书的研究工作是以实验为主，结合数值模拟计算开展的。通过 20 L 爆炸球实验系统以及自主设计和搭建的爆炸抑制竖管实验系统，获得不同聚乙烯粉尘质量浓度、不同乙烯气体体积分数、不同种类粉体抑爆剂、不同抑爆剂占比对爆炸强度和火焰传播行为的影响。基于热力学、爆炸反应动力学、分子动力学等理论，建立聚乙烯粉气相爆炸抑制的化学反应动力学模型，对抑爆机理进行分析。本书的具体技术路线如图 1.2 所示。

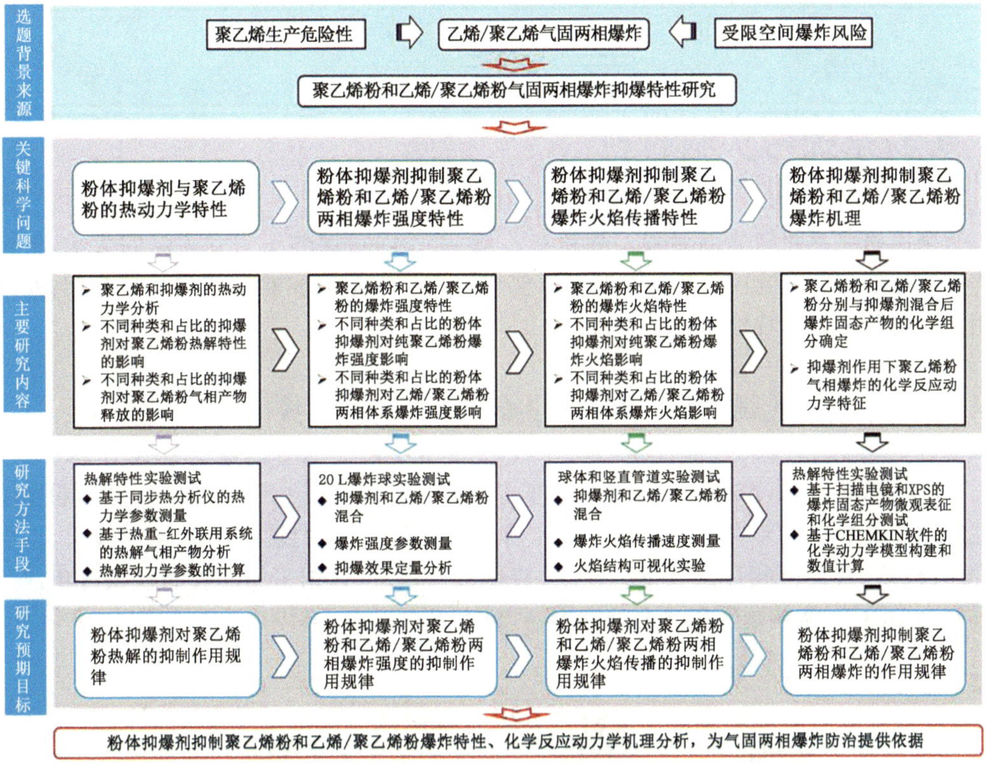
选题背景来源
聚乙烯生产危险性
乙烯/聚乙烯气固两相爆炸
受限空间爆炸风险
聚乙烯粉和乙烯/聚乙烯粉气固两相爆炸抑爆特性研究
关键科学问题
粉体抑爆剂与聚乙烯粉的热动力学特性
粉体抑爆剂抑制聚乙烯粉和乙烯/聚乙烯粉两相爆炸强度特性
粉体抑爆剂抑制聚乙烯粉和乙烯/聚乙烯粉爆炸火焰传播特性
粉体抑爆剂抑制聚乙烯粉和乙烯/聚乙烯粉爆炸机理
主要研究内容
聚乙烯和抑爆剂的热动力学分析
不同种类和占比的抑爆剂对聚乙烯粉热解特性的影响
不同种类和占比的抑爆剂对聚乙烯粉气相产物释放的影响
聚乙烯粉和乙烯/聚乙烯粉的爆炸强度特性
不同种类和占比的粉体抑爆剂对纯聚乙烯粉爆炸强度影响
不同种类和占比的粉体抑爆剂对乙烯/聚乙烯粉两相体系爆炸强度影响
聚乙烯粉和乙烯/聚乙烯粉的爆炸火焰特性
不同种类和占比的粉体抑爆剂对纯聚乙烯粉爆炸火焰影响
不同种类和占比的粉体抑爆剂对乙烯/聚乙烯粉两相体系爆炸火焰影响
聚乙烯粉和乙烯/聚乙烯粉分别与抑爆剂混合后爆炸固态产物的化学组分确定
抑爆剂作用下聚乙烯粉气相爆炸的化学反应动力学特征
研究方法手段
热解特性实验测试
基于同步热分析仪的热力学参数测量
基于热重-红外联用系统的热解气相产物分析
热解动力学参数的计算
20 L爆炸球实验测试
抑爆剂和乙烯/聚乙烯粉混合
爆炸强度参数测量
抑爆效果定量分析
球体和竖直管道实验测试
抑爆剂和乙烯/聚乙烯粉混合
爆炸火焰传播速度测量
火焰结构可视化实验
热解特性实验测试
基于扫描电镜和XPS的爆炸固态产物微观表征和化学组分测试
基于CHEMKIN软件的化学动力学模型构建和数值计算
研究预期目标
粉体抑爆剂对聚乙烯粉热解的抑制作用规律
粉体抑爆剂对聚乙烯粉和乙烯/聚乙烯粉两相爆炸强度的抑制作用规律
粉体抑爆剂对聚乙烯粉和乙烯/聚乙烯粉两相爆炸火焰传播的抑制作用规律
粉体抑爆剂抑制聚乙烯粉和乙烯/聚乙烯粉两相爆炸的作用规律
粉体抑爆剂抑制聚乙烯粉和乙烯/聚乙烯粉爆炸特性、化学反应动力学机理分析，为气固两相爆炸防治提供依据

图 1.2 技术路线图

2 实验系统与实验材料

为全面研究不同抑爆剂对聚乙烯粉和乙烯/聚乙烯粉爆炸压力和火焰的影响，搭建了爆炸抑制球形实验系统以及爆炸抑制竖管实验系统。本章对实验系统进行了介绍，并对实验用样品材料的基本特性进行了分析。

2.1 聚乙烯粉和乙烯/聚乙烯粉爆炸抑制球形实验系统

基于国际标准 ISO 6184-1 和国内标准 GB/T 16425—2018 采用的 20 L 球体粉尘爆炸特性测试装置搭建本系统[175,176]，如图 2.1 所示。实验系统由反应容器、扬尘模块、点火装置、配气模块、气固两相可燃物混合模块、高速摄像装置、数据采集和控制模块等组成。反应容器为 20 L 不锈钢制双层夹套球形容器，最大工作压力 4 MPa。

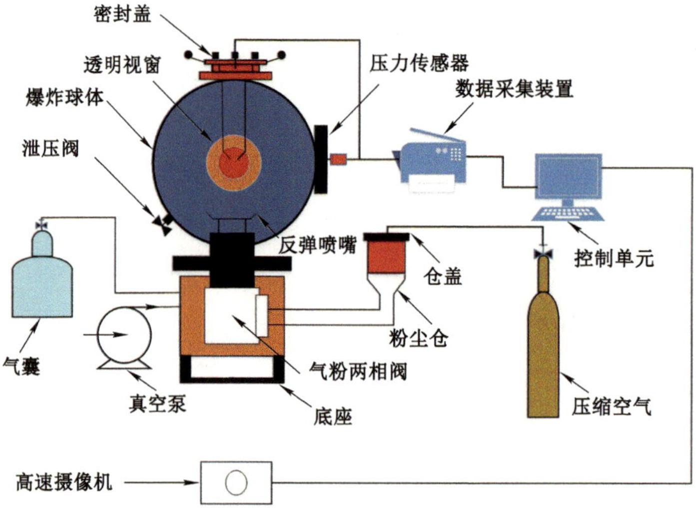

图 2.1 球形爆炸抑制实验系统示意图

(1) 点火装置

关于粉尘爆炸极限测试的标准 EN 14034-3[177] 以及 GB/T 16425—2018 均规定，采用的化学点火头能量为 10 kJ，但有研究表明，10 kJ 的化学点火头容易引起"过驱效应"[178,179]，且引起的压力效应会局部掩盖气/粉混合体系的爆炸压力变化规律[53]。而关于可燃气体的爆炸参数测定，相关标准中通常采用的点火能为 10 J[180,181]。由于本书实验也涉及气体爆炸，因此采用点火能量为 10 J 的化学点火头进行点火，与文献[182]研究气粉两相爆炸采用的点火能大小一致。化学点火头通过导线固定于球体内的电极柱上，位于容器中心。图 2.2 所示为本实验所用的化学点火头。

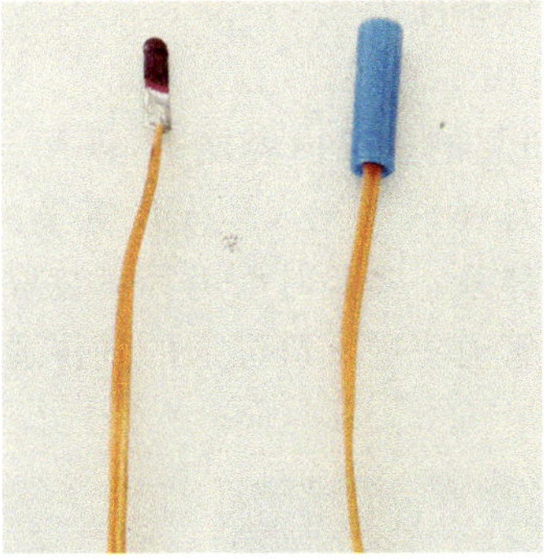

图 2.2 化学点火头

（2）扬尘模块

扬尘模块主要由 0.6 L 粉尘仓、压缩空气、气粉两相阀、反弹喷嘴以及相应连接的金属管道组成。实验时待测样品装于粉尘仓中，粉尘仓内壁面设置有压力传感器，粉尘仓进气达到设定压力值时停止进气并关闭，气粉两相阀随后开启，在高压气流的作用下，待测粉尘样品通过反弹喷嘴喷入爆炸反应球内并形成均匀分布的粉尘云。为了保证尘云的均匀性和实验的可重复性，点火时间应避免湍流强度上升期，通常应长于 50 ms。在目前的实验中，点火延迟设置为 60 ms，符合 GB/T 16425—2018 和 EN 14034-3 标准的要求。

（3）配气模块

配气模块由真空泵、配气压力传感器、可燃气体气囊以及压缩空气气瓶等组成，用于不同体积分数混合气体的配置以及粉尘实验时球内一定真空度的需要。真空泵型号为 FY-2C-N，极限真空度达 2 Pa，抽气速率为 7.2 m^3/h，额定功率为 250 W，如图 2.3 所示。采用分压法进行配气，具体做法是，通过真空泵将容器抽至一定真空度，随后进气口打开，由于负压作用，气囊中的可燃气体充入球体内使得球内压力升高，根据道尔顿分压定律可计算出可燃气体的浓度：

$$y = \frac{p_2 - p_1}{p_0} \tag{2.1}$$

式中，p_0 为大气压力，取值为 101.3 kPa；p_1 为真空泵抽取一定真空度后球内的压力值；p_2 为可燃气体充入后球体内的压力值；y 为球体内可燃气体的浓度。以上压力值均为绝对压力，可燃气体浓度单位均为体积百分比。

图 2.3 真空泵

配气模块可实现自动化，配气精度为 0.1%。

(4) 气固两相可燃物混合模块

气固两相混合爆炸是本书研究的主要内容之一，采用与文献[157]相同的方式获取气固两相混合体系，即首先向反应球体内中充入预先设置量的可燃气体，然后再向球体内喷入可燃粉尘，形成气固两相混合体系。实验时采用气囊装取一定量的乙烯气体并接于实验系统底座的进气口上，底座内有管道将进气口进入的气体通入球体内。图 2.4 所示为可燃气体进气口以及所用气囊。

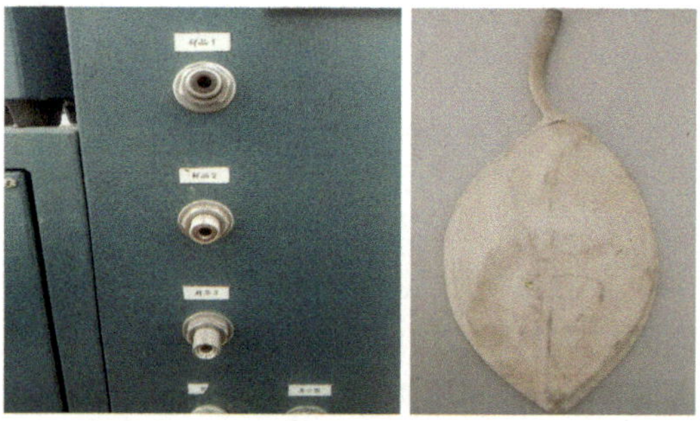

图 2.4　可燃气体进气口及盛放用气囊

(5) 高速摄像装置

如图 2.5 所示，为了清晰地观察爆炸过程中火焰的演化过程，在爆炸球体上安装石英玻璃视窗，视窗的直径为 110 mm，石英玻璃厚度为 30 mm，耐压 4 MPa，透射波长范围为 200～1 000 nm。为了保证实验观察的良好性，前后视窗严格对称且平行安装。石英玻璃安装于球体自带的法兰盘和外法兰盘之间，并通过螺栓固定，为了保证爆炸球体的气密性，法兰盘与石英玻璃之间安装有橡胶垫圈。

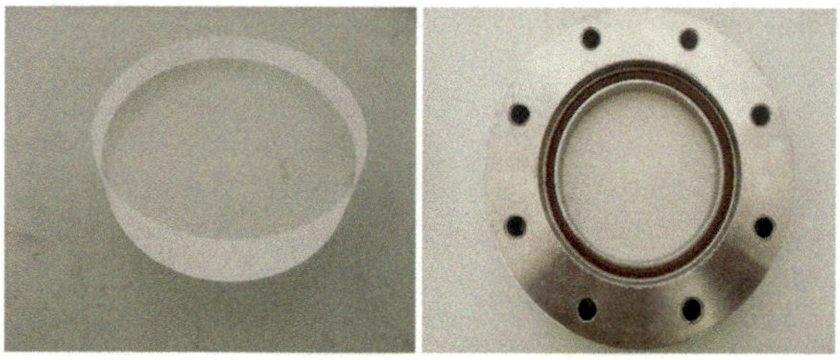

图 2.5　石英玻璃和法兰

使用日本奥林巴斯公司生产的 i-SPEED TR 型高速摄像机，如图 2.6 所示。该摄像机分辨率为 1 280×1 024，最高速度达 10 000 帧/s。高速摄像机可以连接外触发，实现点火和高速摄像的同步。实验时采用 2 000 帧/s 的速度对火焰进行拍摄，利用三脚架来调整摄像机，以达到最佳拍摄位置。

(6) 数据采集及控制模块

数据采集及控制模块包括传感采集部分、数据传输部分以及微型计算机控制单元。传感采集部分包括反应球爆炸压力采集传感器、粉尘仓压力传感器以及配气压力传感器。压力传感器均采用德国恩德斯豪斯 EN PMC 131 型高频压力传感器，精度 0.001 MPa，压力传感器频响大于 10 kHz,响应时间<0.1 ms,95%置信。其中,爆炸压力采集传感器和粉尘仓压力传感器的量程为−0.1～4 MPa,配气压力传感器的量程为 0～1 MPa,如图 2.7 所示。数据传输部分使用一对独立的无线数传模块,可以传输至专用电脑的数据采集软件并保存。

图 2.6　高速摄像机

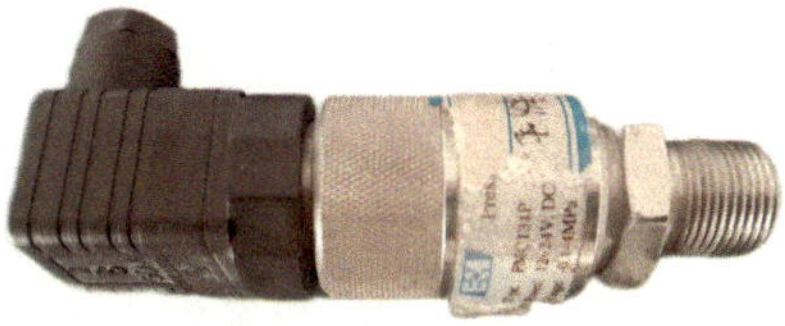

图 2.7　压力传感器

微型计算机控制单元包含了 PLC 自动控制模块,可实现实验环节:抽真空、粉尘仓充压、两相阀开启关闭、点火、压力数据采集以及数据保存等的全自动运行。实验时实现人机分离,保证人身安全。

(7) 实验步骤

实验开始前,检查实验系统线路连接的完备性以及高压气瓶是否正常,检查完毕确认系统正常后,开启系统电源开关,打开高压气瓶的阀门调至压力为 2.1 MPa。在电极柱上固定点火头并盖好密封盖,关闭泄压阀。如果进行气固两相爆炸实验,使用气囊盛装可燃气体后接到进气口。根据预定的实验方案,将称量好的粉体试剂放入粉尘仓内,并拧紧粉尘仓盖。为了使可燃物聚乙烯粉和粉体抑爆剂充分均匀混合,使用电动搅拌器来搅拌样品,如图 2.8 所示。

图 2.8　电动搅拌器

在系统的操作软件上设置实验参数,包括点火延迟时间(60 ms)、数据采集时间、备注样品质量等。点击开始实验,系统首先自动检查装置的气密性,报警提示直至密封盖拧紧。随后,真空泵开始向球体内抽取一定的真空度,完成后配气阀自动关闭,系统自动配平。如果开展气固两相爆炸实验,则在配平前完成可燃气体含量参数的输入。然后,高压气体阀门打开,向粉尘仓内充压,设置为 2.1 MPa,达到预定值后自动关闭。过程中所有压力值均可实时显示。进气完成后,点火头点火,高速摄像机开启,完成爆炸实验过程的记录。

图 2.9　工业用吸尘器

实验完成后,打开泄压阀,再打开密封盖,使用镊子收集爆炸后的固态产物,并使用强力吸尘器对球体进行清理,如图 2.9 所示。一次实验后,不加粉尘样品和不点火再进行重复实验,利用高压气体将球体连接管道内的残余粉尘打入球体内,再进行清理,以避免残余粉尘对下次实验造成影响。

密闭空间中粉尘爆炸的特征可以通过压力和时间的相关参数来解释。最大爆炸超压(p_{max})是在整个爆炸期间压力达到的最大值。点火时刻与该点对应时刻的时间间隔被定义为爆炸持续时间(T_c)。爆炸压力上升速率(dp/dt)是爆炸压力随时间变化曲线的斜率，斜率最大值即为最大爆炸压力上升速率$(dp/dt)_{max}$。点火时刻与该点对应的时刻被定义为快速燃烧时间(T_b)[183-185]。由于$(dp/dt)_{max}$受容器体积大小的影响，常用爆炸指数作为表征爆炸强度的另一重要参数，计算方法如下：

$$K=(dp/dt)_{max}\cdot V^{1/3} \tag{2.2}$$

式中，K为爆炸指数，MPa·m/s；V为爆炸容器的体积，m^3；$(dp/dt)_{max}$为最大爆炸压力上升速率，MPa/s。对于K，当发生气体爆炸时，记为K_G；当发生粉尘爆炸时，记为K_{st}；当爆炸物为气固两相时，可记为K_H。

2.2 聚乙烯粉和乙烯/聚乙烯粉爆炸抑制管道实验系统

20 L爆炸球体是研究爆炸超压和火焰传播的常见装置，但由于反应空间形状和视窗大小的局限性，难以观察到火焰变化的全过程，为了进一步观察爆炸火焰的传播，作为火焰分析的补充，自行搭建了爆炸火焰抑制管道实验系统，如图2.10所示。实验系统主要由方形爆炸管道、配气与喷粉模块、高压点火装置、火焰数据采集模块、时序同步控制模块组成。

(1) 方形爆炸管道

方形爆炸管道是发生爆炸反应的空间。本实验采用的方形爆炸管道的壁厚为6 mm，内径为66 mm，高为400 mm。所用材质为亚克力板，是由甲基烯酸甲酯单体(MMA)聚合而成，透光率在92%以上，所以可用于爆炸火焰的观察。管道可承压力最高达2.0 MPa，且实验为开口方式，因此安全性良好。管道的两端加工有圆形法兰盘，其和底座通过螺栓进行固定，管壁的两侧留有孔口，用于点火电极的安装。图2.11所示为本书实验所用的方形爆炸管道。

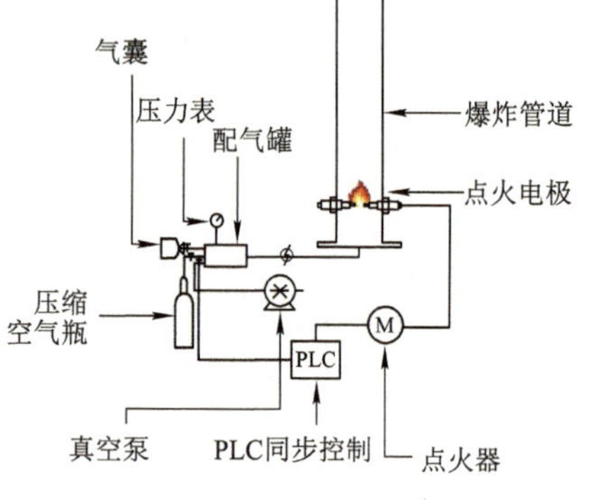

图2.10 爆炸火焰抑制管道实验系统示意图

图2.11 方形爆炸管道

(2) 配气与喷粉模块

配气与喷粉模块主要由高压空气瓶、真空泵、配气罐、精密数字压力表、电磁阀、盛粉皿和分散帽以及相连的附属管道组成。配气罐为自行设计的带有底座的圆柱体，体积为1.5 L，材质为不锈钢，可承压 6 MPa。配气罐的一端有接口分别接精密数字压力表、可燃气体输送管以及空气输送管，其中真空泵和高压空气的输送管通过三通连接，另一端为出气口，通过管道和电磁阀与方形爆炸管道下底座的喷头相连接，如图 2.12 所示。

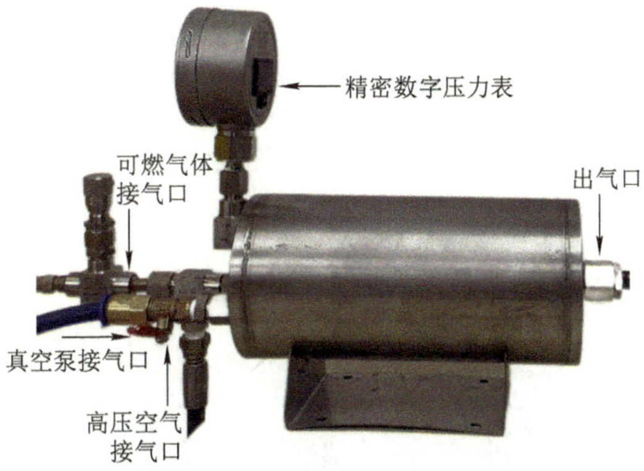

图 2.12 配气罐

当进行可燃气固两相爆炸实验时，先使用真空泵抽取一定真空度，再向负压状态下的配气罐输入可燃气体，并利用分压法确定可燃气体的体积分数，真空泵的型号为 FY-1C-N，极限真空度达 2 Pa，抽气速率 3.6 m^3/h，额定功率 150 W。

为了保证快速响应，电磁阀使用高频真空气动阀，型号为 35A-ACA-DDFA-1BA，线圈功率为 12.7 W，使用电压为 24 V 的直流电。精密数字压力表量程为 −0.1～3 MPa，精度为 0.000 1 MPa，如图 2.13 所示。

本实验的关键是在爆炸管道内形成均匀分布的粉尘云，参照前人的工作[119,186]，设计了盛粉皿和分散帽。盛粉皿与金属圆盘一体，金属圆盘上设置有螺孔，并与爆炸管道法兰尺寸一致，用于固定爆炸管道。金属圆盘上开有圆形凹槽用于安装橡胶垫圈，保证喷粉时的气密性，如图 2.14 所示。

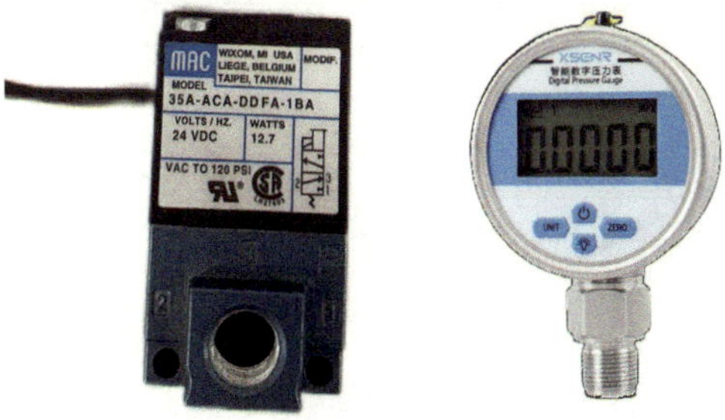

图 2.13 气动阀与精密数字压力表

图 2.14 盛粉皿和分散帽

位于中心的分散帽连接管道底座上的空心金属杆，空心金属杆通过管道与电磁阀和配气罐相连。当具有一定流速的空气从配气罐通过空心金属杆到达分散帽时，气流被反射并沿着盛粉皿向四周均匀分散，携带盛粉皿上的粉尘进入爆炸管道，形成一定浓度的粉尘云。

喷粉效果受多种因素影响，包括配气罐的压力、盛粉皿上粉尘的质量、喷粉的时长、管道的尺寸等。为了能够使盛粉皿上的粉尘被全部吹起且粉尘在管道的靠近点火电极端分布均匀，通过多次实验，确定参数为喷粉气压 0.2 MPa，喷粉时间 300 ms。

(3) 高压点火装置

实验点燃粉尘云的方式为高压放电点火，高压点火装置由点火电极、点火箱、高压线缆组成。输入电压经过点火箱升压后由点火电极释放，高压放电击穿空气形成电火花点燃粉尘。本书实验所用点火器为西安科汇热工技术设计研究所生产的 KTGD-B 型设备，其输入电压为 220 V±10%，最大消耗功率为 200 W，火花能量第一组输出为 35 mJ～3 J，第二组输出为 0.5～20 J，如图 2.15 所示。

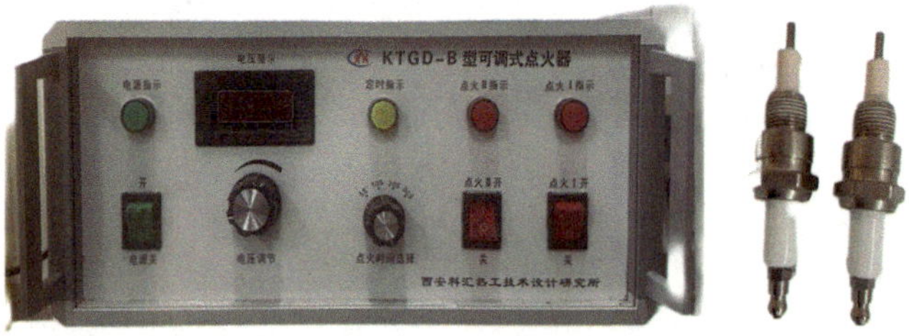

图 2.15　电火箱和点火电极

(4) 火焰数据采集模块

火焰数据采集方式与球形爆炸实验采用的方式一致，使用高速摄像机对火焰进行拍摄，速度设置为 2 000 帧/s。

(5) 时序同步控制模块

由上述介绍可知，完整的一次实验涉及配气、喷粉、点火、数据记录等多项环节，每项环节均由各自装置独立完成，无法实现整个实验的联动和精确开启。因此，使用可编程逻辑控制器(PLC)作为时序同步控制实现的器件。其原理是将各个模块中需要动作设备的外部触发线和 PLC 的端口连接，通过编程将触发的顺序和时间输入到 PLC 中，PLC 开启后向各连接设备发出信号指令，实现线路的开启和闭合，达到精准控制的目的。使用直流电源为电磁阀和 PLC 控制单元供电，如图 2.16 所示。

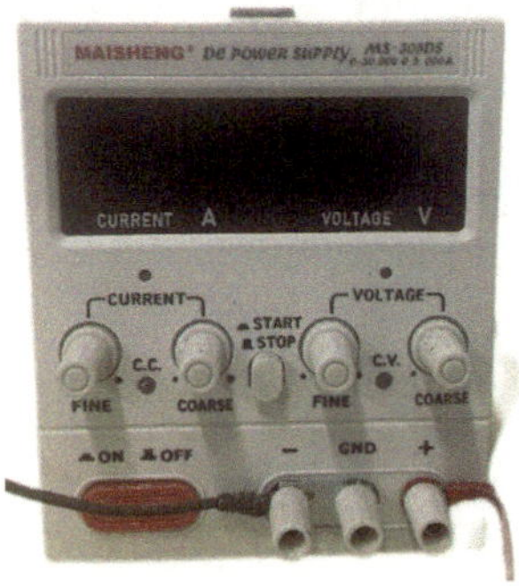

图 2.16　直流供电电源

(6) 实验步骤

按照图 2.10 将各个模块连接组装，设置同步控制的指令程序，进行联机测试，确保实验系统的正常运行，各个环节的启动顺序和动作时间如图 2.17 所示。

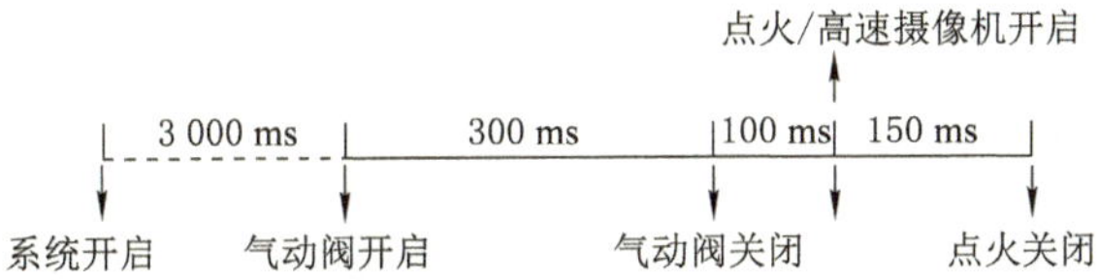

图 2.17 时序控制的示意图

实验开始前，同样检查实验系统线路连接的完备性以及高压气瓶是否正常，检查完毕确认系统正常后，将待测粉尘均匀分布在盛粉皿内，并用螺栓固定好方形爆炸管道，确保底座和爆炸管道之间的密封性，固定方形爆炸管道上的点火电极。

打开高压气瓶的阀门和进气阀，向配气罐内充压至 0.2 MPa，关闭进气阀。如果进行可燃气固两相爆炸实验，打开真空泵接气口的阀门抽取真空度，关闭该接气口阀门；开启可燃气体接气口阀门，向配气罐内输入乙烯气体，根据压力表示数和阀门调节进气的流量，关闭该阀门；打开空气进气口阀门，向罐内充压至 0.2 MPa，并计时 10 min 的预混时间，使得可燃气体和空气充分均匀混合。打开点火器开关，选择火花能量第一组输出，调节电压为 85 V，点火能为 3 J。开启 PLC 电源开关，3 s 后，电磁阀开启喷出粉尘，随后点火器开始点火，高速摄像机开始记录，完成爆炸实验。为了安全起见，本书的竖管爆炸实验均采用开口方式。

实验完成后，保存好火焰图像数据，关闭 PLC 电源和点火器电源，拆卸爆炸管道并清理，准备下一次实验。每组工况重复至少三次实验，如果三次出现未点燃或者火焰无法稳定形成，则判定该工况下无法发生爆炸。

2.3 实验材料的选取及基本特性分析

2.3.1 实验粉体来源

本书实验中所用聚乙烯粉为高密度聚乙烯（HDPE），又称为低压聚乙烯，属于结晶度高、非极性的热塑性树脂。其分子链为线形结构，分子链的对称性和规整性均很高，堆砌紧密，结晶度高达 70%～90%[187]。聚乙烯粉购置于东莞市凯萱塑胶科技有限公司。

选用三种抑爆剂作为本书的研究对象，分别是磷酸铵盐干粉灭火剂 ABC 粉（主要成分为 $NH_4H_2PO_4$）、氰尿酸三聚氰胺盐阻燃剂 MCA 粉（主要成分为 $C_6H_9N_9O_3$）、三聚氰胺焦磷酸盐阻燃剂 MPP 粉（主要成分为 $C_6H_{16}N_{12}P_2O_7$）。其中，ABC 粉由江西进贤消防化工实业有限公司制造、MCA 粉和 MPP 粉购置于东莞市宏泰基阻燃材料有限公司。

如图 2.18 所示，从宏观外表来看，聚乙烯、MCA、MPP 粉体外观呈现白色，ABC 粉为黄色。从触感来看，ABC 粉流动性好，MCA 粉具有油腻感，聚乙烯和 MPP 粉也无明显颗粒感。

每种抑爆剂的基本特点如表 2.1 所示。

（a）聚乙烯粉体　（b）ABC粉体

（c）MCA粉体　（d）MPP粉体

图 2.18　实验用粉体的外观形貌

表 2.1　粉体抑爆剂基本特点

名　称	结构简式	特　　点
ABC 粉	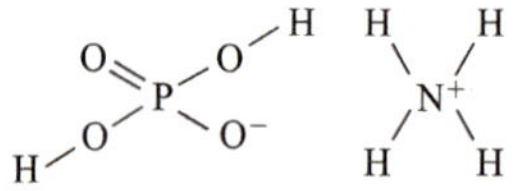	具有扑灭固体、液体、气体及电器等火灾的功能，同时流动性能好、抗结块性能强
MCA 粉	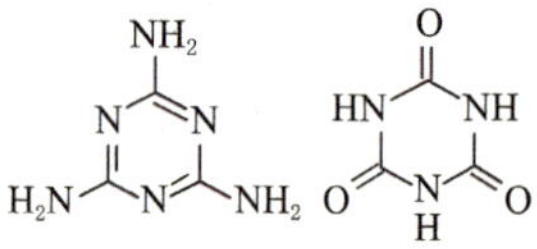	含氮的无卤环保型阻燃剂，优异的电性能和机械性能，不变色，低烟，低腐蚀性
MPP 粉	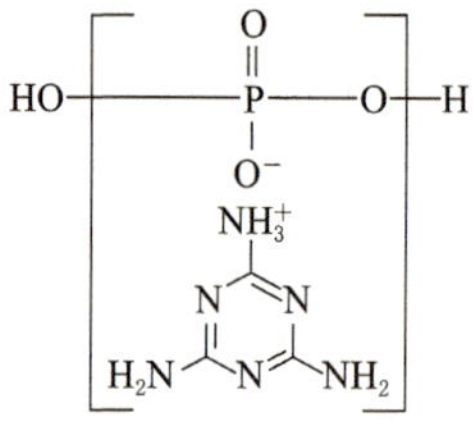	含氮和含磷的阻燃剂，热稳定性好，不溶于水，发烟性小，不吸湿

2.3.2　实验粉体粒径分布

粉体的尺寸大小是影响爆炸特性的重要参数之一。利用激光粒度分析仪对粉体的粒径参数进行测量，使用的设备是英国马尔文帕纳科生产的 Mastersizer 3000 激光粒度分析仪，该粒度分析仪可测量粒径范围为 0.01～3 500 μm，适用于干湿样品的测定，实时测量速度达 10 000 次/s，如图 2.19 所示，本书所有粉体均采用干法进行测量。

图 2.19 Mastersizer 3000 激光粒度分析仪

根据粒径分布的测试结果，可得到粉体的各项粒径参数，绘制不同抑爆剂粒径频度分布图和累计分布曲线，如图 2.20 所示。其中，索特平均直径 $D[3,2]$是指与实际的颗粒具有相同表面积的球体直径，体积平均粒径 $D[4,3]$表示颗粒大小的一维尺寸。此外，为了衡量各粉体粒径分布的宽度，计算粉体的跨度值(span)，计算公式如下：

$$\text{span}=\frac{D_{90}-D_{10}}{D_{50}} \tag{2.3}$$

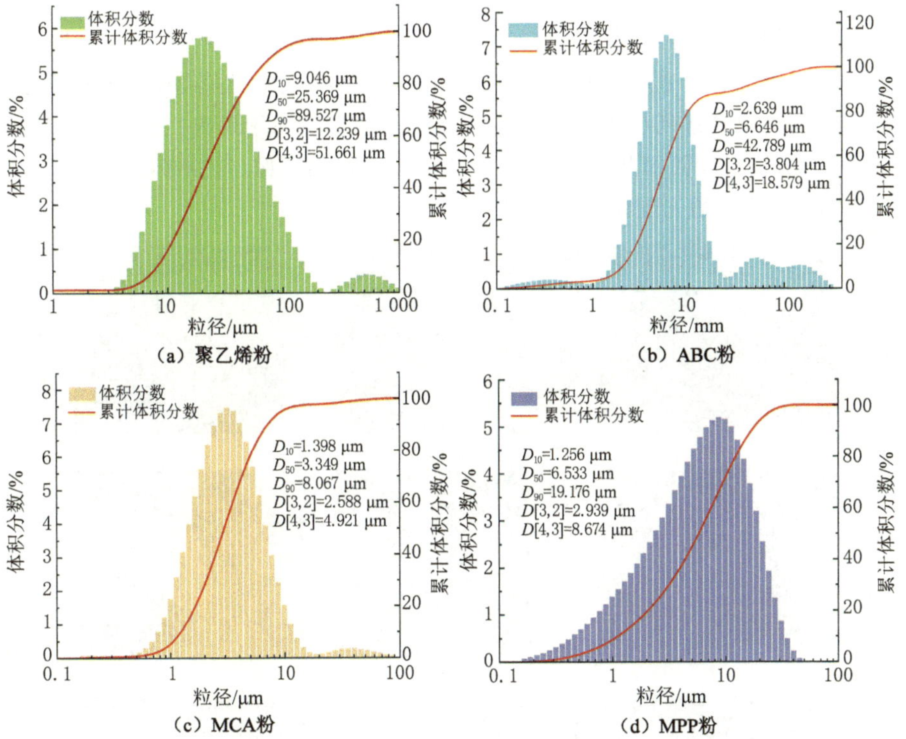

图 2.20 实验粉体的粒径分布

由图 2.20 可知，聚乙烯粉、ABC 粉、MCA 粉、MPP 粉的中位粒径 D_{50}分别为 25.369 μm、6.646 μm、3.349 μm、6.533 μm；索特平均直径 $D[3,2]$分别为 12.239 μm、3.804 μm、2.588 μm、2.939 μm；体积平均粒径 $D[4,3]$分别为 51.661 μm、18.579 μm、4.921 μm、

8.674 μm。结合式(2.3),四种粉体的粒径跨度值分别为3.172、6.041、1.991、2.743。

2.3.3 实验粉体表面微观形貌

为进一步观察粉体表面外貌特征与微观结构,本实验使用扫描电子显微镜(SEM)进行观测,采用的设备为日立牌钨灯丝扫描电子显微镜(Hitachi S-3400N),如图2.21所示。

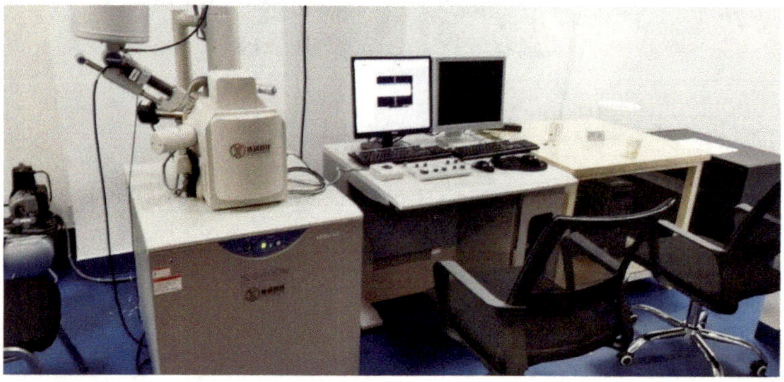

图2.21　扫描电子显微镜

将粉尘样品处理后按照不同的倍数进行观察并成像,如图2.22所示。其中,图2.22(a)为聚乙烯粉的图像,可以看出未反应前的原始样品以分离颗粒的形式存在,粉体表面光滑,在高倍数(2 000倍)时可以观察到小颗粒附着在大颗粒上,说明有团聚现象。图2.22(b)为ABC粉的图像,为不规则颗粒,表面凹凸。图2.22(c)为MCA粉的图像,呈长条状,并局部聚集在一起。图2.22(d)为MPP粉的图像,呈絮状颗粒,表面有空隙。

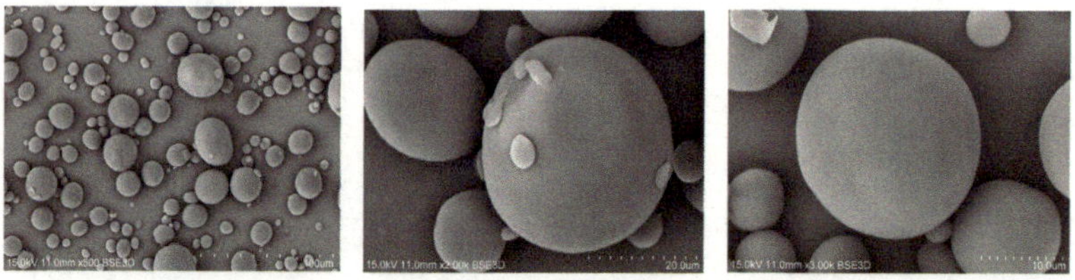

(a) 聚乙烯粉

(b) ABC粉

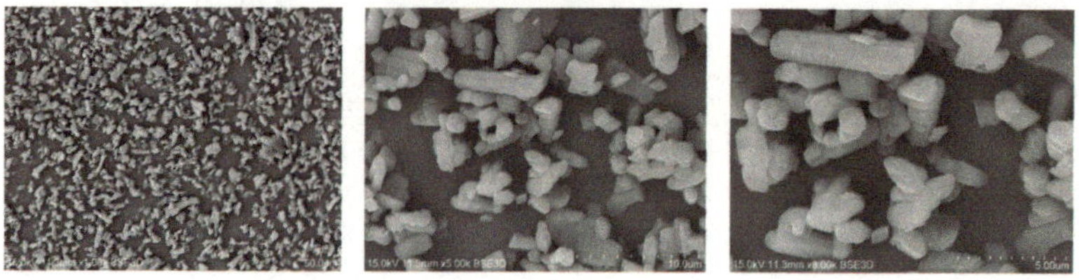

(c) MCA粉

图2.22　不同粉体样品的电镜图

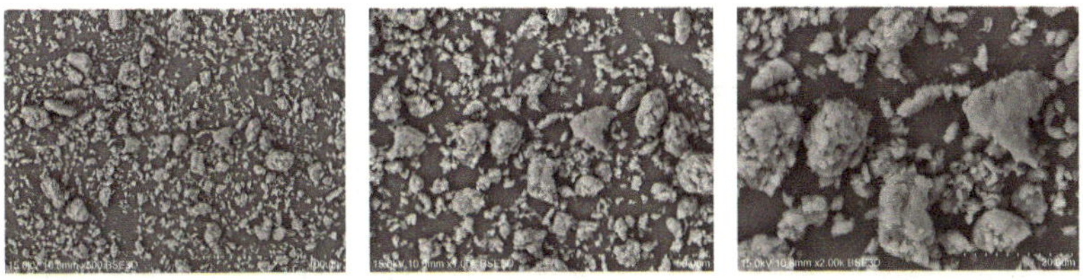

（d）MPP粉

图 2.22 （续）

2.3.4 实验粉体的化学特征

为了确定固态爆炸产物的物相特征，采用日本理学 Rigaku 公司生产的台式 XRD X 射线衍射仪 Miniflex 600，如图 2.23 所示。将收集的爆炸产物进行 XRD(X 射线衍射)测试。测试的基本原理是，当 X 射线与物质中的晶体相遇时，在某些特殊方向上将产生强 X 射线衍射，衍射线的分布和强度与晶体结构密切相关，将测试样品得到的衍射图谱与索引和标准卡片进行对比，通过峰的位置和相对强度来确定物相的种类。

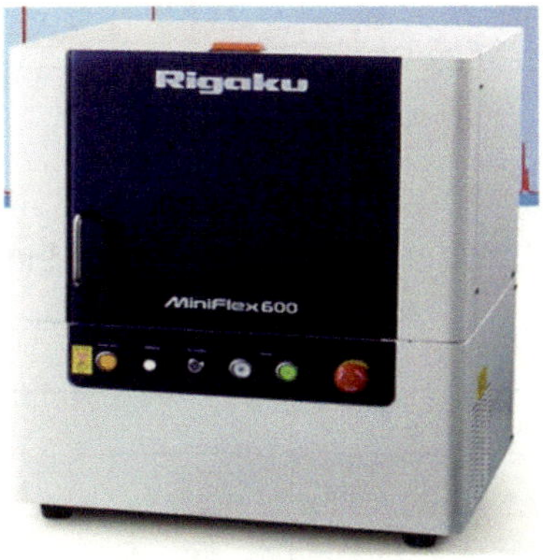

图 2.23 X 射线衍射仪

本书实验中所用粉体的 XRD 图谱如图 2.24 所示。聚乙烯粉的衍射峰明显，没有杂质峰，衍射峰出现的位置为衍射角 2θ 在 21.53°、23.89°附近。ABC 粉的衍射峰主要分布于 16.67°、23.71°、29.03°、45.11°附近，可以看出，其与$(NH_4)(H_2PO_4)$的图谱一致性高，主要成分为$(NH_4)(H_2PO_4)$。MCA 粉的衍射峰主要分布于 10.92°、28.08°、21.96°附近。MPP 粉的最明显衍射峰主要分布于 14.86°、18.22°、26.91°附近，由于 MPP 无标准卡片，由图可知，其特征衍射峰的峰尖且窄，基线低而平稳，说明它具有较高的结晶度。

2.3.5 实验气体物化特性

本书所使用的高纯度乙烯气体由合肥军君实验物资有限公司提供，纯度为 99.95%。乙烯是世界上产量最大的有机化合物和化学产品之一，是纤维、橡胶、聚乙烯及聚氯乙烯、乙醇合成的基本化工原料。乙烯的物理化学特性如表 2.2 所示。

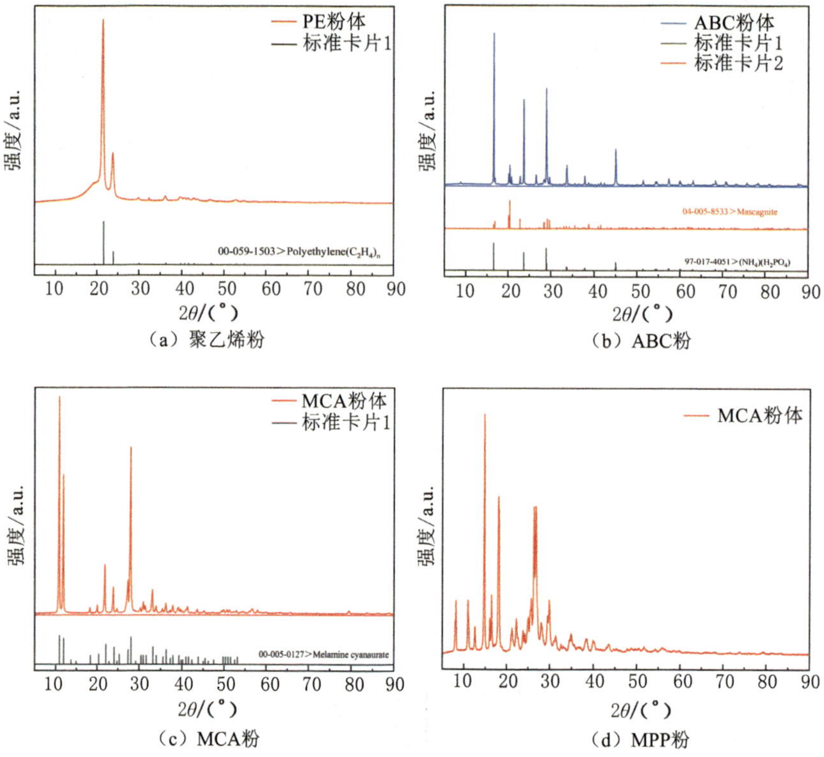

图 2.24　不同粉体样品的 XRD 图谱

表 2.2　乙烯的物理化学特性

参数	描述
密度	1.178 kg/m^3
熔点	−169.4 ℃
沸点	−103.7 ℃
闪点	−125.1 ℃
折射率	1.363
引燃温度	450 ℃
摩尔体积	58.1 cm^3/mol
外观	无色气体
溶解性	不溶于水，微溶于乙醇，溶于乙醚、丙酮、苯

2.4　本章小结

本章通过对自主搭建爆炸抑制实验系统的介绍以及对实验所用粉体的基本特性分析，主要得到以下结论：

(1) 搭建了爆炸抑制球形实验系统和爆炸抑制管道实验系统，前者用以研究粉体抑爆剂对聚乙烯粉和乙烯/聚乙烯粉爆炸压力和火焰的影响，后者用以研究火焰传播的影响，实验系统利用高精度压力传感器采集爆炸压力数据，利用高速摄像机观测爆炸过程中火焰形态的变化。

(2) 选取了一种高密度聚乙烯粉和三种不同的抑爆剂粉作为研究对象，粒径分析表明，ABC 粉的粒径跨度最大，MCA 粉的中位粒径最小。通过电镜测试可以发现，聚乙烯粉的颗粒呈球状且表面光滑，其他粉体的形状不规则。

3 抑爆剂抑制作用下聚乙烯粉的热动力学特性研究

聚乙烯的爆炸过程实际上是一种剧烈的燃烧反应，也是反应物热特性的变化过程。通过研究聚乙烯粉、抑爆剂粉以及其混合物的氧化热解特性，得到相关热效应的参数变化规律以及气相产物的释放规律，定量分析抑爆剂对聚乙烯粉热解过程的影响，为分析抑爆机理提供基础数据支撑。因此，利用 TGA-DSC 联用方法以及 TGA-FTIR 联用技术，开展不同抑爆剂作用下聚乙烯粉热动力学特性的实验研究。并结合分子动力学模拟对抑爆剂与混合物的氧化热解产物进行分析，为下一步抑爆实验的开展和抑爆机理的研究提供基础。

3.1 不同气氛下聚乙烯粉和抑爆剂的热分解行为分析

基于 TGA-DSC 同步分析研究了空气和氮气氛围下聚乙烯粉和抑爆剂粉的热分解行为，图 3.1～图 3.4 分别为升温速率为 10 K/min 时几种粉体在空气和氮气氛围下受热分解后的 TGA-DTG-DSC 曲线。

如图 3.1 所示，不同氛围下聚乙烯粉的热解行为不同，失重阶段较为相似。由图 3.1(a)可知，在氮气氛围下，聚乙烯粉在低温区的时候相对稳定，大约 341.928 ℃时开始热解，一直到 483.063 ℃，失重率为 97.709%。在 461.267 ℃时 DTG 曲线有一个峰，说明聚乙烯粉在此时热解速率最大。从 DSC 曲线可知，在聚乙烯粉的不同热解阶段样品表面热流变化不同。在低温阶段，表面热流基本为负值，该阶段主要是聚乙烯粉吸收热量，水分析出需要吸收能量，聚乙烯粉吸热量大于放热量。随着温度继续升高，聚乙烯粉不断吸热，在此过程中样品表面热流达到吸热峰值。当聚乙烯粉温度为 483.063 ℃时，聚乙烯粉完全热解，样品池内无固体颗粒，表面热流随升温速率的升高逐渐成为正值。

由图 3.1(b)可知，在空气氛围下，温度大约为 236.833 ℃时，聚乙烯粉开始氧化并出现略微的增重，当温度达到约 424 ℃时，到达最大失重峰，当温度到达 532.167 ℃时，聚乙烯粉基本分解完。相对于氮气氛围下的热解，空气氛围下聚乙烯粉的热解更为复杂。在低温区间，表面热流基本为负值，该阶段主要是聚乙烯粉吸收热量脱水。随着温度继续升高，表面热流逐渐由吸热状态向放热状态进行转变。在该阶段聚乙烯粉逐渐与氧气反应放出热量，吸热量小于放热量，表面热流为正值。当温度进一步升高，聚乙烯粉进入燃烧失重阶段，在该阶段聚乙烯粉剧烈燃烧，放出大量的热量，样品池表面热流达到峰值，此时温度为 414.167 ℃。当温度继续升高时，聚乙烯粉逐渐消耗，放出的热量急速下降，聚乙烯粉氧化放热结束。

如图 3.2 所示，氮气氛围和空气氛围下 ABC 粉的热解可分为若干个阶段。由图 3.2(a)可知，在氮气氛围下，ABC 粉首先经历了低温脱水阶段，当温度超过 185.655 ℃时，开始进入快速失重阶段直到温度为 608.67 ℃。在快速失重阶段，对应的 DTG 曲线上出现三个明显的质量损失峰，分别在 201.572 ℃、384.39 ℃和 608.67 ℃。当温度在 185.655～384.39 ℃

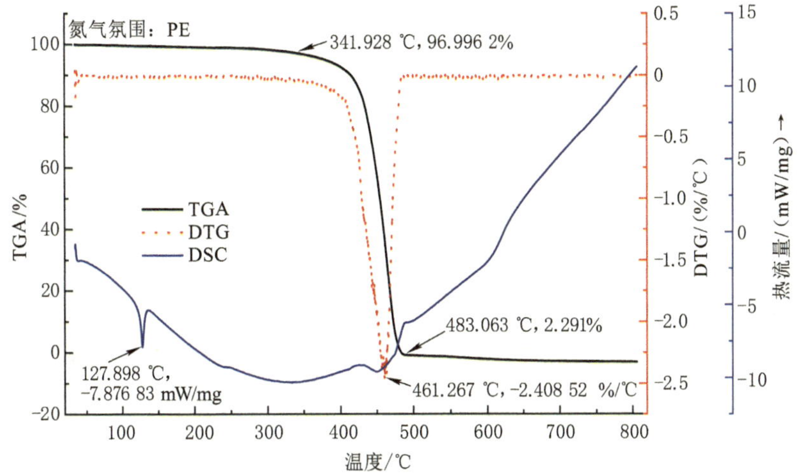

（a）氮气

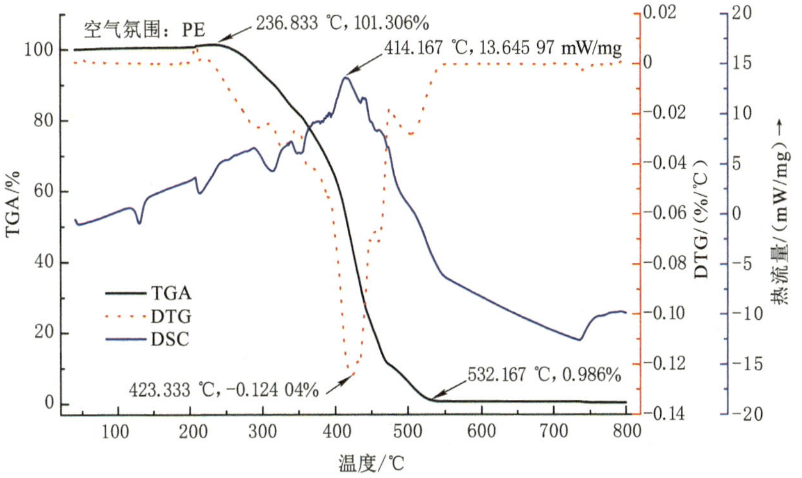

（b）空气

图 3.1　不同氛围下聚乙烯粉的 TGA-DTG-DSC 曲线（升温速率为 10 K/min）

时，主要是 ABC 粉中的 $NH_4H_2PO_4$ 分解生成磷酸（H_3PO_4）和氨气（NH_3）。进一步升高温度，H_3PO_4 继续分解，形成焦磷酸（$H_4P_2O_7$）、偏磷酸（HPO_3）以及 H_2O，这一过程主要发生在 384.39～608.67 ℃阶段。继续升高温度，$H_4P_2O_7$ 生成五氧化二磷（P_2O_5）和 H_2O，直到温度为 709.328 ℃，失重率几乎不变，说明分解结束，分解产物仍然有 30%左右的剩余。此外，ABC 粉中的少量成分 $(NH_4)_2SO_4$ 也会发生分解生成 SO_2、NH_3、N_2 和 H_2O，主要发生在快速失重的 384.39～608.67 ℃阶段。从 DSC 曲线可以看出，在 199.522 ℃时，ABC 粉分解放热过程表面的热流最大，最大热流为－9.839 5 mW/mg。

在空气氛围下，ABC 粉的热解划分阶段与氮气氛围下热解的划分阶段类似，由图 3.2(b)可得。当温度在 191～699.833 ℃时，ABC 粉出现明显的质量下降，在 DTG 曲线表现为存在三个明显的质量损失峰。由于氧气的参与，最终产物剩余质量为 40%左右，比氮气氛围下热解剩余凝聚相产物的质量多。在 735.667 ℃时，粉体分解放热过程表面的热流最大，为 12.812 83 mW/mg。

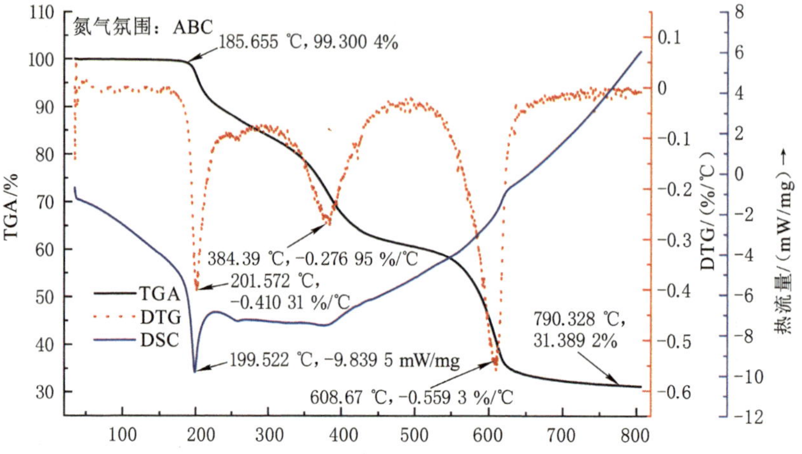

（a）氮气

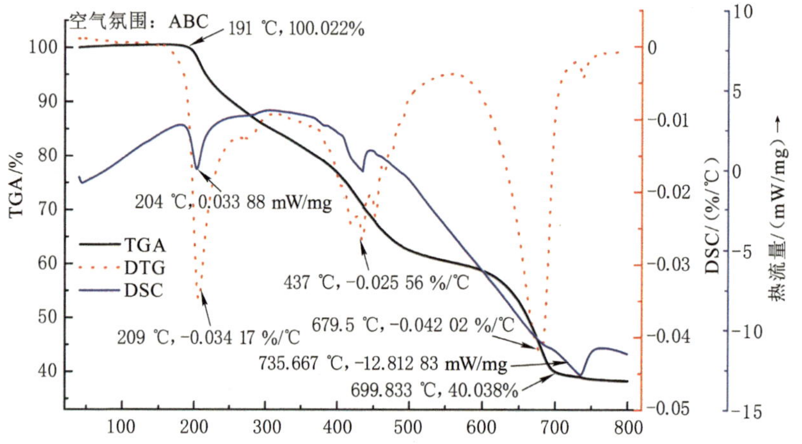

（b）空气

图 3.2　不同氛围下 ABC 粉的 TGA-DTG-DSC 曲线(升温速率为 10 K/min)

由上述分析可以看出，ABC 粉在分解过程会吸收大量的热量且吸收热量过程持续时间较长。

如图 3.3 所示，氮气氛围和空气氛围下 MCA 粉的热解都具有一个明显的质量损失峰。由图 3.3(a)可知，在氮气氛围下，当温度升高至约为 310.46 ℃时，MCA 粉开始迅速分解，在 420.667 ℃时达到最大质量损失峰，当温度继续升高到 430.094 ℃时，分解结束，且整个分解吸热的时间很短，约为 12 min。整个分解过程为吸热状态，最大表面热流量位于 421 ℃，达到的最大值为－9.991 01 mW/mg。在热解过程中，MCA 粉会分解为三聚氰胺($C_3H_6N_6$)和氰尿酸($C_3H_3N_3O_3$)。当温度持续升高，$C_3H_6N_6$ 继续分解，形成蜜白胺($C_6H_9N_{11}$)、蜜勒胺($C_6H_6N_{10}$)和氰尿酰胺($C_3H_6N_6$)。$C_3H_3N_3O_3$ 也会在高温下分解为气态的异氰酸(HNCO)和氨气(NH_3)。

图 3.3(b)为 MCA 粉在空气氛围下的热解，热解的过程同样很快，约为 10 min，当温度

升高至约为 366.667 ℃时，MCA 粉开始迅速分解，在约 450 ℃时达到最大质量损失峰，当温度继续升高到 466.5 ℃时，分解基本结束。在 453 ℃时，具有一个明显的热量吸收峰。

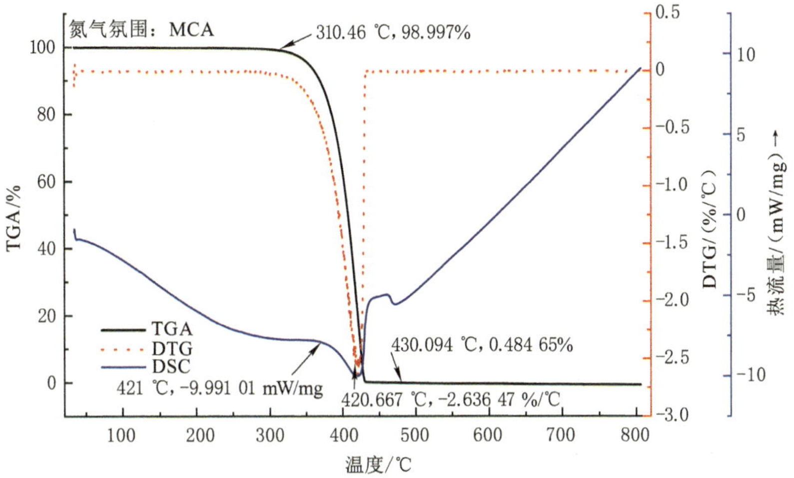

(a) 氮气

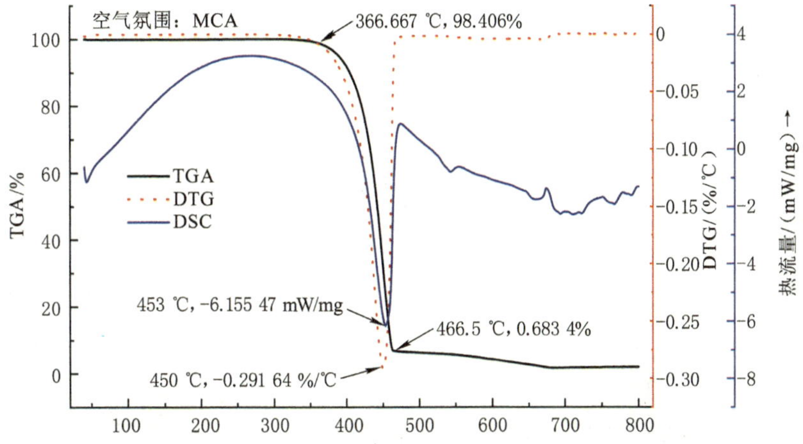

(b) 空气

图 3.3 不同氛围下 MCA 粉的 TGA-DTG-DSC 曲线(升温速率为 10 K/min)

两种气氛下 MCA 粉的失重率达到 99%以上，不存在固体残留物，说明分解产物以气体形式为主。

如图 3.4 所示，氮气氛围和空气氛围下 MPP 粉的热解过程都较长。在氮气氛围下，当温度低于 349.07 ℃时 MPP 粉质量基本保持不变，说明未发生明显的分解，当温度继续升高时，MPP 发生分解并在 389.38 ℃时快速达到最大失重峰。在该阶段，主要是 MPP 粉分解生成 $C_3H_6N_6$ 和含磷组分，继而 $C_3H_6N_6$ 继续分解生成 NH_3 和固态高沸点产物。在达到最大失重峰后，MPP 粉体中含磷组分继续分解，产生磷酸 H_3PO_4 并继续分解脱水生成 HPO_4 和 H_2O。当温度为 798.236 ℃时，MPP 粉体分解基本完成，总的质量损失约为 85.78%。从 DSC 曲线上看，MPP 粉在 349.07 ℃至 798.236 ℃温度范围内均存在热量吸收过程，当温度为 389.551 ℃时，其表面的热流最大，最大热流为－17.333 1 mW/mg。

图 3.4(b)为 MPP 粉在空气氛围下的热解，当温度升高至约为 376.167 ℃，MPP 粉开始快速分解，在 409 ℃时达到最大质量损失峰，当温度继续升高到 752.167 ℃时，分解基本结束，总的质量损失约为 70.26%。在 414.167 ℃时，具有一个明显的热量吸收峰。

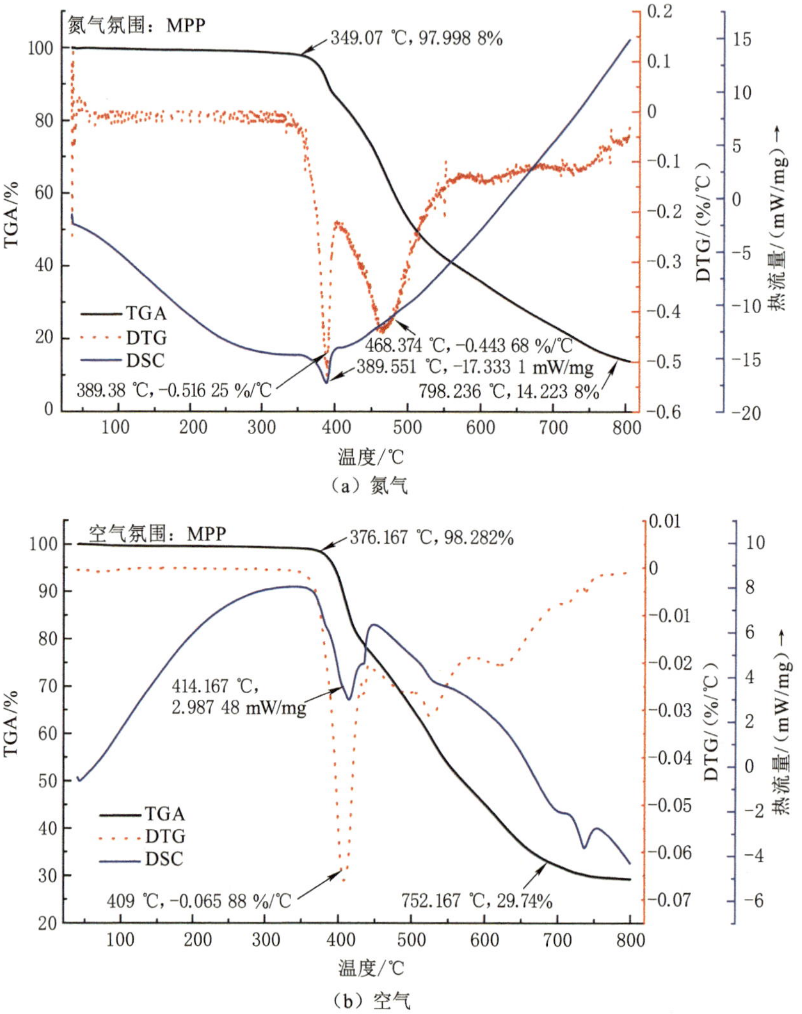

(a) 氮气

(b) 空气

图 3.4　不同氛围下 MPP 粉的 TGA-DTG-DSC 曲线(升温速率为 10 K/min)

由上可知，MPP 粉在不同氛围下的热解均存在几个阶段，且吸热效应明显，分解的产物主要为气体以及高沸点的固态产物。

3.2　抑爆剂含量对聚乙烯热分解行为的影响

加入了抑爆剂后混合体系的燃烧过程发生变化，采用同步热分析仪测试添加不同占比抑爆剂后混合物的热解行为变化。与爆炸实验配置样品的步骤一致，将聚乙烯粉与抑爆剂按照不同占比进行充分混合，抑爆剂占混合物分别为 20%、40%、50%、60%，升温速率为 10 K/min，升温上限为 800 ℃，实验气氛为空气。根据实验数据，绘制不同工况下的 TGA

曲线、DTG 曲线以及 DSC 曲线，如图 3.5～图 3.7 所示。

图 3.5 所示为聚乙烯粉加入不同占比 ABC 粉后热效应参数的变化。质量损失 10%时对应的温度($T_{0.1}$)通常用作评估热稳定性的标准[125,160,165]。对比图 3.1(b)的 TGA 曲线可知，随着抑爆剂 ABC 粉的加入，混合体系的起始分解温度逐渐变低。当 ABC 粉从 20%增加到 60%时，起始分解温度分别为 210.167 ℃、193.5 ℃、193.167 ℃、192 ℃，这是由于 ABC 粉的起始分解温度低于聚乙烯粉的分解温度，因此 ABC 粉的加入会优先吸收热量进而减缓聚乙烯粉的分解。当 ABC 粉从 20%增加到 60%时，$T_{0.1}$ 分别为 415.667 ℃、359.667 ℃、336.333 ℃、336.167 ℃，均高于纯聚乙烯的 $T_{0.1}$ 为 316.5 ℃，说明混合物的热稳定性提高。当 ABC 粉从 20%增加到 60%时，最快热解即失重率最大时对应的温度分别为 442.5 ℃、472.833 ℃、468.167 ℃、480.833 ℃，对比图 3.1(b)的 DTG 曲线可知，最快热解时对应的温度相对于未添加抑爆剂，分别增加了 18.5 ℃、48.833 ℃、44.167 ℃、56.833 ℃，ABC 粉的加入对聚乙烯粉起到了延迟热解的作用。

从图 3.5(c)的 DSC 曲线可知，加入不同占比的 ABC 粉后，DSC 曲线的形态趋于一致，聚乙烯粉与 ABC 粉混合体系的热流随温度的升高整体先增大后减小。结合图 3.1(b)的 DSC 曲线，未加入抑爆剂粉时，第一个明显放热峰出现在 416.667 ℃，当加入的 ABC 粉从 20%增加到 60%时，最明显放热峰出现的温度分别为 469.5 ℃、429.167 ℃、480.167 ℃、445 ℃，这是因为 ABC 粉可以吸收混合反应体系的热量用于自身分解，因此混合体系的热分解需要更高的温度。

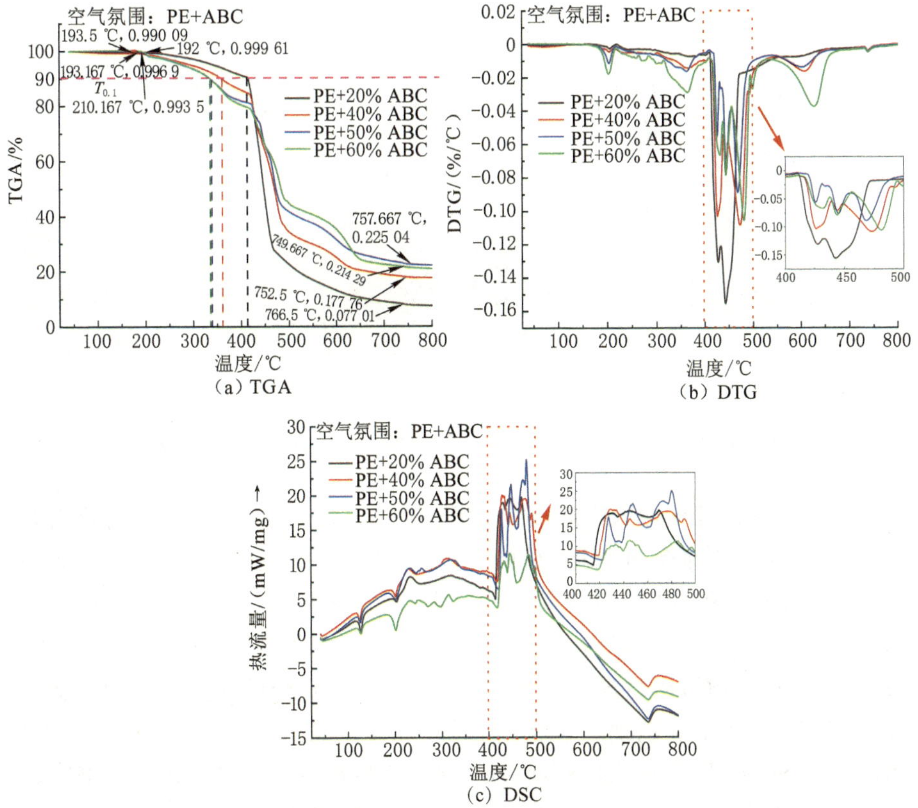

图 3.5 空气氛围下不同 ABC 粉含量对聚乙烯热分解行为的影响

图 3.6 所示为聚乙烯粉加入不同占比 MCA 粉后热效应参数的变化，由 DTG 曲线可知，当 MCA 粉从 20%增加到 60%时，热解失重率的峰值分别为 −0.227 135 %/℃、−0.247 905 %/℃、−0.236 246 %/℃，−0.122 438 %/℃，对比图 3.1(b)的 DTG 曲线可知，热解失重率的峰值相对于未添加抑爆剂均有所增加或持平，这是由于 MCA 粉的分解温度区间与聚乙烯粉的分解温度区间重合，聚乙烯粉分解的同时 MCA 粉也会分解，而 MCA 粉分解会产生大量气体，因此混合物的失重率变大，所以 MCA 粉分解的同时也会吸收热量减缓聚乙烯粉的分解。当 MCA 粉从 20%增加到 50%时，$T_{0.1}$ 分别为 349 ℃、355.667 ℃、374 ℃，均高于纯聚乙烯的 $T_{0.1}$，说明混合物的热稳定性提高。

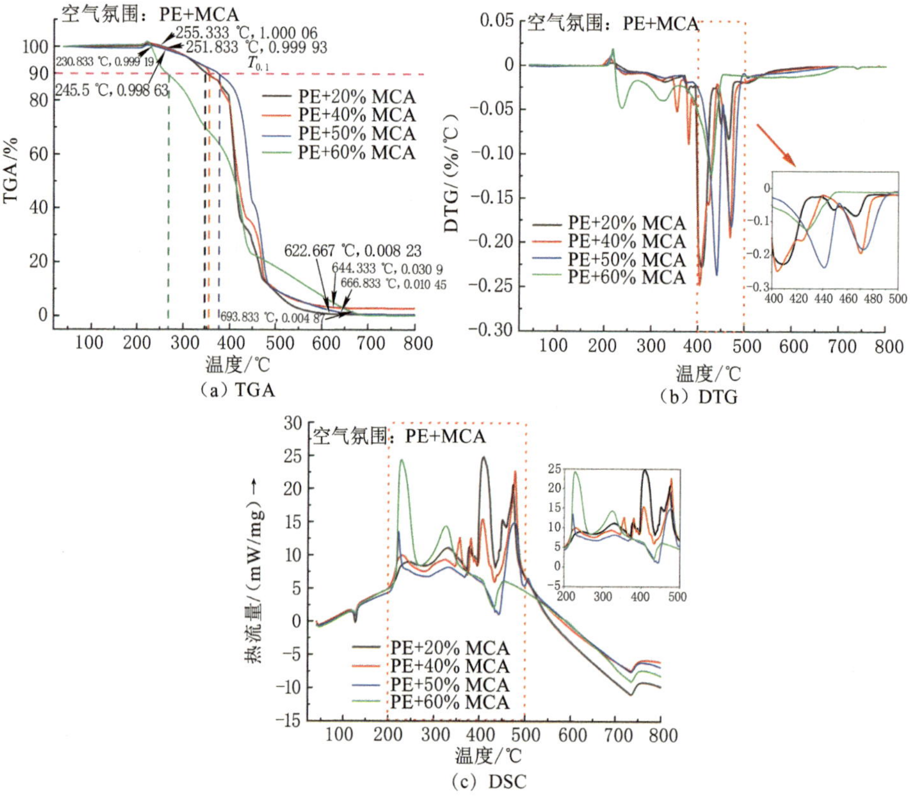

(a) TGA
(b) DTG
(c) DSC

图 3.6　空气氛围下不同 MCA 粉含量对聚乙烯热分解行为的影响

图 3.7 所示为聚乙烯粉加入不同占比 MPP 粉后热效应参数的变化。对比图 3.1(b)中的 TGA 曲线可知，随着抑爆剂 MPP 粉的加入，混合体系的起始分解温度逐渐升高。当 MPP 粉从 20%增加到 60%时，起始分解温度与纯聚乙烯粉相比，分别提高了 21 ℃、6.167 ℃、47.834 ℃、53 ℃；$T_{0.1}$ 分别为 385.167 ℃、387.667 ℃、396.667 ℃、405.667 ℃，均高于纯聚乙烯的 $T_{0.1}$，说明混合物的热稳定性提高。这是由于 MPP 粉的起始分解温度高于聚乙烯粉的分解温度，因此 MPP 粉的加入会共同吸收热量以降低聚乙烯粉的热分解效应。结合图 3.1(b)中的 DSC 曲线，未加入抑爆剂粉时，第一个明显放热峰出现在 416.667 ℃，当加入的 MPP 粉从 20%增加到 60%时，最明显放热峰出现的温度分别为 466.833 ℃、480.333 ℃、479.333 ℃、476.333 ℃。此外，添加 MPP 粉后，体系的最大热流值不断降低，当混合物中

MPP 粉的质量分数为 60％时，最大热流为 14.17 mW/mg。由图 3.7(c)和图 3.1(b)中 DTG 曲线可知，随着 MPP 粉的增加，最快热解时对应的温度越来越高，从 394.167 ℃增加到 413.833 ℃，但低于纯聚乙烯粉时的 423.333 ℃，这是由于同时存在聚乙烯粉和 MPP 粉的混合分解时，样品的失重更明显。因此，MPP 粉可以抑制聚乙烯粉的热分解。

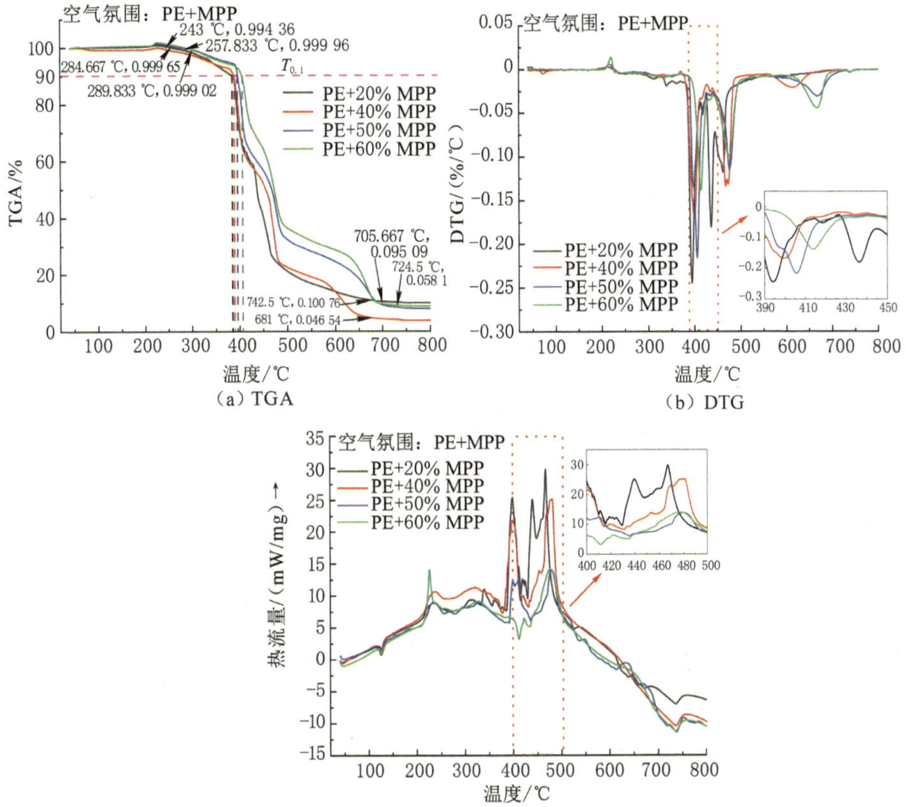

(a) TGA

(b) DTG

(c) DSC

图 3.7 空气氛围下不同 MPP 粉含量对聚乙烯热分解行为的影响

3.3 聚乙烯粉与抑爆剂混合体系的热动力学参数分析

由 3.2 节的实验结果可知，抑爆剂粉的加入对聚乙烯粉的热解和氧化特性具有显著的影响。采用热分析动力学方法，通过计算聚乙烯粉及其与抑爆剂粉混合后的热动力学参数，运用化学反应动力学机理来解释化学反应过程，以期为抑爆内在机理提供支持。

对于聚乙烯粉这一固体类材料，其热解或燃烧爆炸过程均会在受热条件下生成凝固态产物和气相产物。根据热重实验的数据，可以计算在任意时刻反应的转化率，即：

$$\alpha=\frac{W_0-W_i}{W_i-W_e} \tag{3.1}$$

式中，α 为转化的百分率，％；W_0 为样品的起始质量，mg；W_i 为任意时刻样品的质量，mg；W_e 为热重实验结束后样品的质量，mg。

那么反应速率可以表示为：

$$\frac{\mathrm{d}\alpha}{\mathrm{d}t}=kf(\alpha) \tag{3.2}$$

式中，k 为 Arrhenius 速率常数，与热力学温度 T 有关；$f(\alpha)$ 为反应机理函数，其函数形式取决于反应的类型和机制，只与反应程度 α 有关，不依赖于温度 T 和时间 t。

根据 Arrhenius 方程，可以得到速率常数 k 与热力学温度关系式：

$$k=A\exp\left(-\frac{E}{RT}\right) \tag{3.3}$$

式中，A 为指前因子，s^{-1}；E 为活化能，kJ/mol；T 为热力学温度，K；R 为摩尔气体常数，J/(K·mol)。

在热重实验中，固定的升温速率可表示为：

$$\beta=\frac{\mathrm{d}T}{\mathrm{d}t} \tag{3.4}$$

式中，β 表示升温速率，K/min。

由式(3.2)、式(3.3)和式(3.4)联立可以得到：

$$\frac{\mathrm{d}\alpha}{f(\alpha)}=\frac{A}{\beta}\exp\left(-\frac{E}{RT}\right)\mathrm{d}T \tag{3.5}$$

对式(3.5)两边积分可得：

$$g(\alpha)=\int_0^\alpha\frac{\mathrm{d}\alpha}{f(\alpha)}=\int_0^T\frac{A}{\beta}\exp\left(-\frac{E}{RT}\right)\mathrm{d}T \tag{3.6}$$

由于式(3.6)右边的积分 $\int_0^T\frac{A}{\beta}\exp\left(-\frac{E}{RT}\right)\mathrm{d}T$ 不可直接求解，因此使用近似值代替，本书采用 Coats-Redfern(C-R)积分式，该方法已经在聚乙烯热解研究被证明是可靠的[86]，可得到下式：

$$\ln\left[\int_0^\alpha\frac{\mathrm{d}\alpha}{f(\alpha)T^2}\right]=\ln\left[\frac{AR}{\beta E}\left(1-\frac{2RT}{E}\right)\right]-\frac{E}{RT} \tag{3.7}$$

进一步整理可得：

$$\ln\left[\frac{g(\alpha)}{T^2}\right]=\ln\frac{AR}{\beta E}-\frac{E}{RT} \tag{3.8}$$

常见的固体热解反应机理函数有 12 种，如表 3.1 所示。利用聚乙烯在 10 K/min 曲线的数据，选取快速失重阶段，以 $\frac{1}{T}$ 为横坐标，以 $\ln\left[\frac{g(\alpha)}{T^2}\right]$ 为纵坐标，将表 3.1 中不同的机理函数积分式 $g(\alpha)$ 代入式(3.8)，作图得到不同曲线，如图 3.8 所示。并对每条得到的曲线进行线性回归分析，拟合度最高的曲线对应的即为最可能的反应机理函数，通过该条拟合而来直线的斜率与截距即可计算出该反应动力学模型下反应的活化能。表 3.2 所示为聚乙烯在该升温速率下的动力学参数。

表 3.1　常用固态反应动力学机理函数

反应模型名称	微分形式	积分形式
反应级数模型 $n=1$，F1	$f(\alpha)=1-\alpha$	$g(\alpha)=-\ln(1-\alpha)$
反应级数模型 $n=2$，F2	$f(\alpha)=(1-\alpha)^2$	$g(\alpha)=(1-\alpha)^{-1}-1$

表 3.1(续)

反应模型名称	微分形式	积分形式
反应级数模型 $n=3$,F3	$f(\alpha)=(1-\alpha)^3$	$g(\alpha)=1/2[(1-\alpha)^{-2}-1]$
随机成核模型,A2	$f(\alpha)=2(1-\alpha)[1-\ln(1-\alpha)]^{1/2}$	$g(\alpha)=[-\ln(1-\alpha)]^{1/2}$
随机成核模型,A3	$f(\alpha)=3(1-\alpha)[-\ln(1-\alpha)]^{2/3}$	$g(\alpha)=[-\ln(1-\alpha)]^{1/3}$
随机成核模型,A4	$f(\alpha)=4(1-\alpha)[1-\ln(1-\alpha)]^{3/4}$	$g(\alpha)=[-\ln(1-\alpha)]^{1/4}$
相界面反应模型,R2	$f(\alpha)=2(1-\alpha)^{1/2}$	$g(\alpha)=1-(1-\alpha)^{1/2}$
相界面反应模型,R3	$f(\alpha)=3(1-\alpha)^{2/3}$	$g(\alpha)=1-(1-\alpha)^{1/3}$
扩散机理模型,D1	$f(\alpha)=1/2\alpha$	$g(\alpha)=\alpha^2$
扩散机理模型,D2	$f(\alpha)=[-\ln(1-\alpha)]^{-1}$	$g(\alpha)=(1-\alpha)\ln(1-\alpha)+\alpha$
扩散机理模型,D3	$f(\alpha)=3/2(1-\alpha)^{2/3}[1-(1-\alpha)^{1/3}]^{-1}$	$g(\alpha)=[1-(1-\alpha)^{1/3}]^2$
扩散机理模型,D4	$f(\alpha)=3/2[(1-\alpha)^{-1/3}-1]^{-1}$	$g(\alpha)=(1-2/3\alpha)-(1-\alpha)^{2/3}$

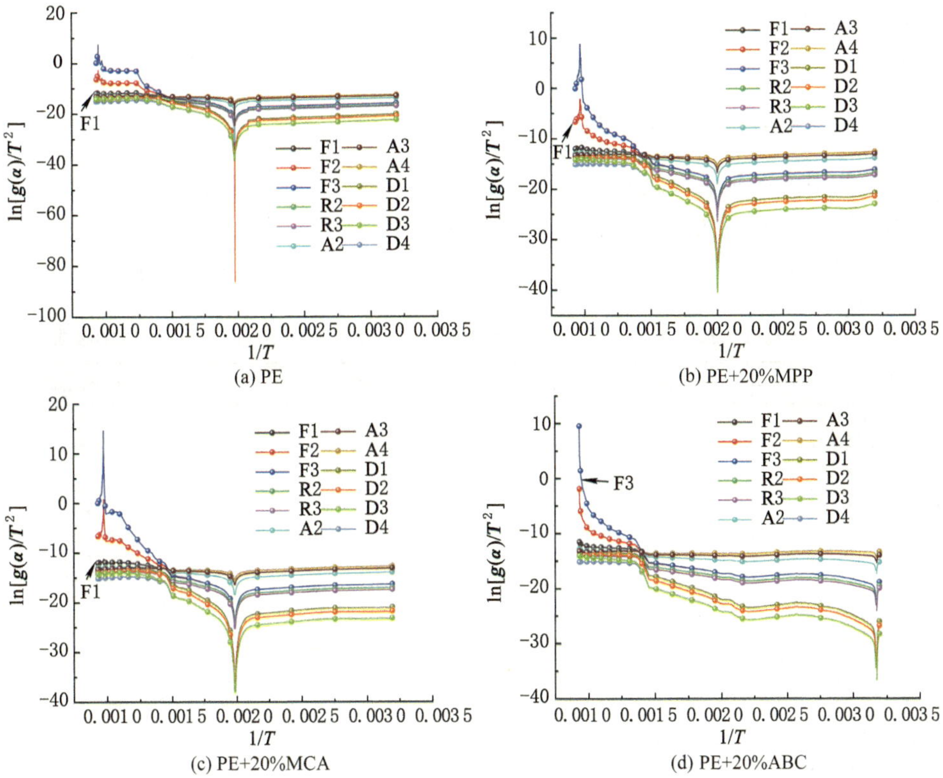

图 3.8 聚乙烯及与不同占比抑爆剂混合在升温速率为 10 K/min 时 $\ln[g(\alpha)/T^2]$与 $1/T$ 变化曲线

表 3.2 用 C-R 法计算的聚乙烯在 10 K/min 升温速率下的动力学参数

反应机理函数名称	$-E/R$	$\ln(AR/\beta E)$	R
F1	−7 614.339 14	−2.292 05	0.968 99
F2	−11 194.762 22	3.878 02	0.938 40
F3	−15 724.083 20	11.663 46	0.862 36
R2	−6 390.530 24	−5.110 32	0.935 28
R3	−6 755.836 42	−4.879 65	0.949 33
A2	−3 160.507 54	−8.626 35	0.953 60
A3	−1 675.897 01	−10.737 78	0.925 18
A4	−933.591 74	−11.793 49	0.866 10
D1	−12 302.449 25	3.022 42	0.908 54
D2	−13 328.642 30	4.134 57	0.932 78
D3	−13 801.959 01	3.455 74	0.942 58
D4	−14 804.996 90	5.201 33	0.958 77

由表 3.2 可知，反应机理函数 F1 的拟合度最高。因此，在升温速率为 10 K/min 时，对于聚乙烯的快速失重阶段，相应的化学反应动力学方程如下：

$$-\ln(1-\alpha)=\int_0^T \frac{A}{\beta}\exp\left(-\frac{E}{RT}\right)\mathrm{d}T \tag{3.9}$$

以此类推，计算不同占比的抑爆剂与聚乙烯粉混合物的动力学参数。

通过以上计算，可以得到不同占比抑爆剂与聚乙烯粉混合物的动力学参数，如表 3.3 所示。不同占比抑爆剂与聚乙烯粉混合物的 $\ln[g(\alpha)/T^2]$与 $1/T$ 变化曲线如图 3.9 所示。

表 3.3 不同占比抑爆剂与聚乙烯粉混合物在 10 K/min 升温速率下的热动力学参数

样品	活化能/(kJ/mol)	相关系数	机理函数
PE	63.305	0.968 99	F1
PE+20%ABC	343.975	0.998 35	F3
PE+20%MCA	66.957	0.975	F1
PE+20%MPP	88.118	0.979 83	F2
PE+40%ABC	135.97	0.968 56	F3
PE+40%MCA	125.91	0.984 15	F2
PE+40%MPP	72.34	0.909 73	F2
PE+50%ABC	114.10	0.967 87	F3
PE+50%MCA	200.134	0.964 06	F3
PE+50%MPP	104.634	0.897 6	F3
PE+60%ABC	64.063	0.943 55	F2
PE+60%MCA	481.943	0.970 87	F2
PE+60%MPP	64.197	0.826 01	F2

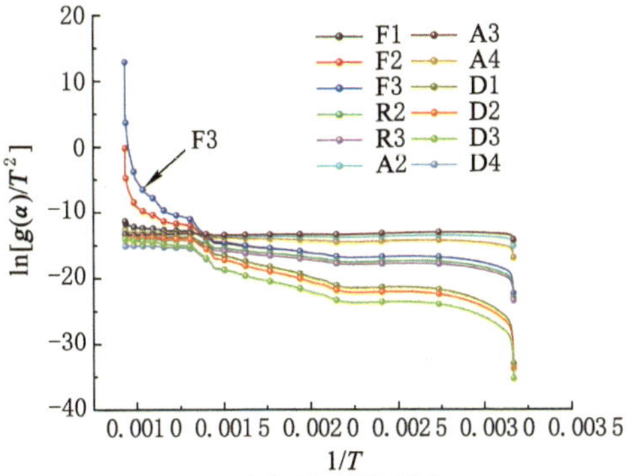

(a) PE+40%ABC

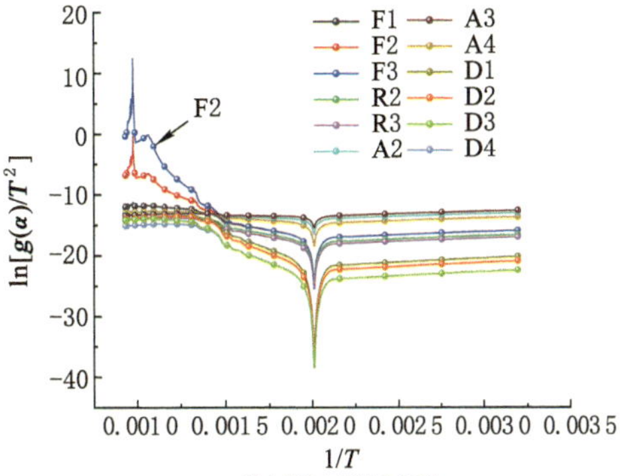

(b) PE+40%MCA

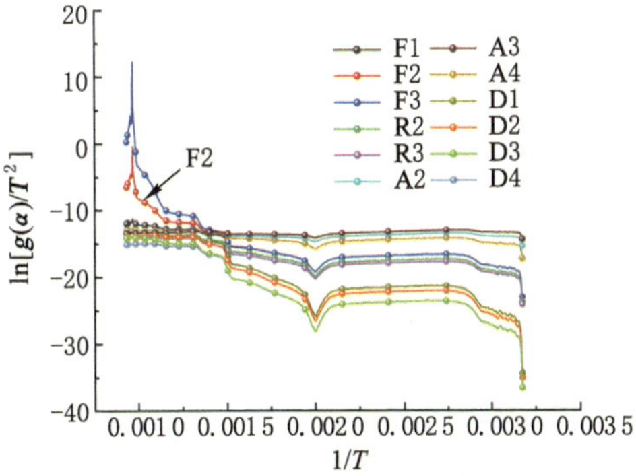

(c) PE+40%MPP

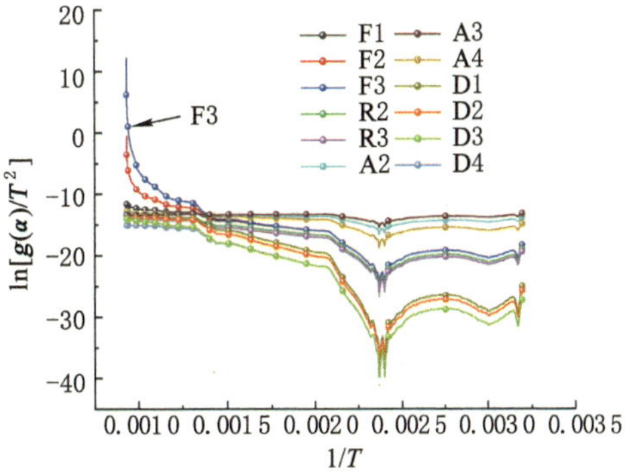

(d) PE+50%ABC

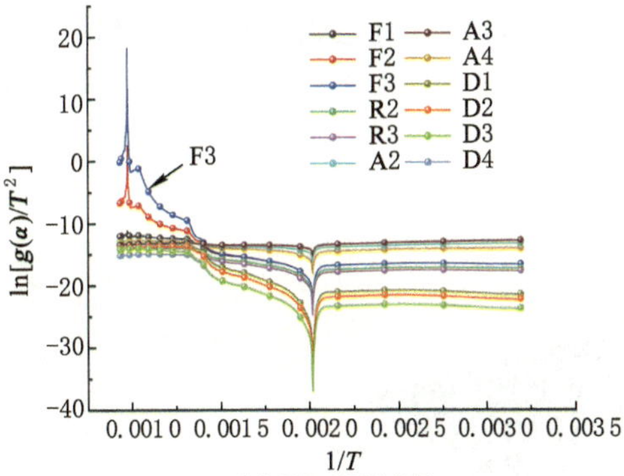

(e) PE+50%MCA

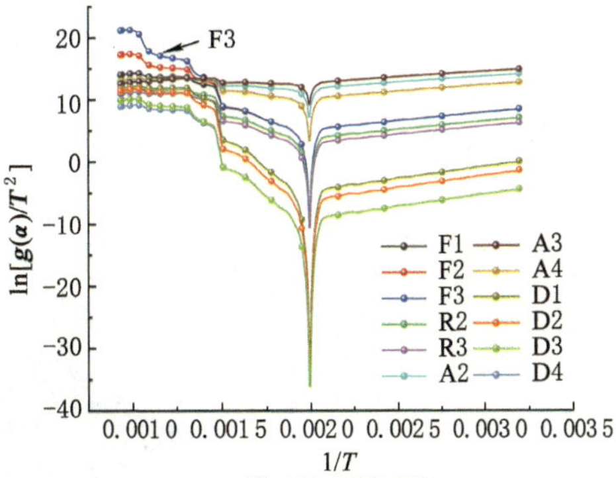

(f) PE+50%MPP

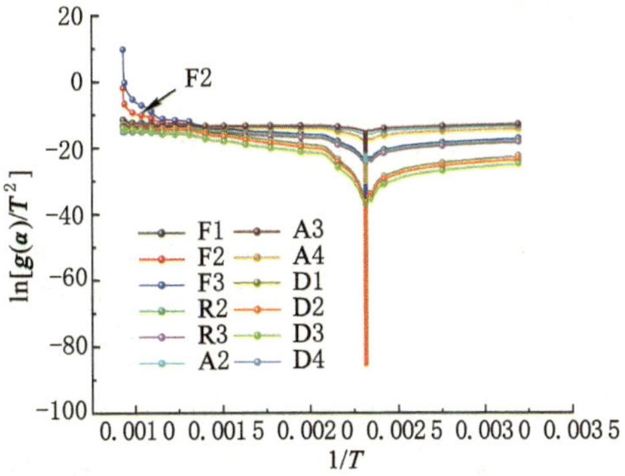

(g) PE+60% ABC

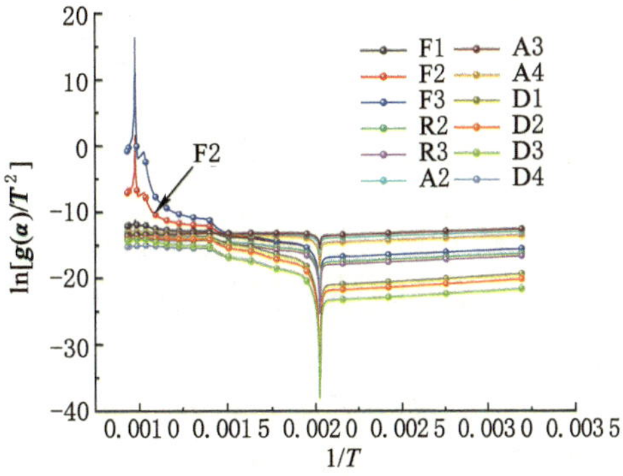

(h) PE+60% MCA

图 3.9 不同占比抑爆剂与聚乙烯粉混合物的 $\ln[g(\alpha)/T^2]$ 与 $1/T$ 变化曲线

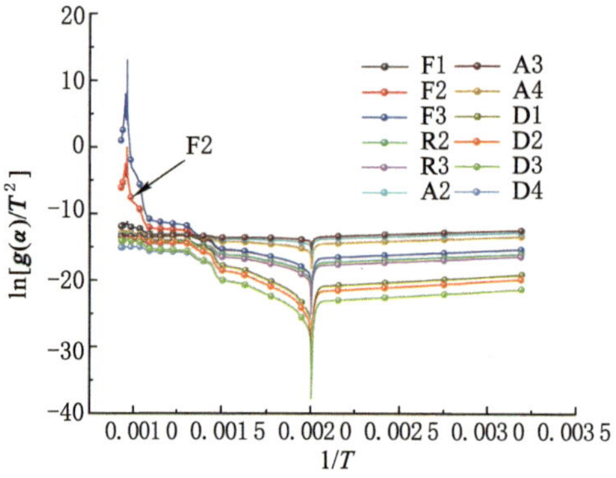

(i) PE+60% MPP

图 3.9 （续）

由表 3.3 可知，添加三种抑爆剂后聚乙烯粉的活化能均高于不添加任何抑爆剂时聚乙烯粉的活化能，说明在抑爆剂的作用下聚乙烯粉热解温度升高，抑爆剂对聚乙烯的热分解表现出明显的抑制作用。

3.4 不同抑爆剂对聚乙烯粉热解气相产物的影响

为了分析抑爆剂对聚乙烯粉爆炸抑制过程中的气体作用，采用 TGA-FTIR 联用技术对聚乙烯粉以及其与三种抑爆剂的混合物进行分析，混合物中聚乙烯粉和抑爆剂粉的比例为 1∶1，热解为惰气氛围，升温速率为 10 K/min，升温上限为 800 ℃。聚乙烯粉在惰气氛围下析出气体的 TGA-FTIR 3D 立体图如图 3.10 所示。

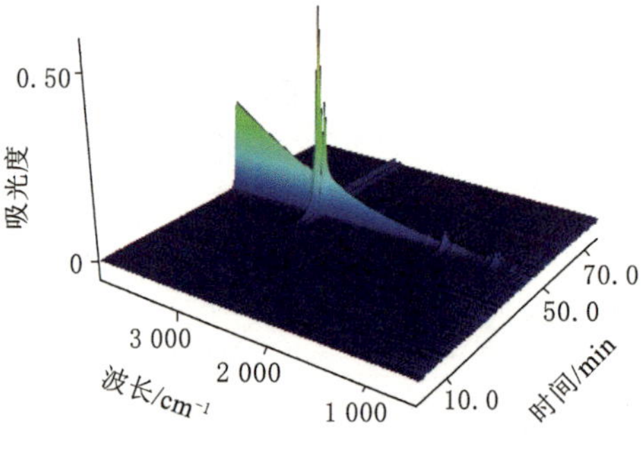

图 3.10　聚乙烯粉在惰气氛围下析出气体的 TGA-FTIR 3D 立体图

从图 3.10 中可以看出，聚乙烯粉热解整个过程中各特征吸收峰趋势一致，说明样品的分解只包含一个阶段，该区间与热重测试结果一致。对峰强最强时对应温度的热解产物进行分析。

图 3.11 所示是聚乙烯粉热解过程 TGA-FTIR 3D 立体图中峰强最强时的红外谱图，对应温度为 486.67 ℃，在 750 cm^{-1} 附近的吸收峰是饱和碳氢链 $[CH_2]_n$ 的特征峰，说明纯聚乙烯粉热解时会产生部分的长链烷烃气体；在 908 cm^{-1} 附近的吸收峰是烯烃的 ═C—H 特征峰，在 1 640 cm^{-1} 附近的吸收峰为 —C═C 的特征峰，说明纯聚乙烯热解产生了一些含烯烃

的气体；在 1 548 cm^{-1}和 1 380 cm^{-1}附近的吸收峰为—CH_3的特征峰，在 2 930 cm^{-1}和 2 850 cm^{-1}附近的吸收峰为—CH_2的特征峰，说明热解产生了烷烃气体；在 2 350 cm^{-1}附近的吸收峰为 CO_2的特征峰，说明纯聚乙烯热解产生了 CO_2气体。聚乙烯粉与 ABC 粉混合物在惰气氛围下析出气体的 TGA-FTIR 3D 立体图如图 3.12 所示。

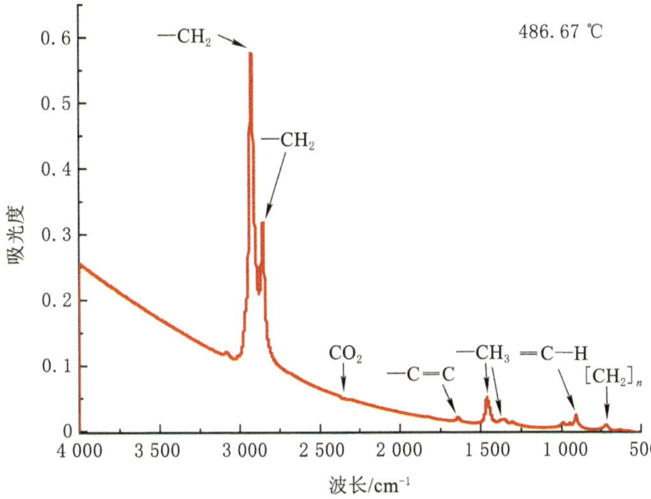

图 3.11　聚乙烯粉热解过程中代表性温度下挥发产物的 FTIR 光谱

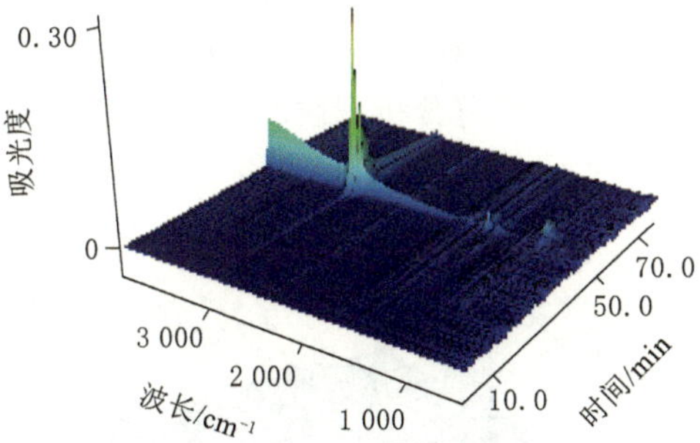

图 3.12　聚乙烯粉与 ABC 粉混合物在惰气氛围下析出气体的 TGA-FTIR 3D 立体图

从图 3.12 中可以看出，聚乙烯粉与 ABC 粉热解过程中各特征吸收峰趋势可以分三个阶段，说明该混合物的分解包含三个阶段，与热重分析三阶段分解特征一致。对峰强最强时对应温度的热解产物进行分析。

图 3.13 所示是聚乙烯粉与 ABC 粉混合物热解过程 TGA-FTIR 3D 立体图中峰强最强时的红外谱图，对应温度为 476.67 ℃，在 750 cm^{-1}附近的吸收峰是饱和碳氢链$[CH_2]_n$的特征峰，说明聚乙烯热解时产生了部分烷烃气体；在 908 cm^{-1}附近的吸收峰是烯烃的═C—H 特征峰，在 1 120 cm^{-1}附近的吸收峰为—C—O 的特征峰，说明 ABC 粉分解释放的磷氧化物与聚乙烯反应生成了磷酸酯；在 1 640 cm^{-1}附近的吸收峰为—C═C 的特征峰，说明聚乙烯热解产生了一些含烯烃气体；在 1 548 cm^{-1}和 1 380 cm^{-1}附近的吸收峰为—CH_3的特征峰，在 2 930 cm^{-1}和 2 850 cm^{-1}附近的吸收峰为—CH_2的特征峰，说明热解产生了烷

烃气体；在2 350 cm^{-1}附近的吸收峰为 CO_2 的特征峰或 P—H 的特征峰，表明热解产生了 CO_2 气体并生成了部分含磷的气体产物；在 931 cm^{-1} 和 961 cm^{-1} 附近的吸收峰为 NH_3 的特征峰，在 1 728 cm^{-1} 和 3 330 cm^{-1} 附近的吸收峰为 N—H 的特征峰，说明 ABC 粉热解产生了 NH_3 气体；在 1 330 cm^{-1} 附近的吸收峰为 P═O 的特征峰，表明 ABC 粉热解产生了部分气态的含磷物质；在 3 742 cm^{-1} 附近的吸收峰为 H_2O 的特征峰，说明聚乙烯和 ABC 粉分解产生了 H_2O。

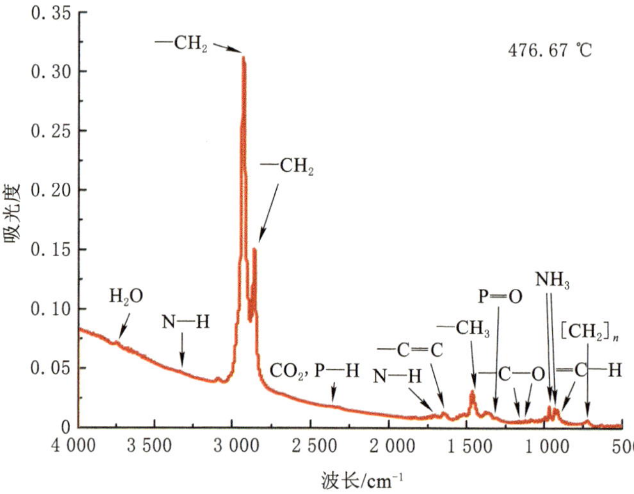

图 3.13　聚乙烯粉与 ABC 粉混合物热解过程中代表性温度下挥发产物的 FTIR 光谱

如图 3.14 所示，聚乙烯粉与 MCA 粉热解过程中各特征吸收峰趋势可以分三个阶段，说明该混合物分解包含三个阶段，与热重分析三阶段分解特征一致。

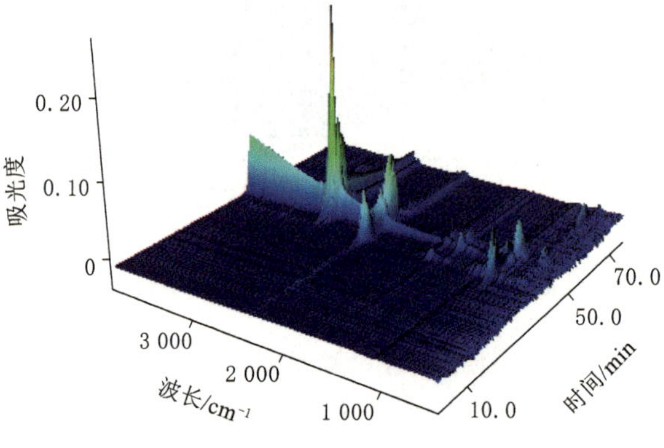

图 3.14　聚乙烯粉与 MCA 粉混合物在惰气氛围下析出气体的 TGA-FTIR 3D 立体图

图 3.15 所示是聚乙烯粉与 MCA 粉混合物热解过程 TGA-FTIR 3D 立体图中峰强最强时的红外谱图，对应温度为 476.67 ℃，在 750 cm^{-1} 附近的吸收峰是饱和碳氢链$[CH_2]_n$的特征峰，说明聚乙烯热解时产生了部分烷烃气体；在 908 cm^{-1} 附近的吸收峰是烯烃的═C—H 特征峰，在 1 640 cm^{-1} 附近的吸收峰为—C═C 的特征峰，说明聚乙烯热解时产生了一些含烯烃气体；在 1 548 cm^{-1} 和 1 380 cm^{-1} 附近的吸收峰为—CH_3的特征峰，在 2 930 cm^{-1} 和 2 850 cm^{-1} 附

近的吸收峰为—CH_2的特征峰，说明热解产生了烷烃气体；在 2 350 cm^{-1}附近的吸收峰为 CO_2 的特征峰，表明热解产生了 CO_2 气体；在 931 cm^{-1} 和 961 cm^{-1} 附近的吸收峰为 NH_3 的特征峰，在 3 330 cm^{-1}附近的吸收峰为 N—H 的特征峰，说明 MCA 粉热解产生了 NH_3 气体或 HCN 气体；在 3 740 cm^{-1}附近的吸收峰为 H_2O 的特征峰，说明聚乙烯和 MCA 粉分解产生了 H_2O。

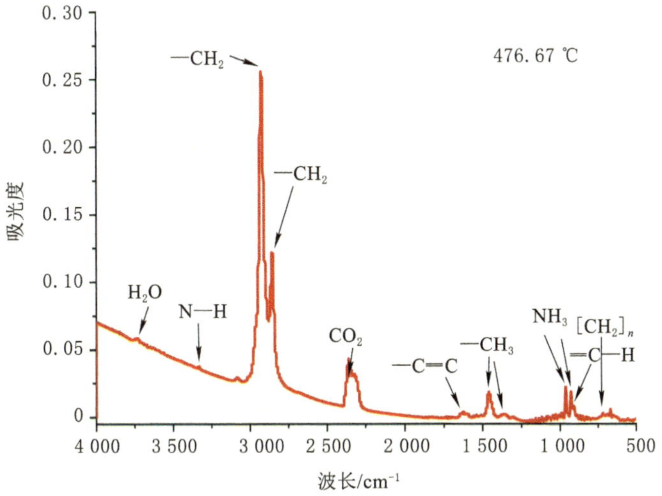

图 3.15　聚乙烯粉与 MCA 粉混合物热解过程中代表性温度下挥发产物的 FTIR 光谱

如图 3.16 所示，聚乙烯粉与 MPP 粉热解过程中各特征吸收峰趋势可以分两个阶段，说明该混合物的分解包含两个阶段，与热重分析二阶段分解特征一致。

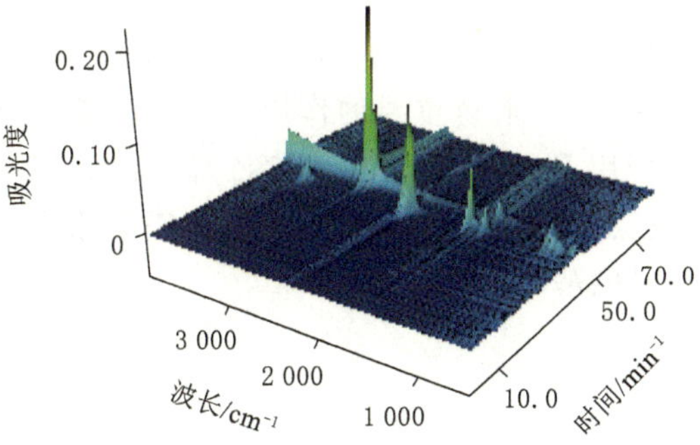

图 3.16　聚乙烯粉与 MPP 粉混合物在惰气氛围下析出气体的 TGA-FTIR 3D 立体图

图 3.17 所示是聚乙烯粉与 MPP 粉混合物热解过程 TGA-FTIR 3D 立体图中峰强最强时的红外谱图，对应温度为 486.67 ℃，在 750 cm^{-1}附近的吸收峰是饱和碳氢链$[CH_2]_n$的特征峰，说明聚乙烯热解时产生了部分烷烃气体；在 908 cm^{-1} 附近的吸收峰是烯烃的═C—H 特征峰，在 1 640 cm^{-1}附近的吸收峰为—C═C 的特征峰，说明聚乙烯热解时产生了一些含烯烃气体；在 1 550 cm^{-1}和 1 380 cm^{-1}附近的吸收峰为—CH_3的特征峰，在 2 930 cm^{-1}和 2 850 cm^{-1}附近的吸收峰为—CH_2的特征峰，说明热解产生了烷烃气体；在 2 350 cm^{-1}附近的吸收峰为 CO_2 的特征峰或 P-H 的特征峰，表明热解产生了 CO_2 气体并生成了部分含磷的气

体产物；在 931 cm^{-1}和 961 cm^{-1}附近的吸收峰为 NH_3的特征峰，在 1 728 cm^{-1}和 3 330 cm^{-1}附近的吸收峰为 N—H 的特征峰，说明 MPP 粉热解产生了 NH_3气体或 HCN 气体；在 1 330 cm^{-1}附近的吸收峰为 P═O 的特征峰，表明 MPP 粉热解产生了部分气态的含磷物质；在 3 740 cm^{-1}附近的吸收峰为 H_2O 的特征峰，说明聚乙烯和 MPP 粉分解产生了 H_2O。

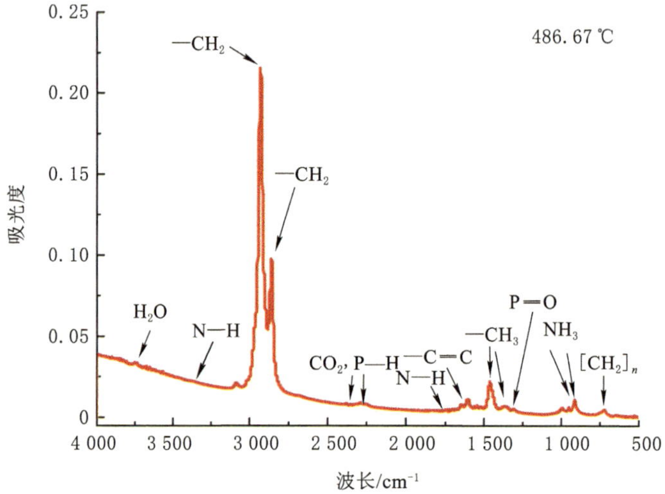

图 3.17 聚乙烯粉与 MPP 粉混合物热解过程中代表性温度下挥发产物的 FTIR 光谱

3.5 基于分子动力学的混合体系氧化热解产物分析

随着模拟算法的发展和计算能力的大幅提升，反应力场分子动力学（ReaxFF MD）在原子水平的反应机理研究中发挥着越来越重要的作用[188-190]，并被广泛应用于碳氢化合物燃料的反应机理研究[191-193]。使用 ReaxFF MD 研究聚乙烯在含氧条件下的热解过程，以及不同抑爆剂含量对聚乙烯氧化热解的影响，分析聚乙烯和抑爆剂混合物热解的主要中间产物，为后续抑爆机理的研究提供基础。

3.5.1 模型建立与验证

ABC 粉的主要成分为磷酸二氢铵，因其以离子态存在，本研究选择其热解后的稳定形态氨气和磷酸作为反应物。MPP 粉由三聚氰胺与聚磷酸构成，而 MCA 粉则由三聚氰胺与三聚氰酸组成。为研究 ABC、MPP、MCA 三种抑爆剂对聚乙烯粉氧化热解过程的作用，使用 Material Studio 软件中无定形细胞模块建立聚乙烯与不同抑爆剂加入氧气后的反应体系，各体系模型如图 3.18 所示。

ReaxFF MD 模拟无须提前定义反应路径，依据原子距离判断键序与键能，以键的断裂与重组来描述反应过程，兼具计算成本与精度。因此被广泛应用于大量分子体系的反应路径分析中，已被证明适用于聚乙烯等高聚物的热解燃烧方面[194-197]。

构建完成的体系导入大型分子模拟器——LAMMPS 中，首先进行体系能量最小化使得分子构型更加合理，再使用 NVT（恒温恒压）集合在 300 K 温度下进行 25 ps 的低温平

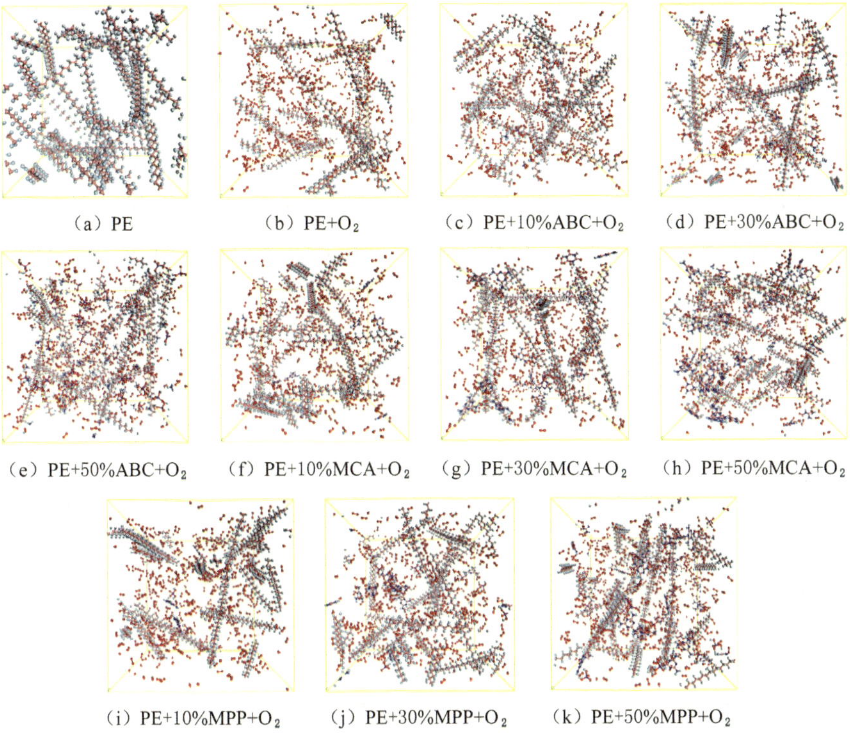

图 3.18 氧化热解反应体系模型

衡，使得系统中分子完全放松接近现实。为高效观察详细的反应过程，高温加速反应过程可使模拟时间大幅缩短，这种加速已被证实可用于碳氢化合物、高聚物等物质的氧化热解研究，且不影响机理。因此，使用 N-H 控温方法使得温度快速升至 2 900 K，并保持 500 ps 确保反应链的完整，步长为 0.25 fs、温度阻尼系数为 25。此次模拟选用 CHONP 力场作为反应力场，键序临界值为 0.03 nm，每 1 000 步输出一次产物与反应轨迹，结合自开发 Python 脚本进行后处理，分析详细的反应过程。具体仿真参数如表 3.4 所示。

表 3.4 ReaxFF MD 仿真参数

序号	反应体系及分子数	抑爆剂添加占比	盒子尺寸/$\times 10^{-1}$ nm
1-1	PE(10)+O_2(500)	—	53.5
2-1	PE(10)+O_2(500)+ABC(7)	10%	54.1
2-2	PE(10)+O_2(500)+ABC(26)	30%	55.7
2-3	PE(10)+O_2(500)+ABC(61)	50%	58.4
3-1	PE(10)+O_2(500)+MPP(3)	10%	54
3-2	PE(10)+O_2(500)+MPP(13)	30%	55.6
3-3	PE(10)+O_2(500)+MPP(31)	50%	58.4
4-1	PE(10)+O_2(500)+MCA(3)	10%	54.1
4-2	PE(10)+O_2(500)+MCA(12)	30%	55.8
4-3	PE(10)+O_2(500)+MCA(28)	50%	58.5

本书模拟所用的力场为 Monti 等开发的 CHONP 力场隶属水分区[198]。为验证本次模拟的反应体系在此力场下的适用性，将体系中反应物进行 DFT 与 ReaxFF 键长能量计算。由于分子越简单，能量比对越有效，因此选定关键反应基团乙烯、氨气、磷酸、三聚氰胺和三聚氰酸分子。

在计算 DFT 能量时，择定基团任意一键使用 Gaussian 软件对其 0.5 至 1.5 共 11 个键长的势能面进行扫描，并求得相对能量。DFT 计算中会记录每一个键长对应的所有原子的坐标，通过提取这些坐标就可以得到每个键长对应的数据文件，导入 LAMMPS 中计算 ReaxFF 力场下的能量，同样计算相对能量并与 DFT 计算结果进行比对。

根据代表性小分子计算的 QM 数据训练了 CHONP 力场的不同可能键的参数，例如 C—O、C═O 等。在训练过程中，仅限制择定的键，但允许分子其余结构松弛。图 3.19 显示了 ReaxFF 和 QM 之间相关键长能量的比较情况，可以看出两者间误差较小，说明此力场适用本次模拟的所有体系。

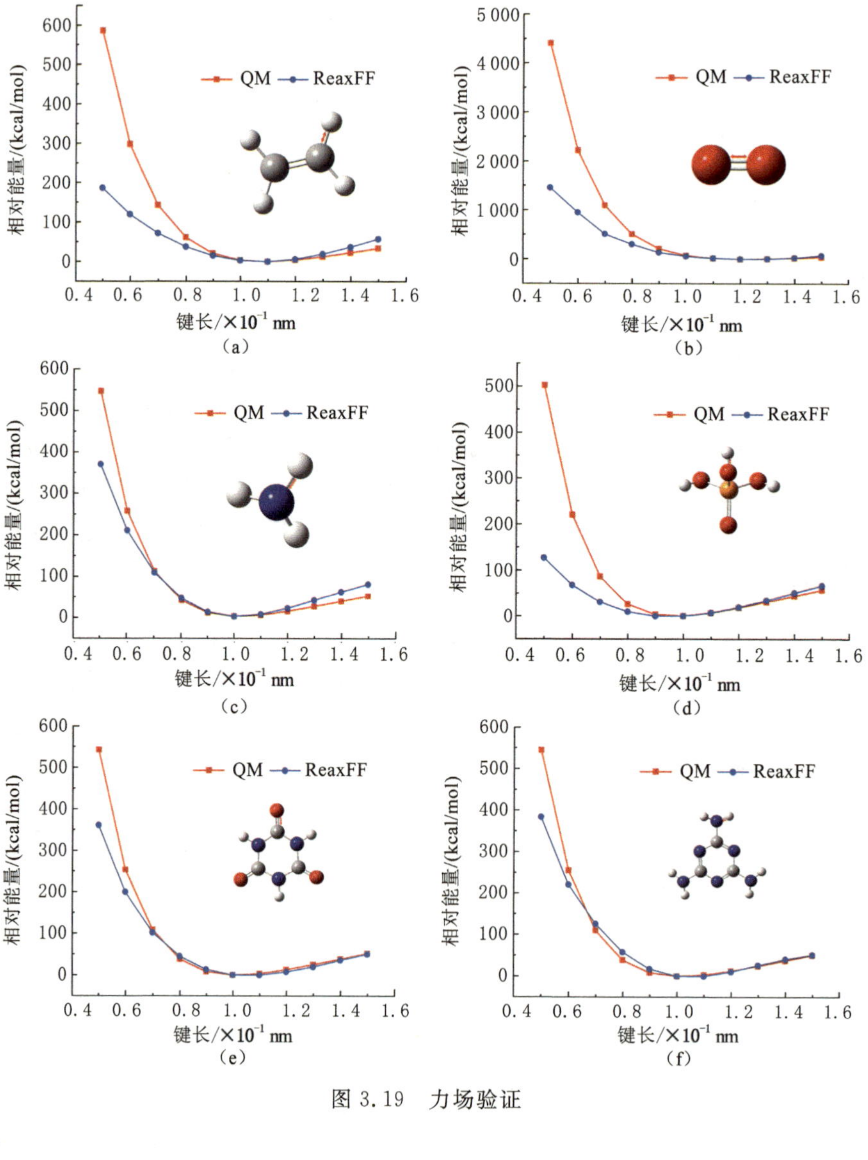

图 3.19　力场验证

3.5.2 粉体抑爆剂对聚乙烯氧化热解产物的影响

为分析不同种类抑爆剂对聚乙烯颗粒氧化热解的影响，以抑爆剂含量为30%工况的模拟结果为例，如图3.20所示，由于体系中含有氧气，产物中的 H_2O 占比最高，可以发现，聚乙烯与氧气热解体系中 H_2O 分子的生成量在497 ps时达到最高值，最高值为300个。与未添加抑爆剂相比，加入抑爆剂后 H_2O 分子的生成速度及产量均增加，其中最为显著的是加入MPP粉后的混合热解体系，其次为MCA粉与ABC粉，H_2O 分子的峰值分别为354、347、336个，表明 H_2O 分子也是抑爆剂高温分解产物与氧气的反应结果。而乙烯作为聚乙烯分解的重要产物，聚乙烯与氧气热解体系中其产量于45.5 ps达到峰值，峰值为156个，加入30%的ABC、MCA、MPP粉体后，乙烯的产量分别减少了29、40、7个，但到达产量峰值的时刻只在MCA粉作用时略有延迟，从45.5 ps延迟至50.5 ps。此外 C_2H_2 和 C_3H_6 产量也被抑制，未加入抑爆剂时，C_2H_2 和 C_3H_6 的产量分别为27个和19个，加入30%的ABC、MCA、MPP粉体后，C_2H_2 的产量分别为19、24、23个；C_3H_6 的产量分别为15、13、16个。由此可见，抑爆剂的加入使得烃类气体产量下降，从而抑制了热解和燃烧。

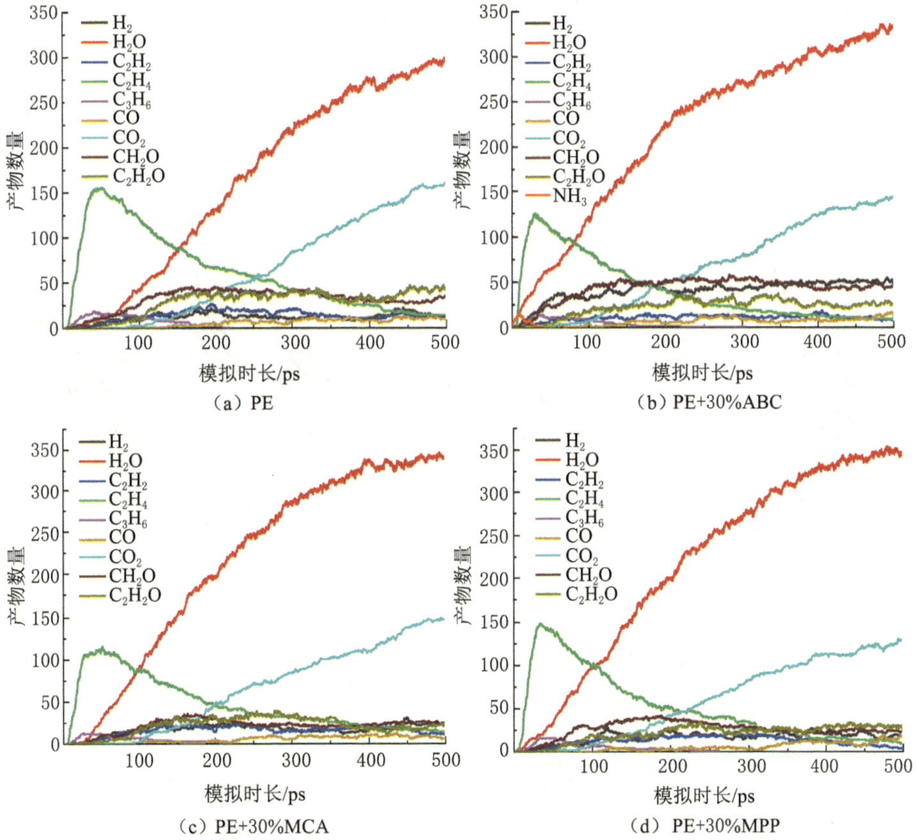

(a) PE (b) PE+30%ABC

(c) PE+30%MCA (d) PE+30%MPP

图3.20 不同热解体系气相中间产物演化

图3.21展示了不同占比ABC粉与聚乙烯粉混合热解中间产物的数量分布。可以发现，烃类气体的数量均呈现下降趋势，且随着粉体占比的增大，产物数量减少显著，当抑爆

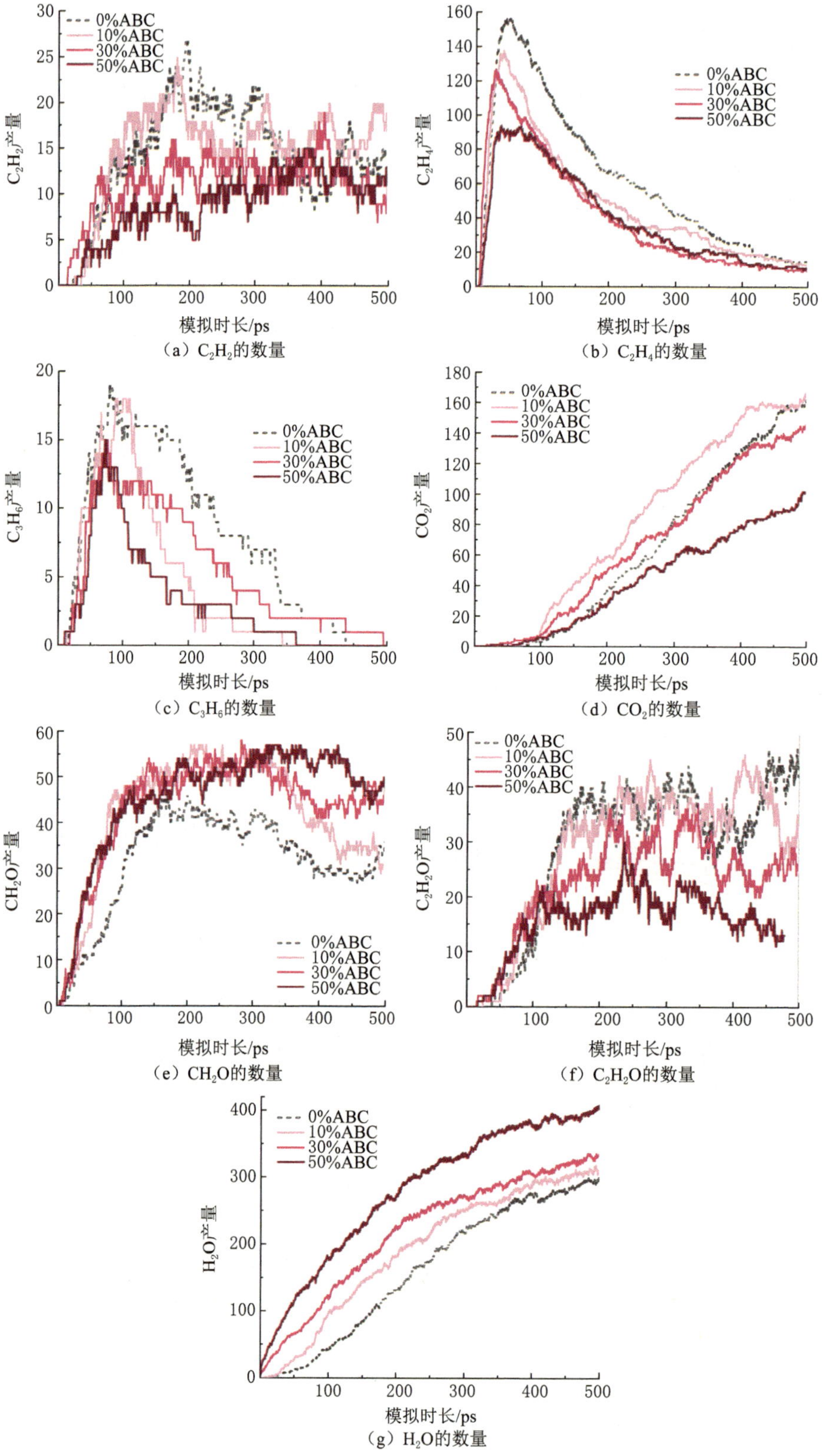

图 3.21 热解中间产物在不同 ABC 粉占比下的数量分布状况

剂 ABC 粉的占比由 0%增加到 50%时，由图 3.21(a)可知，C_2H_2的数量峰值由 27 个分别减少至 25、19、15 个；由图 3.21(c)可知，C_3H_6的数量峰值由 19 个减少至 18、15、15 个；由图 3.21(b)可知，抑制作用最显著的 C_2H_4数量峰值由 156 个分别减少至 138、127、94 个，烃类气体主要来自聚乙烯的热分解，因此其总体下降说明抑爆剂的加入阻碍了聚乙烯的热分解。CO_2、CH_2O、C_2H_2O、H_2O 等物质为常见碳氢化合物的氧化产物，四种物质的演化趋势各不相同，当抑爆剂 ABC 粉的占比由 0%增加到 50%时，由图 3.21(d)可知，产物 CO_2的数量随着抑爆剂的增加整体呈现减少的趋势，最终分子数分别为 162、167、146、102 个；由图 3.21(e)可知，当抑爆剂 ABC 粉的占比由 0%增加到 50%时，CH_2O 的数量也不断增加，其峰值时刻由 169.25 ps 分别延迟至 205.25 ps、282.75 ps、319.75 ps；但中间产物 C_2H_2O 的数量则随抑爆剂的增加而减少，由原先 47 个分别减少至 46、37、30 个；H_2O 的数量也随着 ABC 粉占比的增加而增加。

图 3.22 展示了不同占比 MCA 粉与聚乙烯粉混合热解中间产物的数量分布。由图 3.22(a)可知，C_2H_2的产量峰值由 27 个分别减少至 21、24、20 个；由图 3.22(c)可知，当加入 10%MCA 粉时，并未改变 C_3H_6的产量峰值但加快了其消耗，进一步增加 MCA 粉的占比，C_3H_6产量的峰值减小；由图 3.22(b)可知，抑制效果最显著的 C_2H_4，当抑爆剂 MCA 粉的占比由 0%增加到 50%时，产量峰值则由 156 个分别减少至 125、116、119 个，说明抑爆剂 MCA 粉的加入阻碍了聚乙烯的热分解。由图 3.22(d)可知，当抑爆剂 MCA 粉的占比由 0%增加到 50%时，CO_2的产量峰值由 162 个分别降低至 158、150、107 个；由图 3.22(e)可知，当抑爆剂 MCA 粉的占比为 10%时，相较于未添加抑爆剂，CH_2O 的产量峰值增加了 17 个，进一步增加 MCA 粉的占比为 30%和 50%时，产量峰值由 46 个分别减少至 36、23 个；由图 3.22(f)可知，C_2H_2O 变化曲线则随 MCA 粉占比的增加而整体不断下移，当 MCA 粉的占比为 50%时，产量峰值减少最大，降低了 19 个。由图 3.22(g)可知，当抑爆剂 MCA 粉的占比为 10%时，相较于未添加抑爆剂，H_2O 的产量峰值由 300 个减少为 274 个，当抑爆剂 MCA 粉的占比为 30%和 50%时，其峰值分别增加至 347、414 个。

图 3.23 展示了不同占比 MPP 粉与聚乙烯混合燃烧中间产物的数量分布。由图 3.23(a)和图 3.23(c)可知，烃类气体中 C_2H_2与 C_3H_6随着抑爆剂的增加，产量的峰值逐步减小，当抑爆剂 MPP 粉的占比由 0%增加到 50%时，C_2H_2的峰值由 27 个分别减少至 25、23、19 个，C_3H_6的峰值由 19 个分别减少至 16、16、10 个；由图 3.23(b)可知，当抑爆剂 MPP 粉的占比为 50%时，C_2H_4产量的峰值降幅最大，相对于未添加抑爆剂，当抑爆剂 MPP 粉的占比由 10%增加到 50%时，产量的峰值分别减少了 15、7、35 个。由图 3.23(e)可知，当抑爆剂 MPP 粉的占比为 10%时，相较于未添加抑爆剂，CH_2O 的产量峰值增加到 68 个，进一步增加 MPP 粉的占比为 30%和 50%时，产量峰值由 46 个分别减少至 42、34 个。由图 3.23(g)可知，当抑爆剂 MPP 粉的占比为 10%时，相较于未添加抑爆剂，H_2O 的产量峰值由 300 个减少为 297 个，当抑爆剂 MPP 粉的占比为 30%和 50%时，其峰值分别增加至 354、423 个。由图 3.23(d)和图 3.23(f)可知，CO_2和 C_2H_2O 数量分布则随抑爆剂占比的增大而减小，当抑爆剂 MPP 粉的占比由 10%增加到 50%时，相对于未添加抑爆剂，CO_2的减少量分别为 4、31、56 个，C_2H_2O 的减少量分别为 5、12、18 个。

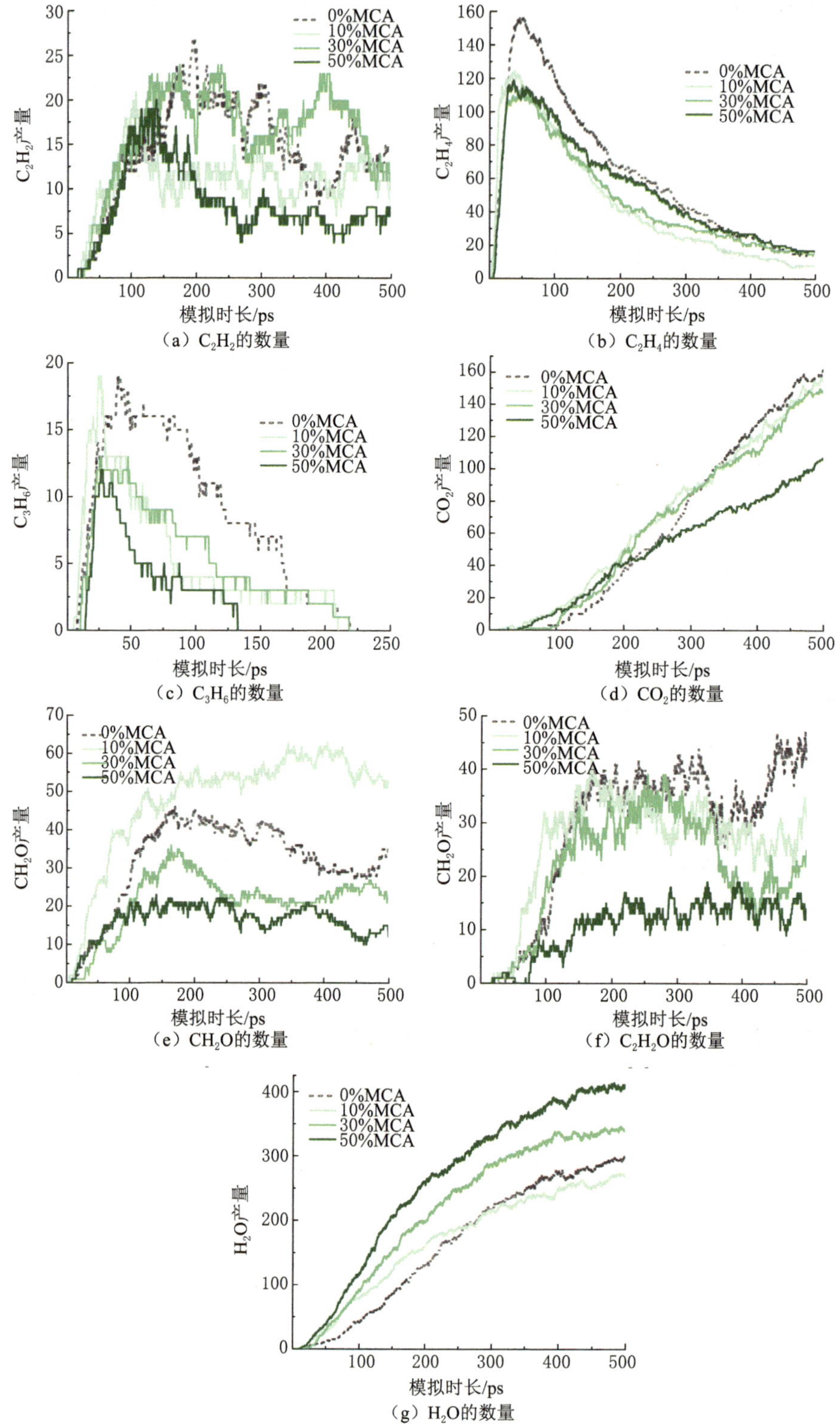

（a）C_2H_2的数量
（b）C_2H_4的数量
（c）C_3H_6的数量
（d）CO_2的数量
（e）CH_2O的数量
（f）C_2H_2O的数量
（g）H_2O的数量

图 3.22　热解中间产物在不同 MCA 粉占比下的数量分布状况

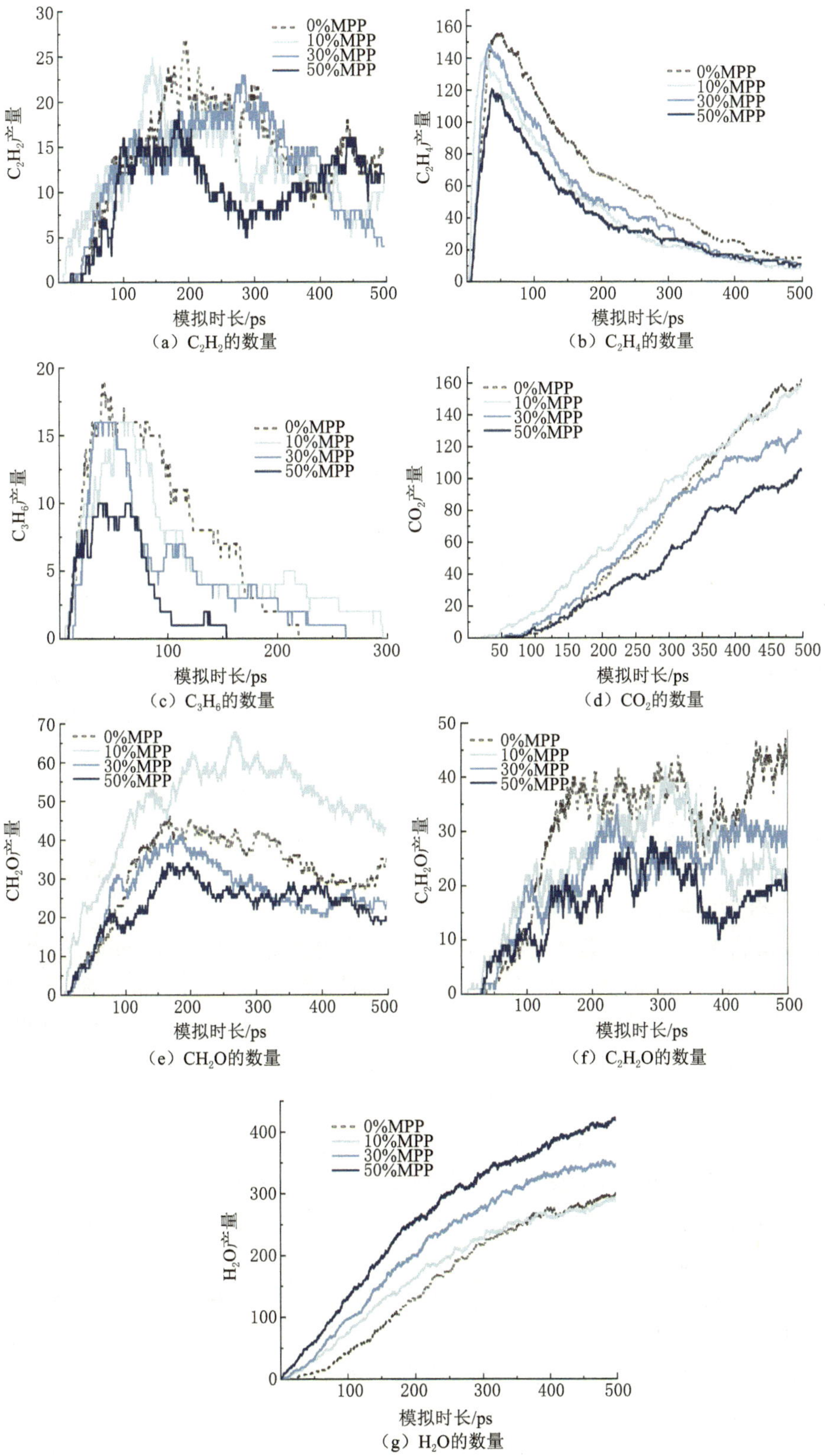

图 3.23 热解中间产物在不同 MPP 粉占比下的数量分布状况

3.6 本章小结

本章通过研究聚乙烯粉、抑爆剂粉以及其混合物的热解特性，得到相关热效应的参数，研究了抑爆剂含量对聚乙烯粉热分解行为的影响以及气相产物释放的变化，采用热分析动力学方法，计算聚乙烯粉及其与抑爆剂粉混合后的反应活化能，并结合分子动力学模拟，分析了聚乙烯粉和抑爆剂粉混合体系氧化热解的产物变化，主要的结论如下：

(1) 不同氛围下四种粉体的热解行为不同，失重阶段较为相似。在氮气氛围下，聚乙烯粉在大约 341.928 ℃开始热解，一直到 483.063 ℃，失重率为 97.709%。在空气氛围下，温度大约为 236.833 ℃时，聚乙烯粉开始氧化并出现略微的增重，当温度升高到 424 ℃时，到达最大失重峰，当温度升高到 532.167 ℃时，聚乙烯粉基本分解完。在 199.522 ℃时，氮气氛围下 ABC 粉分解放热过程表面的热流最大，最大热流为－9.839 5 mW/mg；在空气氛围下 ABC 粉在 735.667 ℃时分解放热过程表面的热流最大，为 12.812 83 mW/mg。

(2) MCA 粉在氮气氛围和空气氛围下的热解过程很快，两种气氛下 MCA 粉的失重率达到 99%以上，不存在固体残留物，说明分解产物以气体形式为主。氮气氛围和空气氛围下 MPP 粉的热解过程都较长，热解均存在几个阶段，且吸热效应明显，分解的产物主要为气体以及高沸点的固态产物。

(3) 当聚乙烯粉中添加的 ABC 粉从 20%增加到 60%时，最快热解时对应的温度相对于未添加抑爆剂，分别增加了 18.5 ℃、48.833 ℃、44.167 ℃、56.833 ℃，ABC 粉的加入对聚乙烯粉起到了延迟热解的作用。当 MCA 粉从 20%增加到 50%时，$T_{0.1}$分别为 349 ℃、355.667 ℃、374 ℃，均高于纯聚乙烯的 $T_{0.1}$，说明混合物的热稳定性提高。当 MPP 粉从 20%增加到 60%时，起始分解温度与纯聚乙烯粉相比，分别提高了 21 ℃、6.167 ℃、47.834 ℃、53 ℃；$T_{0.1}$分别为 385.167 ℃、387.667 ℃、396.667 ℃、405.667 ℃，均高于纯聚乙烯的 $T_{0.1}$，说明混合物的热稳定性提高。

(4) 根据固态反应动力学机理函数，计算得到在升温速率为 10 K/min 下，聚乙烯粉的活化能为 63.305 kJ/mol；添加 20%的 ABC 粉、MCA 粉、MPP 粉后，混合物活化能分别为 343.975 kJ/mol、66.957 kJ/mol、88.118 kJ/mol；添加 40%的 ABC 粉、MCA 粉、MPP 粉后，混合物活化能分别为 74.447 kJ/mol、206.407 kJ/mol、123.763 kJ/mol；添加 50%的 ABC 粉、MCA 粉、MPP 粉后，混合物活化能分别为 115.161 kJ/mol、205.294 kJ/mol、104.634 kJ/mol。添加 60%的 ABC 粉、MCA 粉、MPP 粉后，混合物活化能分别为 64.063 kJ/mol、481.943 kJ/mol、64.197 kJ/mol。相对于未添加抑爆剂，活化能均有所提升，热分解受到抑制。

(5) 热解气相产物的实验表明，聚乙烯热解主要的气相产物为烷烃和烯烃气体以及 CO_2，加入抑爆剂后混合物的热解挥发物出现了 NH_3 和 H_2O，分别具有消耗氧气和稀释氧气浓度的能力。更进一步，使用分子动力学的模拟表明，聚乙烯燃烧热解主要中间产物为 C_2H_2、C_2H_4 等烃类气体和 H_2O、CO_2、CH_2O 等氧化物，ABC、MCA、MPP 这三种抑爆剂的加入使得体系分解的烃类气体产量下降，进而反应得到抑制。

4 粉体抑爆剂抑制聚乙烯粉爆炸特性的实验研究

通过抑爆剂和聚乙烯粉热动力学特性的研究，说明抑爆剂可以抑制聚乙烯粉的热解，提高聚乙烯粉的热稳定性，为进一步爆炸抑制实验提供了依据。利用爆炸抑制 20 L 球形实验系统，测试不同抑爆剂对聚乙烯粉爆炸特性的影响，包括压力特征、爆炸时间特征和火焰形态，同时利用爆炸抑制管道实验系统，研究抑爆剂作用下聚乙烯粉爆炸火焰的传播特性，考察抑爆剂对聚乙烯粉爆炸的抑制效果。

4.1 20 L 球体内聚乙烯粉爆炸强度特性研究

为了量化聚乙烯粉尘爆炸的威力，测试了不同聚乙烯粉尘浓度的爆炸特性参数，分别使用 2 g、4 g、6 g、8 g、10 g、12 g 聚乙烯粉在 20 L 球体内展开爆炸测试，得到不同工况下的爆炸特征参数。图 4.1 为不同质量浓度聚乙烯粉发生爆炸时，爆炸压力随着时间的变化曲线，根据这些曲线，可得到爆炸压力峰值和爆炸压力上升速率峰值以及对应的时刻。如图 4.2 所示，当聚乙烯粉的质量浓度从 100 g/m^3 增加到 600 g/m^3 时，爆炸压力峰值从 0.459 MPa 先增加至 0.652 MPa 后减小为 0.545 MPa，爆炸指数从 9.787 MPa·m/s 先增加至 19.374 MPa·m/s 后减小为 15.180 MPa·m/s。因此，随着聚乙烯粉尘质量浓度的增加，爆炸压力峰值和爆炸指数呈现先增加后减少的趋势，当聚乙烯粉的质量浓度为 300 g/m^3 时达到最大，即该质量浓度为聚乙烯粉尘的最佳爆炸浓度。

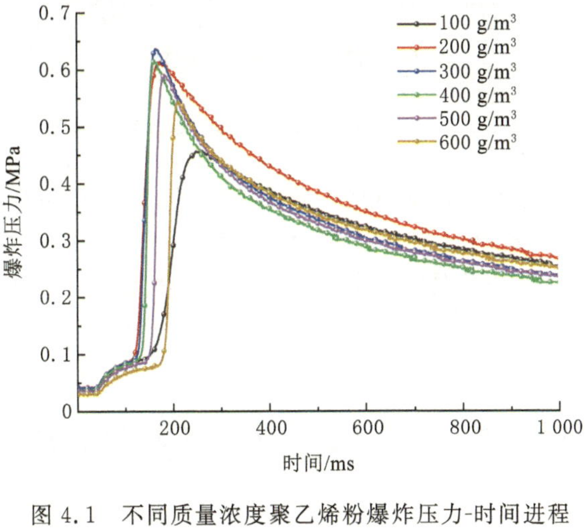

图 4.1 不同质量浓度聚乙烯粉爆炸压力-时间进程

图 4.3 显示了不同质量浓度下聚乙烯粉尘爆炸的快速燃烧时间和爆炸持续时间，在聚乙烯粉的质量浓度为 300 g/m^3 时，T_b/T_c 的值最大，说明该工况下快速燃烧时间在整个爆炸过程中最长。

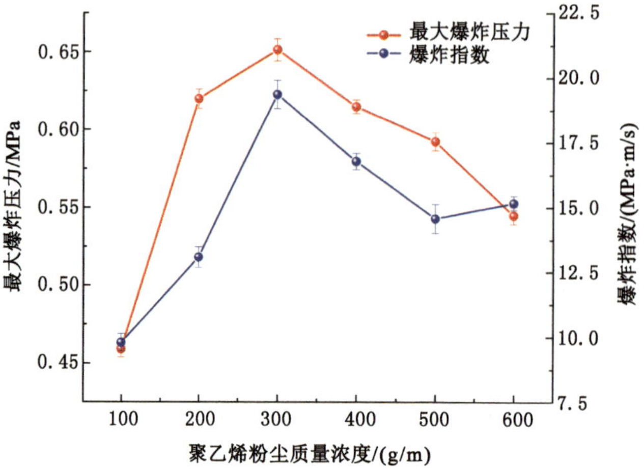

图 4.2　不同质量浓度聚乙烯粉的最大爆炸压力和爆炸指数

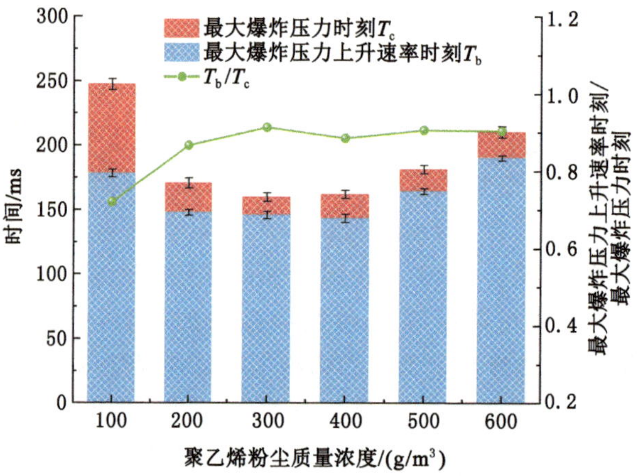

图 4.3　不同质量浓度聚乙烯粉的爆炸特征时间

这是因为密闭的爆炸球空间内氧气的含量是一定的，当聚乙烯粉尘浓度低于其最佳爆炸浓度时，爆炸属于贫燃料燃烧。当聚乙烯粉尘浓度高于其最佳爆炸浓度时，爆炸属于富燃料燃烧。无论是贫燃料燃烧还是富燃料燃烧，均属于体系的不完全燃烧，导致体系爆炸压力的降低。

4.2　20 L 球体内不同粉体抑爆剂对聚乙烯粉爆炸特性的影响

为了全面地考察所选择的抑爆剂对聚乙烯粉爆炸的影响，选取聚乙烯粉最佳爆炸浓度以及低于和高于最佳爆炸浓度的 3 种质量浓度作为初始条件，分别为 200 g/m³、300 g/m³、400 g/m³。分别向这 3 种质量浓度的聚乙烯粉中添加不同质量占比的粉体抑爆剂进行爆炸实验，为了量化粉体抑爆剂的添加，将其定义为抑爆剂的质量占抑爆剂与聚乙烯粉总质量的百分比，可由下式进行计算。

$$\lambda=\frac{m_s}{m_{PE}+m_s} \tag{4.1}$$

式中，λ 为抑爆剂在混合爆炸体系中的占比，%；m_{PE} 为聚乙烯粉的质量，g；m_s 为抑爆剂粉的质量，g。

由于所选择的 3 种抑爆剂均具有物理和化学抑爆效应，在煤粉以及金属粉的爆炸实验中表现出了优异的抑爆性能，以抑爆剂质量占比 10%作为添加的步长。3 种抑爆剂的添加量均从 10%开始，直到不发生爆炸为止。此外，为了确定每种抑爆剂使得不同质量浓度聚乙烯粉不发生爆炸的最小质量浓度，利用二分法，取至少 3 次连续实验均不能发生爆炸的抑爆剂浓度。依据国际标准 EN 14034-1 来判断是否发生爆炸，即当反应容器中的最大压力 $p_m \geqslant (p_{ig}+0.05)$ MPa 时，则认为容器内发生爆炸，p_{ig} 为点火头引起的压力升高值[199]。

4.2.1 不同粉体抑爆剂对聚乙烯粉爆炸压力与压力上升速率的影响

根据实验方案，开展 200 g/m³、300 g/m³、400 g/m³ 聚乙烯粉与不同种类抑爆剂预先混合的爆炸实验，结合采用的二分法，得到不同占比抑爆剂和聚乙烯粉爆炸的具体实验工况记录，如表 4.1 所示。其中，(√)代表该工况发生了爆炸，(×)代表该工况未发生爆炸。

表 4.1 聚乙烯粉爆炸抑制的详细实验工况

抑爆剂	聚乙烯质量浓度 /(g/m³)	抑爆剂添加量									
ABC	200	10% (√)	20% (√)	30% (√)	40% (√)	50% (√)	55% (√)	57.5% (×)			
	300	10% (√)	20% (√)	30% (√)	40% (√)	50% (√)	52.5% (×)				
	400	10% (√)	20% (√)	30% (√)	40% (√)	50% (√)	52.5% (×)				
MCA	200	10% (√)	20% (√)	30% (√)	40% (√)	50% (√)	55% (√)	60% (√)	65% (×)		
	300	10% (√)	20% (√)	30% (√)	40% (√)	50% (√)	55% (√)	60% (√)	65% (√)	67.5% (×)	70% (×)
	400	10% (√)	20% (√)	30% (√)	40% (√)	50% (√)	55.6% (√)	60% (√)	62.5% (×)		
MPP	200	10% (√)	20% (√)	30% (√)	40% (√)	50% (√)	55% (√)	57.5% (×)	60% (×)		
	300	10% (√)	20% (√)	30% (√)	40% (√)	50% (√)	55% (√)	57.5% (×)	60% (×)		
	400	10% (√)	20% (√)	30% (√)	40% (√)	50% (√)	55% (√)	57.5% (×)	60% (×)		

选择每种工况下的典型实验记录，给出时间-压力曲线，如图 4.4、图 4.5、图 4.6 所示。

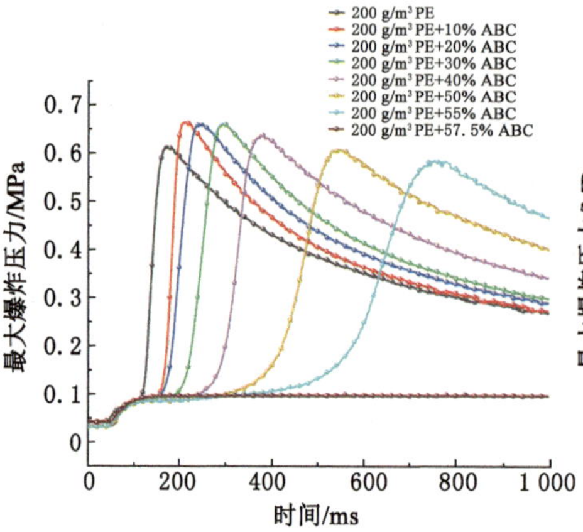

(a) 200 g/m³ PE+ABC

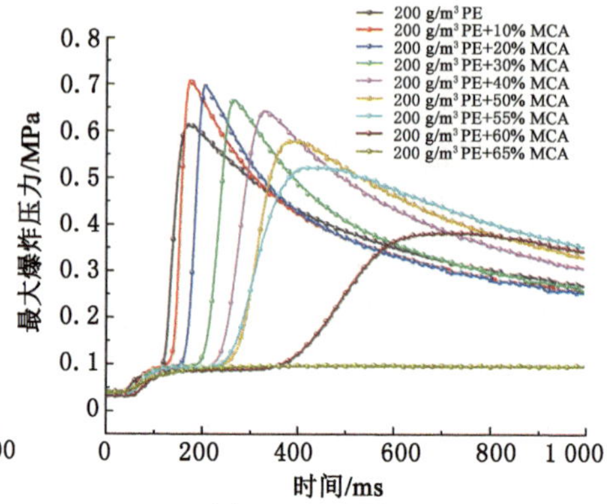

(b) 200 g/m³ PE+MCA

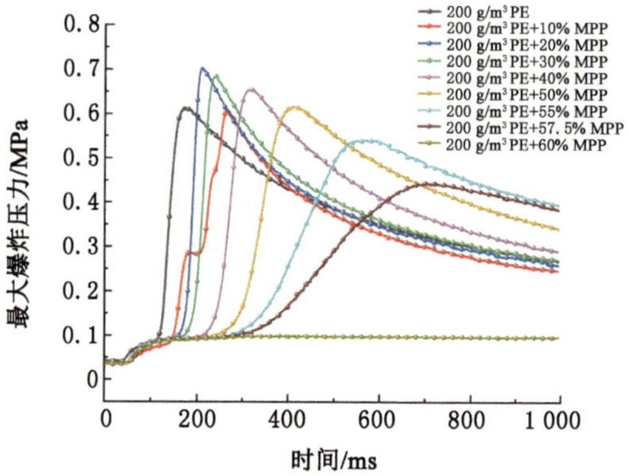

(c) 200 g/m³ PE+MPP

图 4.4　3 种抑爆剂粉体对 200 g/m³ 聚乙烯粉爆炸的影响

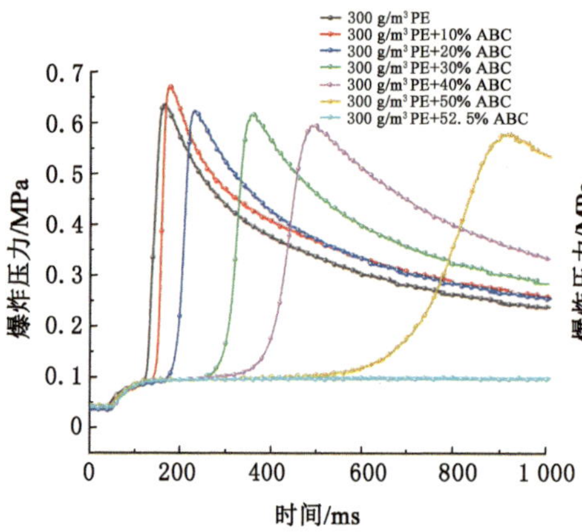

(a) 300 g/m³ PE+ABC

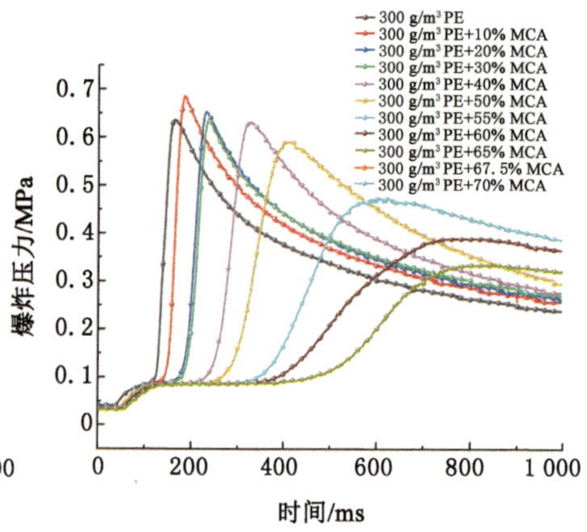

(b) 300 g/m³ PE+MCA

图 4.5　3 种抑爆剂粉体对 300 g/m³ 聚乙烯粉爆炸的影响

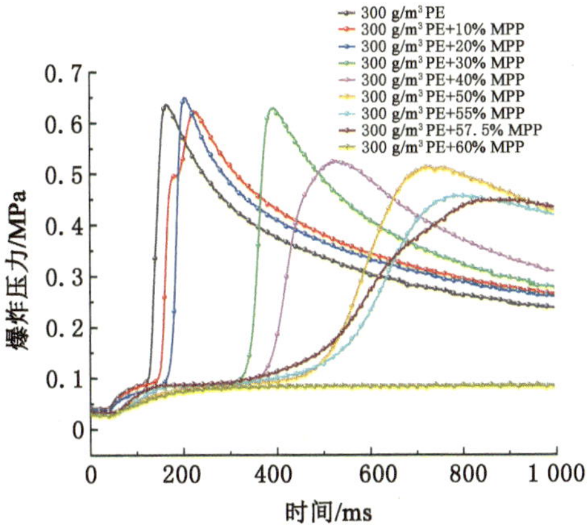

（c）300 g/m³ PE+MPP

图 4.5　（续）

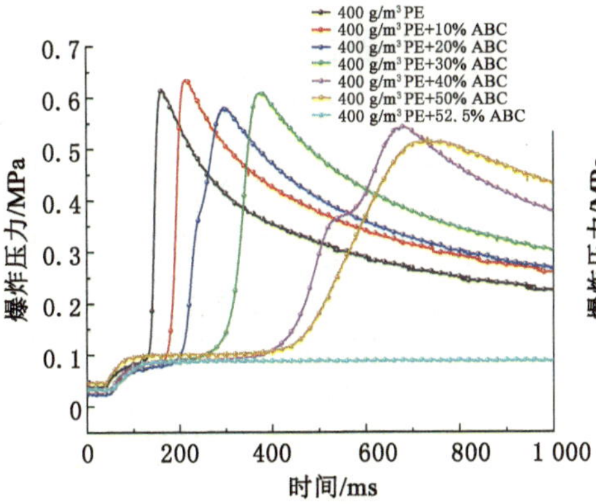

（a）400 g/m³ PE+ABC

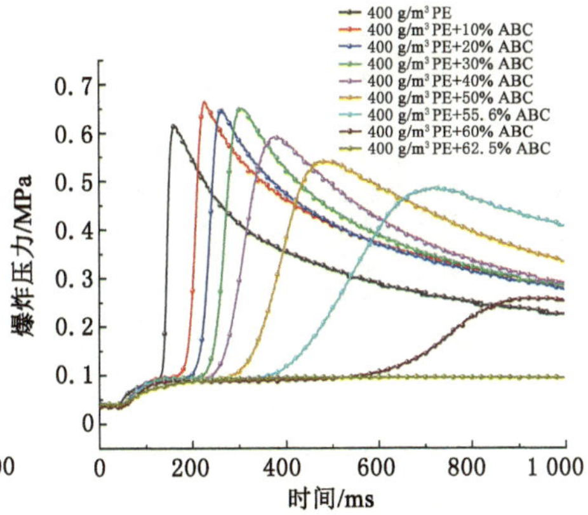

（b）400 g/m³ PE+MCA

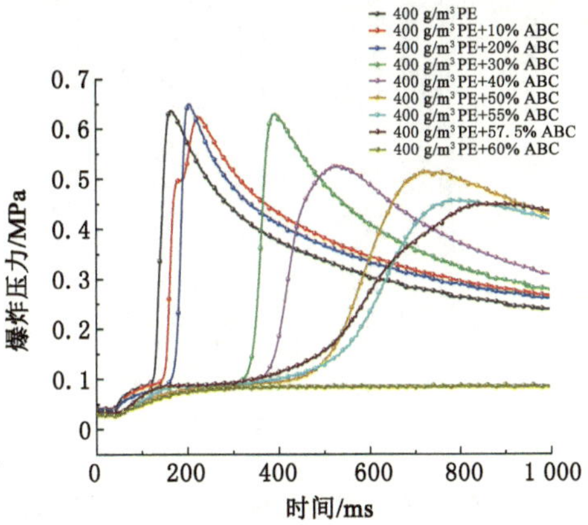

（c）400 g/m³ PE+MPP

图 4.6　3 种抑爆剂粉体对 400 g/m³ 聚乙烯粉爆炸的影响

时间-压力曲线可以直观地看出抑爆剂对聚乙烯粉爆炸的影响过程。根据实验工况和爆炸压力-时间曲线，给出不同种类和占比抑爆剂对不同质量浓度聚乙烯粉爆炸最大压力的影响。

图 4.7 所示为添加 ABC 粉后聚乙烯粉的爆炸超压峰值变化，可以看出，3 种质量浓度下聚乙烯粉的爆炸压力均随着 ABC 粉占比的增加而呈现先增大后减少的趋势。当开始添加 ABC 粉的占比为 10%时，3 种质量浓度下的聚乙烯粉爆炸，压力峰值相比于未添加 ABC 粉，分别提高了 7.10%、3.37%、3.25%。增加混合物中 ABC 粉的占比，与 200 g/m^{3}的聚乙烯粉预混爆炸反应产生的压力继续增加，当 ABC 粉的占比为 30%时，密闭反应容器中的压力最高，达到 0.669 MPa。继续增加 ABC 粉的占比为 50%时，3 种质量浓度下的聚乙烯粉爆炸产生的压力峰值与不添加抑爆剂相比，分别降低了 2.10%、11.04%、15.45%。由图 4.7(a)～图 4.7(c)可以发现，随着 ABC 粉占比的增加，爆炸压力存在明显的突变现象，即增加 ABC 粉的占比，压力曲线先缓慢降低，当 ABC 粉达到一定质量浓度后，很快实现完全抑爆，压力变化曲线呈现“陡峭”下降趋势。

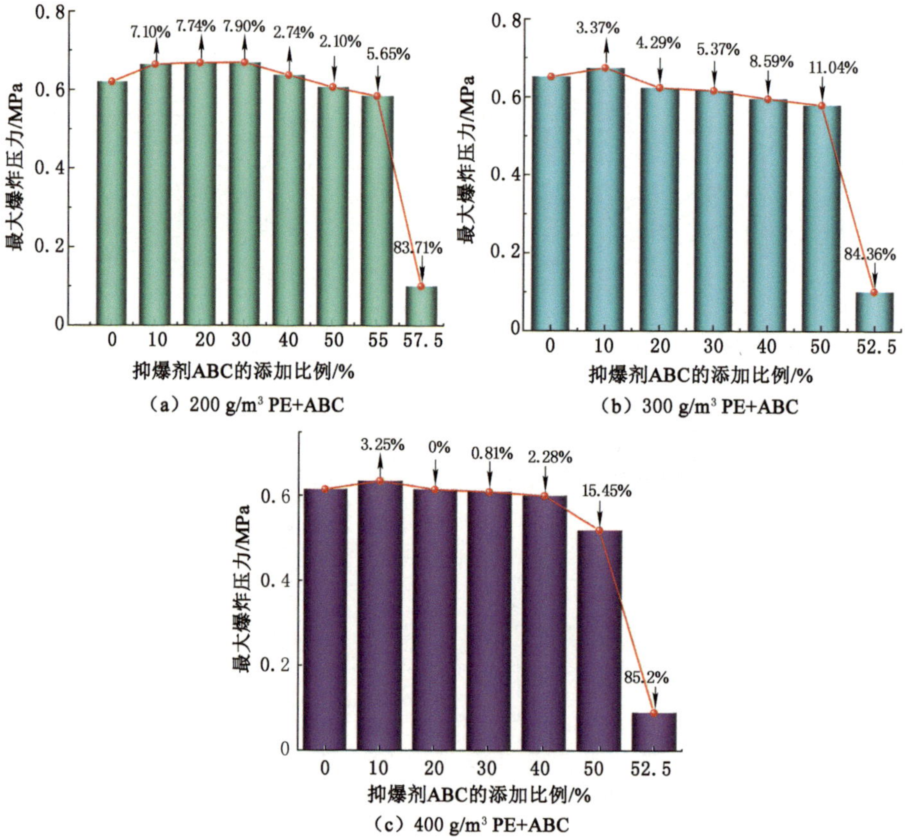

图 4.7　ABC 粉体对聚乙烯粉最大爆炸压力的影响

图 4.8 可以看出，与添加 ABC 粉的爆炸实验类似，不同质量浓度聚乙烯粉的爆炸压力均随着 MCA 粉的占比增加而呈现先增大后减少的趋势。当 MCA 粉的占比为 10%时，相比于未添加抑爆剂，3 种质量浓度下聚乙烯粉的爆炸压力峰值分别提高了 14.03%、5.21%、8.13%。但相对于 ABC 粉，MCA 粉对聚乙烯粉爆炸抑制的压力突变现象不明显，当增加

MCA 粉的占比为 50％时，3 种质量浓度下的聚乙烯粉爆炸产生的压力峰值分别降低了 6.77％、9.36％、12.20％。

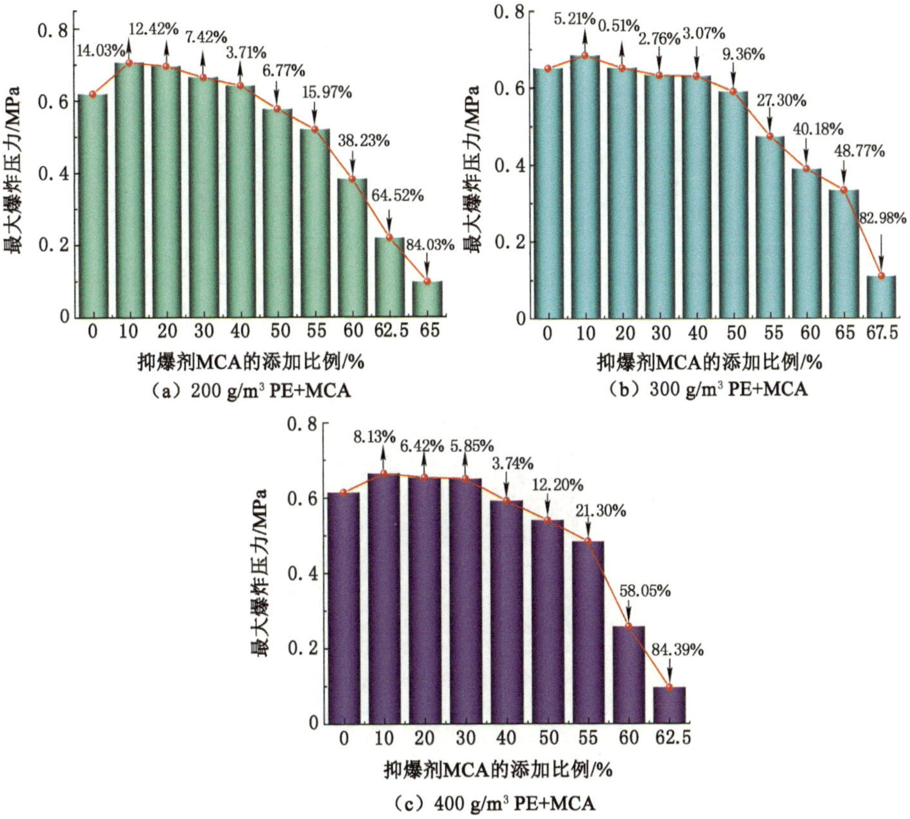

图 4.8　MCA 粉体对聚乙烯粉最大爆炸压力的影响

从给出的图 4.9 可以得到，与添加抑爆剂 ABC 粉和 MCA 粉的爆炸压力变化曲线相似，当 MPP 粉在混合物中的占比为 10％时，200 g/m^3、300 g/m^3、400 g/m^3 的聚乙烯粉爆炸产生的压力分别增加了 8.55％、6.34％、3.09％，进一步增加 MPP 粉的占比，爆炸产生的压力降低，即对于 MPP 粉抑制聚乙烯粉的爆炸，爆炸压力峰值也是随着抑爆剂的增加而呈现先增大后减少的趋势。当 MPP 粉的占比为 55％时，3 种质量浓度下的聚乙烯粉爆炸产生的压力峰值分别降低了 12.74％、29.75％、60.16％。

这种少量抑爆剂与可燃粉尘混合引起爆炸压力升高的现象在学术界被称为抑爆剂增强爆炸参数的现象，简称 SEEP(suppressant enhanced explosion parameter)，由加拿大学者 Amyotte 等研究提出[200,201]。Jiang 等对粉体抑爆剂导致铝粉爆炸的 SEEP 进行了系列深入研究，发现分别在磷酸盐、多磷酸盐和氰尿酸盐的作用下，铝粉在 20 L 球体内的爆炸超压最高增加了几乎一倍[168,202]，在 1 m^3 爆炸舱内铝粉与碳酸氢钠的实验，也存在爆炸超压增大的现象[200]。聚乙烯与碳酸氢钠、碳酸二氢铵[200]的混合爆炸中，以及煤粉与粉煤灰[203]的混合爆炸中，也观察到类似现象。除上述粉尘云的 SEEP 研究之外，对粉尘层的研究也出现类似现象，如 CaCO、NaHCO 和 SiO 大大增加了镁粉尘层的火灾危险[204]。在 0％～50％范围

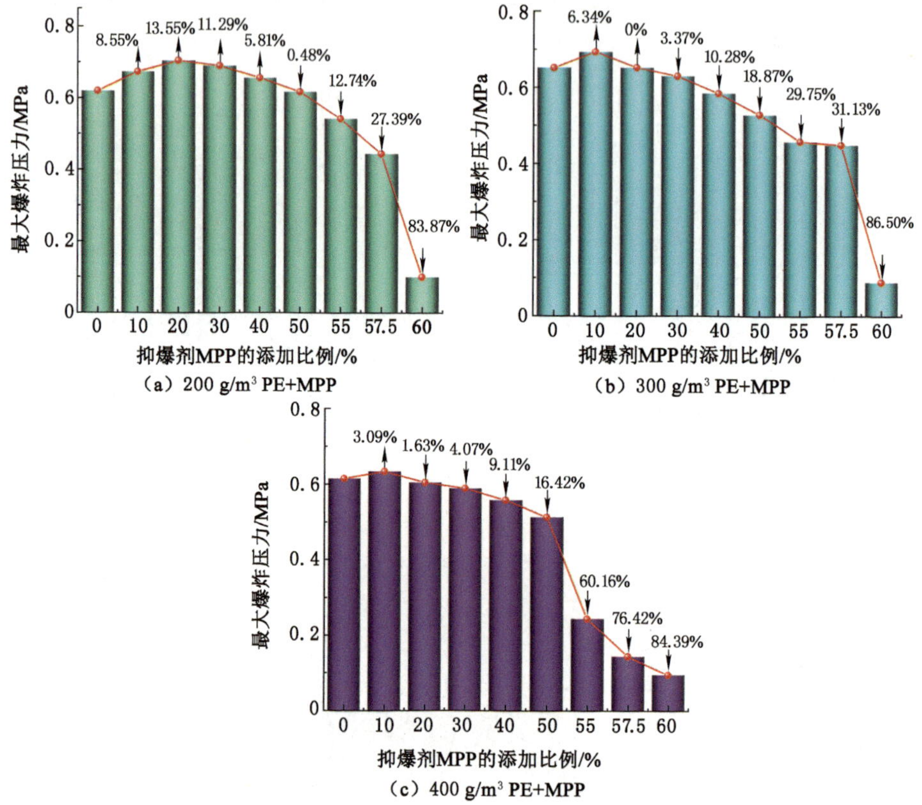

图 4.9 MPP 粉体对聚乙烯粉最大爆炸压力的影响

内的 $CaCO_3$、$NaHCO_3$ 和 $NH_4H_2PO_4$ 也可以在钛粉尘层中引起 SEEP 现象[205]。此外，细水雾和低浓度的含氟灭火剂与瓦斯混合爆炸时，也会出现促进爆炸的效果，前者是由于水雾汽化引起的压力升高[206]，后者是由于抑爆剂本身反应释放的热量引起的压力升高[207,208]。

最大爆炸压力上升速率是表征爆炸特性的又一重要参数。图 4.10 所示为 3 种抑爆剂对不同质量浓度聚乙烯粉尘最大爆炸压力上升速率的影响。聚乙烯的质量浓度为 200 g/m^3 时，随着抑爆剂 ABC、MCA、MPP 添加量的增加，均会引起最大爆炸压力上升速率先增加后减小，当抑爆剂的占比为 10%时，最大爆炸压力上升速率分别为 55.923 MPa/s、54.452 MPa/s、56.659 MPa/s，与未添加抑爆剂相比，分别增加了 16.03%、12.98%、17.56%。当聚乙烯的质量浓度为 300 g/m^3 和 400 g/m^3 时，最大爆炸压力上升速率随着抑爆剂的增加而呈现整体下降趋势。当抑爆剂的占比为 50%时，与不添加抑爆剂相比，ABC 粉的加入使得 3 种质量浓度下聚乙烯粉爆炸压力分别降低了 3.311 MPa/s、35.32 MPa/s、24.915 MPa/s；MCA 粉的加入使得 3 种质量浓度下聚乙烯粉爆炸压力分别降低了 4.783 MPa/s、28.698 MPa/s、23.547 MPa/s；MPP 粉的加入使得 3 种质量浓度下聚乙烯粉爆炸压力分别降低了 4.782 MPa/s、30.905 MPa/s、22.075 MPa/s。

当聚乙烯粉属于贫燃料燃烧时，最大爆炸压力上升速率较小，加入少量抑爆剂时，抑爆剂抑制引起的最大爆炸压力上升速率降低作用不明显，但由于抑爆剂 ABC 粉、MCA 粉、MPP 粉在高温热解时均会产生 NH_3，NH_3 与密闭容器内富余的氧气发生燃烧反应，该燃烧

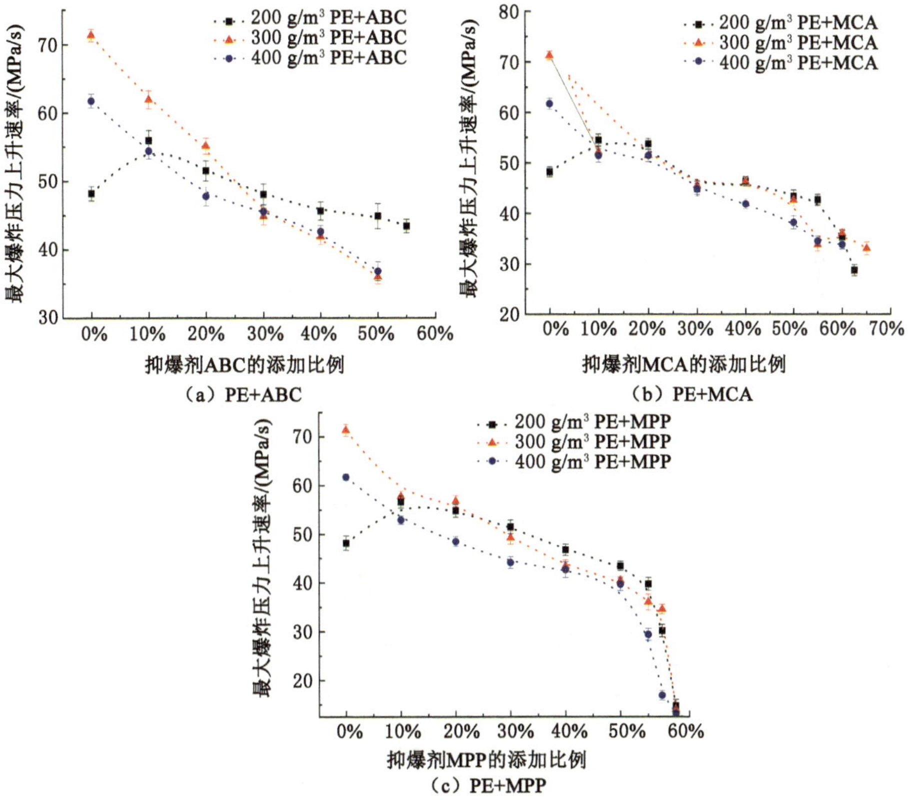

图 4.10 抑爆剂粉体对聚乙烯粉最大爆炸压力上升速率的影响

作用下引起压力升高和最大爆炸压力上升速率增加比抑爆剂的抑制作用显著，进而导致整个反应过程的最大爆炸压力和最大爆炸压力上升速率变大。

4.2.2 不同粉体抑爆剂对聚乙烯粉爆炸时间的影响

粉尘爆炸的特征时间是采取相应抑爆措施的重要参考参数，如自动喷粉装置的安装位置与最近的火焰传感器之间的距离，需要考虑爆炸的响应时间和爆炸火焰传播速度。根据爆炸压力-时间曲线数据，给出聚乙烯粉在 3 种质量浓度下未添加抑爆剂直至实现完全抑爆所需的最小浓度抑爆剂前的所有工况的时间特征参数，如图 4.11～图 4.13 所示。

如图 4.11 所示，当向聚乙烯粉中加入 ABC 粉后，随着 ABC 粉占比的增加，最大爆炸压力时刻和最大爆炸压力上升速率时刻均不断延长。当开始添加 ABC 粉的占比为 10%时，3 种质量浓度下的聚乙烯粉爆炸，最大爆炸压力时刻相比于未添加抑爆剂粉，分别延长了 24.74%、11.26%、32.59%；最大爆炸压力上升速率时刻相比于未添加抑爆剂粉，分别延长了 30.04%、8.16%、37.66%。继续添加 ABC 粉的占比为 50%时，3 种质量浓度下的聚乙烯粉体与 ABC 粉混合物最大爆炸压力时刻分别延长至 545.0 ms、915.8 ms、732.0 ms；最大爆炸压力上升速率时刻分别延长至 502.8 ms、858.4 ms、701.8 ms。

最大爆炸压力时刻和最大爆炸压力上升速率时刻的差值可以反映爆炸全面传播的时间，当 ABC 粉的占比由 10%增加至 50%时，3 种质量浓度下的聚乙烯粉体与 ABC 粉混合

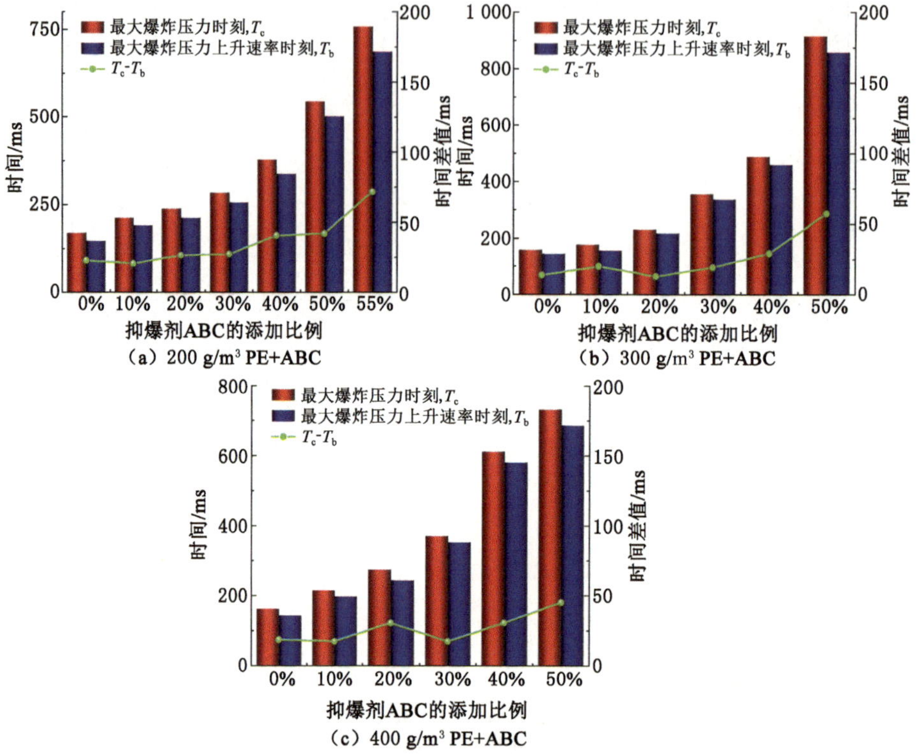

图 4.11　ABC 粉体对聚乙烯粉爆炸时间特征的影响

物反应的爆炸全面传播时间分别由 20.6 ms 增加至 42.2 ms,20.0 ms 增加至 57.4 ms,17.4 ms 增加至 45.0 ms。

如图 4.12 所示,与 ABC 粉影响聚乙烯粉爆炸特征时间的趋势一致,3 种质量浓度下聚乙烯粉的最大爆炸压力时刻和最大爆炸压力上升速率时刻均随着 MCA 粉占比的增加而延长。当开始添加 MCA 粉的占比为 10%时,3 种质量浓度下的聚乙烯粉爆炸,最大爆炸压力时刻相比于未添加抑爆剂粉,分别延长了 4.8 ms、26.4 ms、64.6 ms;最大爆炸压力上升速率时刻相比于未添加抑爆剂粉,分别延长了 10.6 ms、25.5 ms、67.4 ms。继续添加 MCA 粉的占比为 60%时,3 种质量浓度下的聚乙烯粉体与 MCA 粉混合物最大爆炸压力时刻和最大爆炸压力上升速率时刻分别延长了 320.16%,261.71%;372.84%,274.23%;462.59%,428.17%。

对于爆炸全面传播时间,随着 MCA 粉占比的增加,3 种质量浓度下的聚乙烯粉体与 MCA 粉混合物反应,爆炸全面传播时间呈现出先缓慢增加再快速增加的趋势。当 MCA 粉的占比由 0 增加至 50%时,爆炸全面传播时间分别由 22.8 ms 增加到 31.4 ms、13.9 ms 增加到 38.2 ms、18.6 ms 增加到 41.2 ms,但当 MCA 粉的占比增加至 60%时,爆炸全面传播时间分别为 182.2 ms、209.6 ms、154.0 ms。

图 4.13 给出了 MPP 对聚乙烯粉最大爆炸压力时刻和最大爆炸压力上升速率时刻的影响。当 MPP 粉的占比为 10%时,3 种质量浓度下的聚乙烯粉爆炸,最大爆炸压力时刻和最大爆炸压力上升速率时刻相比于未添加抑爆剂粉,分别延长了 35.56%、43.89%;

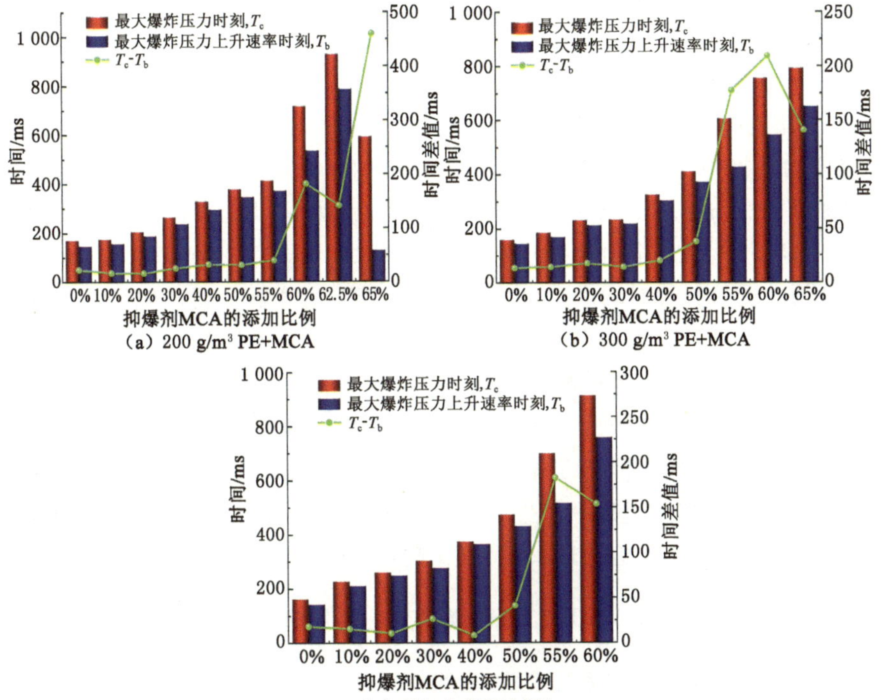

(a) 200 g/m³ PE+MCA

(b) 300 g/m³ PE+MCA

(c) 400 g/m³ PE+MCA

图 4.12 MCA 粉体对聚乙烯粉爆炸时间特征的影响

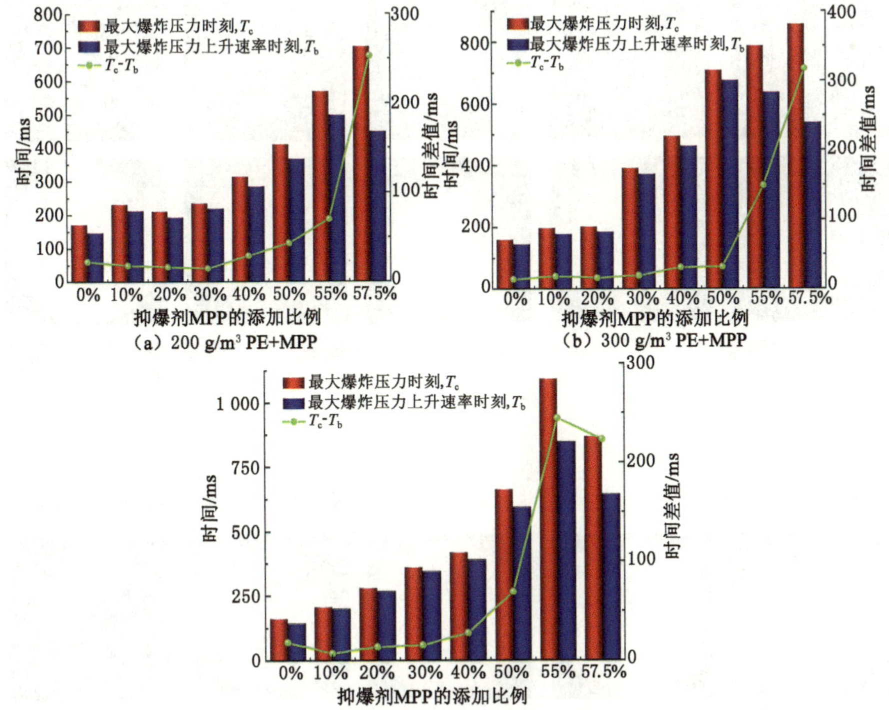

(a) 200 g/m³ PE+MPP

(b) 300 g/m³ PE+MPP

(c) 400 g/m³ PE+MPP

图 4.13 MPP 粉体对聚乙烯粉爆炸时间特征的影响

23.65%、22.87%;28.15%、39.47%。添加 MPP 粉的占比为 50%时,3 种质量浓度下的聚乙烯粉体与 MPP 粉混合物最大爆炸压力时刻分别延长至 409.3 ms、707.9 ms、662.0 ms;最大爆炸压力上升速率时刻分别延长至 366.2 ms、676.3 ms、592.6 ms。

MPP 粉对聚乙烯粉爆炸全面传播时间的影响,与 MCA 粉的影响类似,呈现出先缓慢增加再快速增加的趋势。当 MPP 粉的占比由 0 增加至 50%时,爆炸全面传播时间分别由 22.8 ms 增加到 43.1 ms、13.9 ms 增加到 31.6 ms、18.6 ms 增加到 69.4 ms,当 MPP 粉的占比增加至 57.5%时,爆炸全面传播时间分别为 253.2 ms、317.4 ms、223.6 ms。

3 种抑爆剂在受热分解时均会产生 NH_3,聚乙烯受热分解主要产生烃类气体。当抑爆剂少量时,高温产生的 NH_3 与氧气发生燃烧反应,NH_3 比烃类气体的层流燃烧速度大约慢 7 倍,NH_3 的燃烧影响了聚乙烯热解燃烧的速率,因此容器内的燃烧变慢,反应时间变长。当抑爆剂足量时,其受热分解吸收了大量热量,分解的大量气体产物降低了密闭空间内氧气的浓度,产生的固体产物也隔绝了聚乙烯颗粒与氧气的作用,并且抑爆剂分解产生的活性自由基也能与聚乙烯爆炸过程中产生的关键自由基反应,使得链反应减缓,此时,抑制作用占主导,降低了体系氧化反应的速率,反应变慢,爆炸的特征时间变长。

4.2.3 不同粉体抑爆剂对球体内聚乙烯粉爆炸火焰的影响

火焰是爆炸效应的又一重要表征参数,火焰传播是粉尘燃烧过程中热量交换的载体。在粉尘燃烧过程中,聚乙烯颗粒经历加热、气化、与氧化剂混合、点火、火焰生长和火焰熄灭等过程。图 4.14 所示为 300 g/m³ 聚乙烯粉尘在未添加抑爆剂下在球形容器内的爆炸过程。

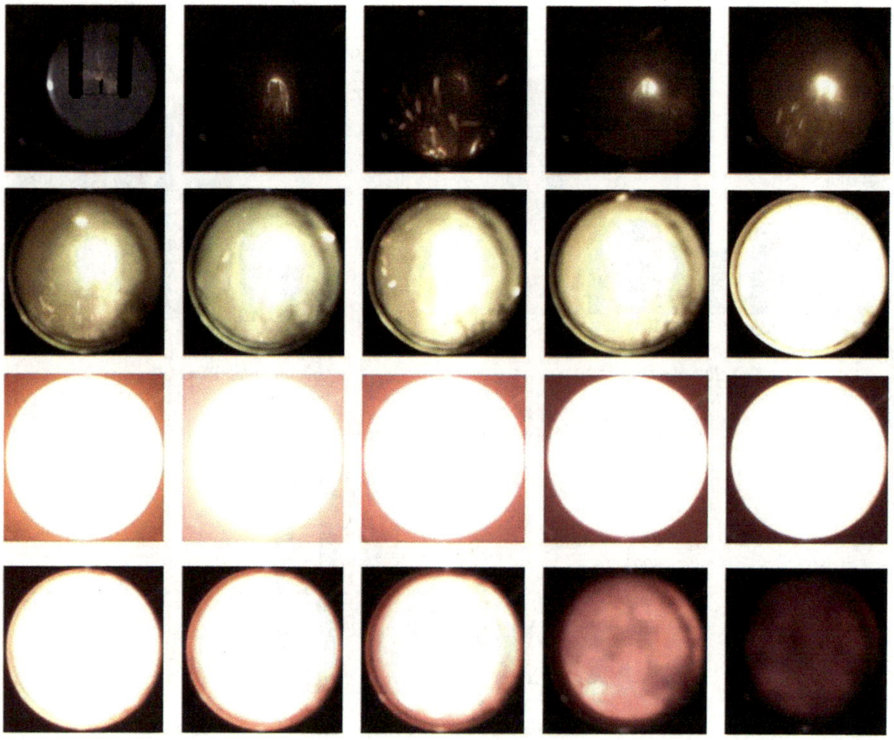

图 4.14 聚乙烯粉在未添加抑爆剂下爆炸的火焰演化过程

在初始时刻，点火头被点燃，由于化学点火头具有的能量高，因此有明显的火花出现。随后，点火头引燃后形成的火焰向四周扩散，使其周围的聚乙烯粉粒逐渐被点燃。随着点火源周围的聚乙烯粉粒被点燃，释放出大量的热量，更多的聚乙烯粉吸收热量后热解产生可燃气体与氧气反应，形成明亮的球形火焰，可以进行稳定传播。球形火焰从中心向外扩展并充满视窗。随着爆炸的继续和发展，火焰亮度逐渐变大，直到反应最激烈，火焰亮度最高并且在视窗外围形成明显的光晕。随着燃烧的继续进行，球体内的燃料逐渐耗尽，火焰的亮度开始降低，反应的强度减弱，直至熄灭。

图 4.15 所示是 55 ms 和 72 ms 时刻的火焰图像，可以发现，在球形火焰发展阶段，中心为白色区域，是核心燃烧区。在该区域，聚乙烯颗粒被燃烧，形成可燃的预混气体，类似于均匀预混气相燃烧的反应，形成平滑的连续发光火焰锋面。围绕该区域有一个黄色区域，与不参与反应的粉尘云有明显的边界线，这是预热区的典型特征。在预热区内，聚乙烯粉由于高温快速热解并气化，为火焰的向外传播提供燃料。粉尘仓进入球体内粉尘的惯性作用力导致聚乙烯粉分布的不均匀性，从而产生浓度梯度，进一步导致热解产生的可燃性气体浓度分布不均匀，所以预热区的形状呈不规则状。

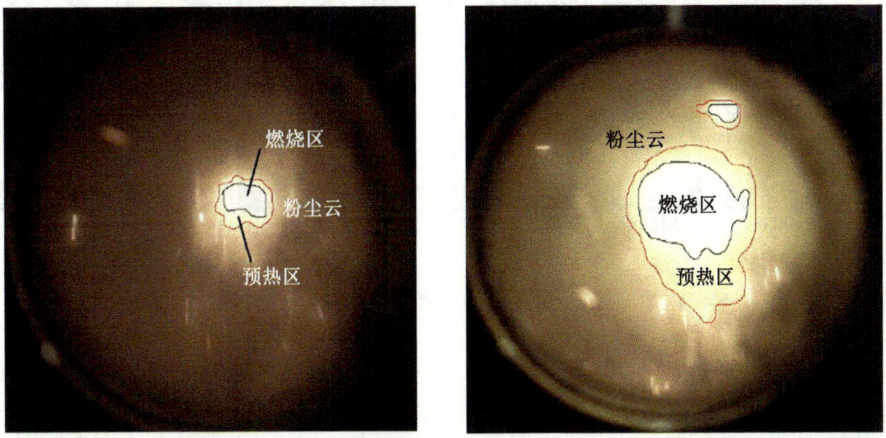

图 4.15 聚乙烯粉爆炸在 55 ms 和 72 ms 时的火焰形态

当聚乙烯粉浓度为 300 g/m^{3}时，实验所需的抑爆剂质量随之增加，在抑爆剂含量较多的工况时，预混的粉尘进入球体后由于浓度过高导致视窗被遮盖，无法观察到点火时刻到火焰发展的初始阶段。经测试发现，当聚乙烯粉的浓度为 200 g/m^{3}时，加入抑爆剂后，可以观察到爆炸的最初始阶段，因此选取不同添加量的抑爆剂与 200 g/m^{3}聚乙烯粉混合爆炸的火焰形态演化过程如图 4.16、图 4.17、图 4.18 所示。

如图 4.16 所示，(a)、(b)、(c)分别为未添加抑爆剂、抑爆剂 ABC 含量 10%和 55%的 200 g/m^{3}聚乙烯粉爆炸火焰形态演化过程。由图 4.16(a)可以发现，由于此时聚乙烯燃料较少，属于贫氧燃烧，从 86 ms 到 95 ms 观察到了分散燃烧现象，火焰亮度在 115 ms 和 200 ms 之间达到最强，视窗周围形成光晕。由图 4.16(b)可以发现，当加入抑爆剂 ABC 的量为 10%时，在第 95 ms 火焰已经充满视窗，没有观察到火焰分散燃烧的现象，火焰亮度在 105 ms 和 175 ms 之间达到最强。说明相比于未添加抑爆剂，燃烧更加明显，这是因为少量的抑爆剂可以产生 NH_3与体系的剩余氧气反应，产生了燃烧，与压力变化的现象一致。进一步添加 ABC 的量为 55%时，燃烧明显变慢，第 400 ms 时还未观察到明显火焰，火焰亮度在 550 ms 和 650 ms 之间达到最强，足量的 ABC 粉延长了爆炸的感应时间。

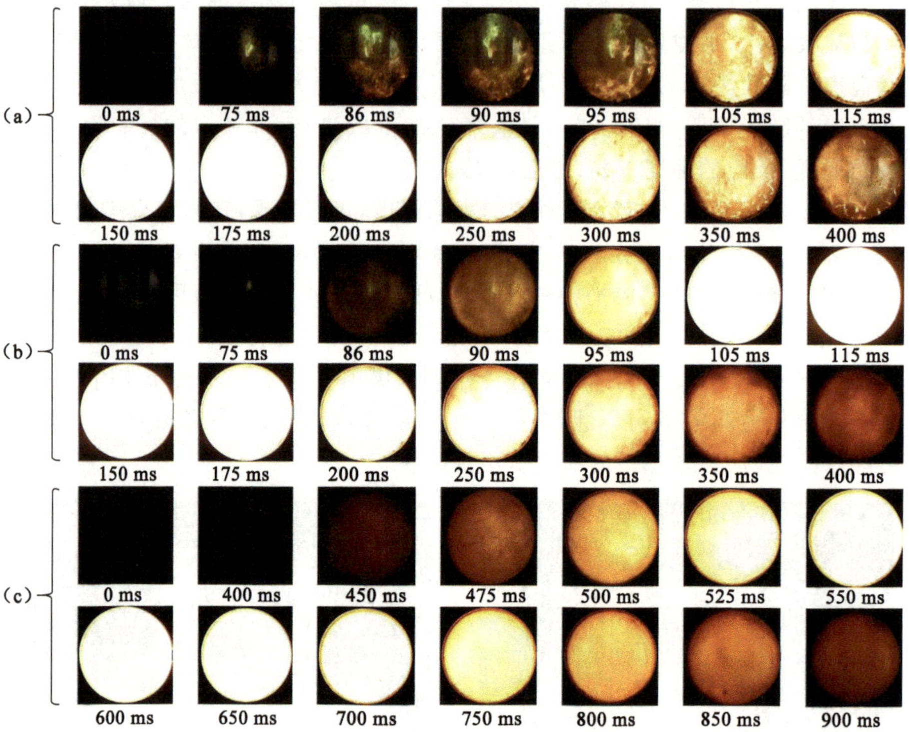

图 4.16　添加不同量 ABC 粉体后聚乙烯粉爆炸火焰形态演化过程

如图 4.17 所示，(a)、(b)、(c)分别为 200 g/m³ 聚乙烯粉与添加 10%、40%和 60%抑爆剂 MCA 混合物的爆炸火焰形态演化。由图 4.17(a)可以看出，加入 10%占比的 MCA 粉使得火焰更明显，火焰亮度在 45 ms 和 75 ms 之间达到最强。由图 4.17(b)可以发现，进一步增加 MCA 粉的量为 40%时，与加入 MCA 粉的量为 10%相比，爆炸火焰的初始发展变缓，火焰亮度在 75 ms 和 100 ms 之间达到最强。当 MCA 粉的量为 60%时，爆炸的感应时间增加，爆炸全程未观察到明亮的白色火焰出现。随着 MCA 粉的加入，燃烧先得到促进，反应最剧烈的时刻提前，进一步增加 MCA 粉的含量，燃烧速度降低，火焰亮度减弱，与压力的变化现象一致。

如图 4.18 所示，(a)、(b)、(c)分别为 200 g/m³ 聚乙烯粉与添加 10%、40%和 55%抑爆剂 MPP 混合物的爆炸火焰形态演化。由图 4.18(a)可以看出，60 ms 时点火头已经引燃粉尘出现火焰，65 ms 时已经形成明亮的中心火焰，火焰亮度在 70 ms 和 100 ms 之间达到最强。当混合物中 MPP 粉占比为 40%时，150 ms 时仍未观察到火焰亮度，火焰亮度在 200 ms 和 275 ms 之间达到最强。进一步增加混合物中 MPP 粉占比为 55%时，反应进一步延迟，火焰亮度在 600 ms 和 650 ms 之间达到最强，且未出现明显的光晕，火焰的最大强度变低。随着 MPP 粉的加入，燃烧也是先促进后抑制，与压力的变化现象一致。对比 MPP 和 MCA 粉占比为 40%时的聚乙烯爆炸火焰变化可以看出，MPP 粉的抑制效果更佳。

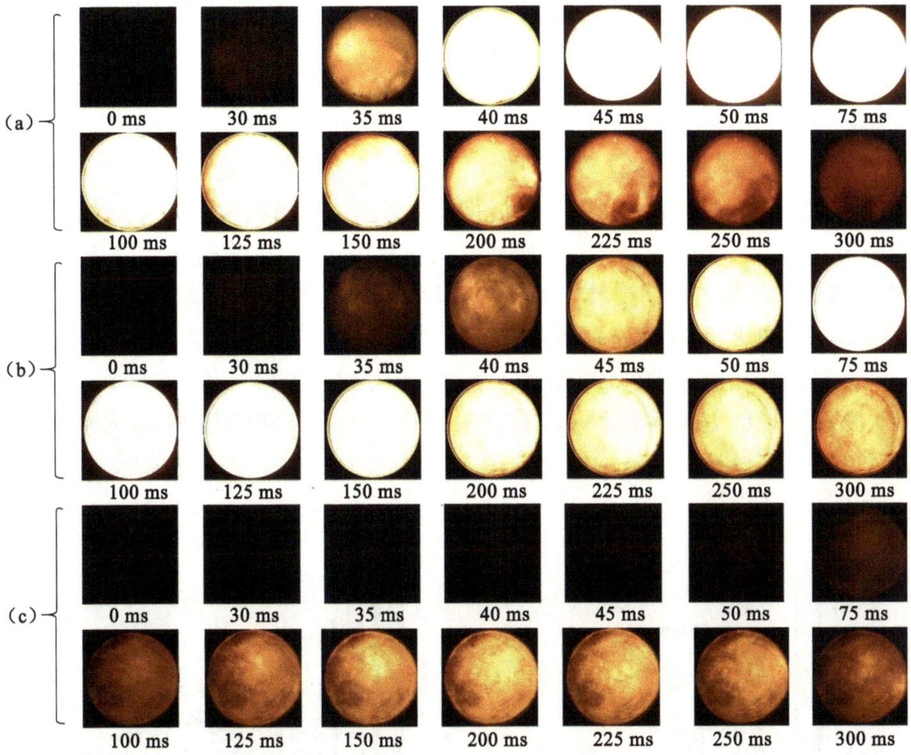

图 4.17 添加不同量 MCA 粉体后聚乙烯粉爆炸火焰形态演化过程

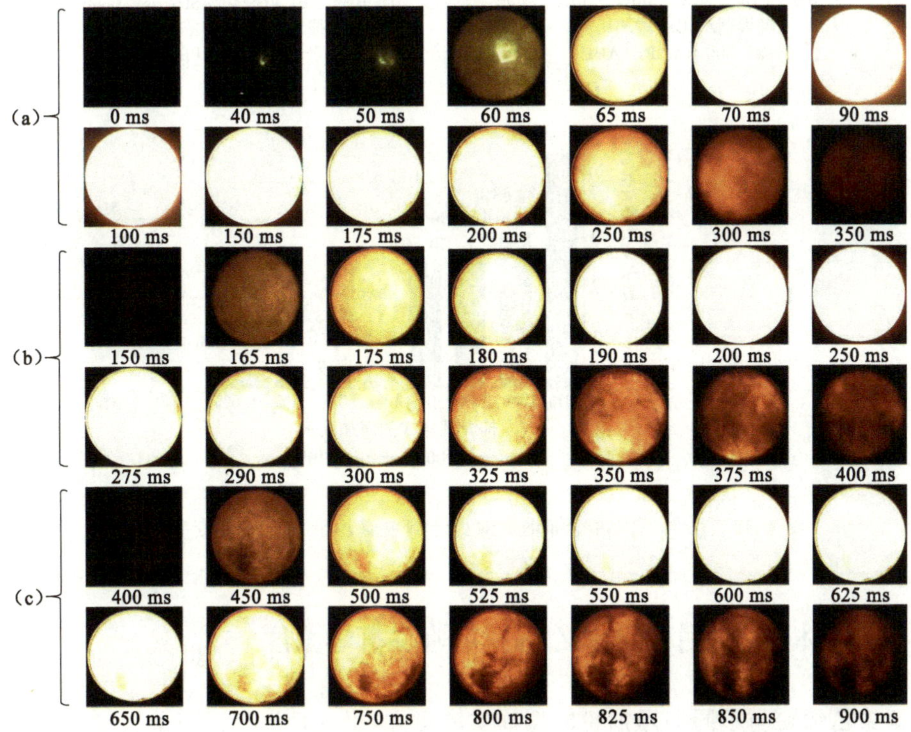

图 4.18 添加不同量 MPP 粉体后聚乙烯粉爆炸火焰形态演化过程

为了定量衡量火焰传播的快慢，根据式(4.2)计算火焰的平均传播速度[162]。

$$v_F = \frac{R_{vessel}}{T_c} \tag{4.2}$$

式中，v_F为火焰传播的平均速度，m/s；R_{vessel}为爆炸球体的半径，mm。

给出 300 g/m^{3}聚乙烯粉在未添加抑爆剂直至实现完全抑爆的最小浓度抑爆剂前所有工况的平均火焰速度，如图4.19所示。由图可知，未添加抑爆剂时，300 g/m^{3}聚乙烯爆炸的平均火焰速度约为4.68 m/s。随着添加抑爆剂含量的增多，火焰传播的平均速度降低，说明聚乙烯粉爆炸在球体中传播变慢。当添加ABC粉的占比从10%增加到50%时，相较于未添加抑爆剂，平均火焰速度分别降低了33.33%、95.26%。当添加MCA粉的占比从10%增加到65%时，相较于未添加抑爆剂，平均火焰速度分别降低了18.55%、90.87%。当添加MPP粉的占比从10%增加到57.5%时，相较于未添加抑爆剂，平均火焰速度分别降低了33.58%、93.19%。

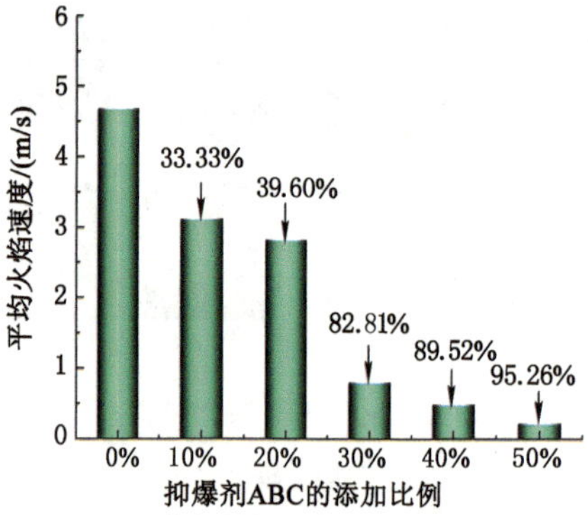

(a) 300 g/m^3 PE+ABC

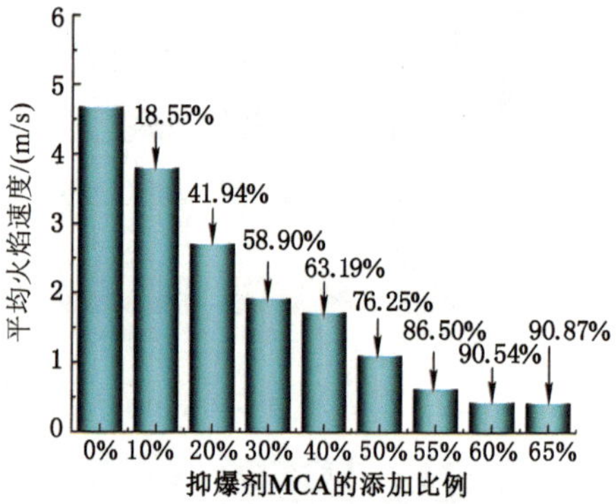

(b) 300 g/m^3 PE+MCA

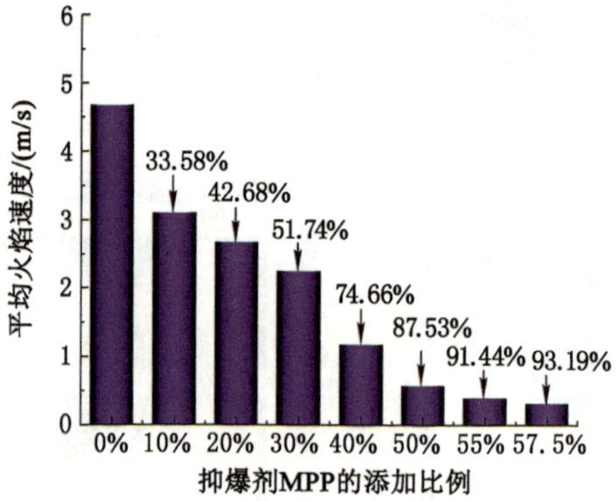

(c) 300 g/m^3 PE+MPP

图4.19 添加不同占比抑爆剂对聚乙烯粉爆炸平均火焰速度的影响

4.3 不同粉体抑爆剂作用下聚乙烯粉的临界抑爆浓度

根据聚乙烯粉与不同抑爆剂粉的爆炸实验可知，引入抑爆剂既可能会增强爆炸，也可能会削弱爆炸的强度，因此，在实际应用中选择合适的抑爆浓度至关重要，否则可能导致事故灾害的后果危害加剧。图 4.20 为不同抑爆剂种类和质量浓度作用下，聚乙烯粉爆炸的压力变化分区。

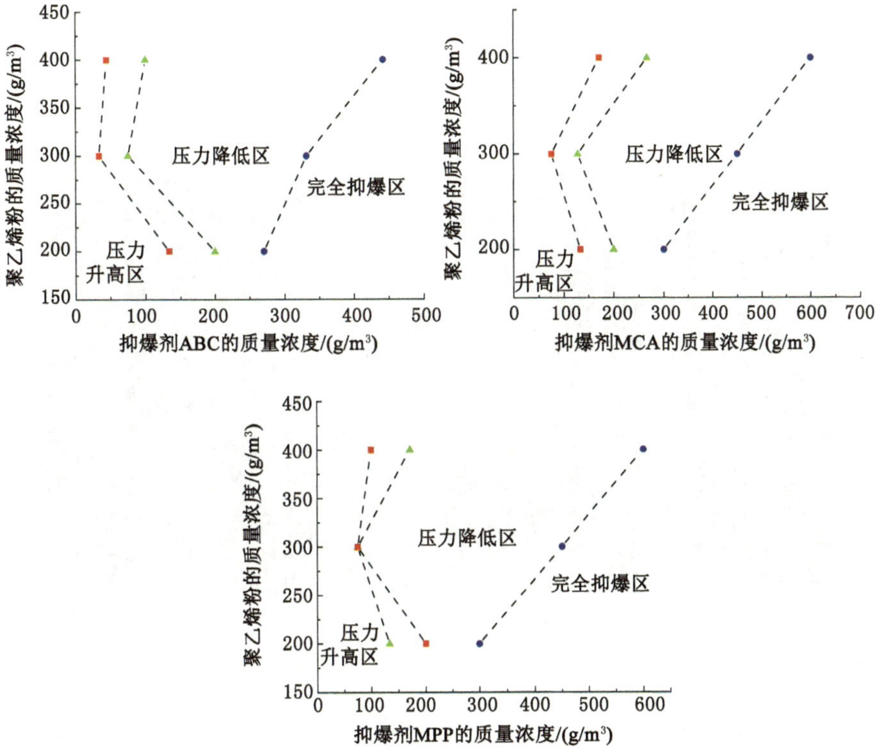

图 4.20　3 种抑爆剂对聚乙烯粉爆炸压力影响的分区

由图 4.20 可知，在最左侧曲线的左侧，为聚乙烯粉和抑爆剂粉混合物爆炸的压力升高区，表明在此区域内，由于抑爆剂质量浓度较小，不能发挥爆炸抑制作用，反而使得爆炸压力相比于未添加抑爆剂时增加，因此在实际应用上要杜绝将抑爆剂浓度设置在此区域。中间区域为压力降低区，抑爆剂质量浓度在此区域内，能降低爆炸强度，发挥抑爆作用。在最右侧曲线的右侧，表明抑爆剂的质量浓度进一步增加时，可以完全抑制爆炸，起到完全惰化作用。

随着聚乙烯浓度的增加，临界抑爆浓度也增加，即需要更多的抑爆剂才能完全抑制爆炸。对于 ABC、MCA、MPP 粉 3 种抑爆剂，在聚乙烯粉 200 g/m³、300 g/m³、400 g/m³ 浓度下的临界抑爆浓度依次为 ABC 粉＜MPP 粉＜MCA 粉。

4.4　竖直管道内不同粉体抑爆剂对聚乙烯粉爆炸火焰的影响

为了进一步观察爆炸火焰的传播并进行分析，利用自主搭建的竖管型爆炸火焰抑制实验系统开展实验，对可燃物聚乙烯粉以及其与抑爆剂混合物的爆炸过程进行记录。

图 4.21 为竖管内质量浓度 1 000 g/m³ 聚乙烯粉的爆炸火焰发展过程，点火后约 29 ms 可以在点火电极处观察到微弱的亮斑，并不断向四周扩大，至 34 ms 亮斑变长，开始形成向

上传播火焰，向上传播的同时火焰也向管道两边扩展，但没有接触到管壁。在 59 ms 时，火焰已经横向到达两端管壁，但火焰在管道中部出现明显不连续，且火焰比较分散，呈不连续传播。在 74 ms 时火焰到达管道顶部并继续竖直传播，在 84 ms 时火焰向上传播同时，开始向两侧扩展，在 109 ms 时，可以观察到向管道外左右两侧扩展的火焰，已经形成明显的“翻卷”，火焰呈“树冠”形并继续变大，随着时间的进一步推移，燃料消耗殆尽，管道外火焰与管道内火焰出现“分离”，火焰逐渐变小直到熄灭。

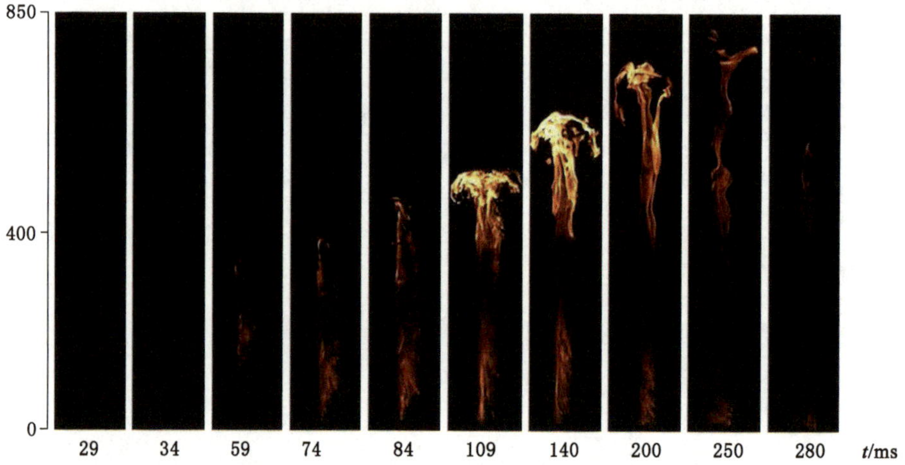

图 4.21　竖直管道中 1 000 g/m^3 聚乙烯粉的爆炸火焰传播过程

在聚乙烯粉的燃烧传播过程中，点火电极周围细小的颗粒在点火时可先被热解成气体燃烧，颗粒较大的聚乙烯由于需要吸收的热量高而蒸发变慢。因此，火焰会优先在小颗粒聚乙烯粉聚集的区域传播并形成预混火焰，此时发生气体燃烧，呈现亮度高的簇状火焰，同时周围大颗粒的聚乙烯还未燃烧，然后再对周围大颗粒的聚乙烯粉传热，再生成可燃气体，形成新的火焰，因此整个火焰呈离散状，如图 4.22 所示。

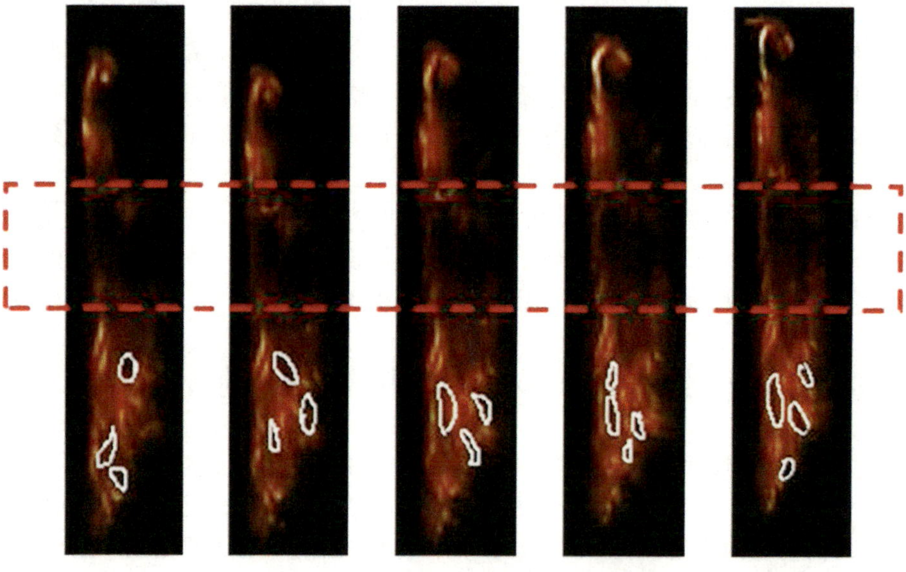

图 4.22　竖直管道中 1 000 g/m^3 聚乙烯粉爆炸火焰的分散和不连续现象

火焰在竖管传播过程中在管道中部出现的不连续，实际上是在此区域内燃料的不足，如图 4.22 所示。由于燃烧反应从下往上发展，管道中下部的反应时间最长，空气含量已经相对较少。此外，由于粉体颗粒在竖管的反应过程中受到各种力的作用，颗粒较大的聚乙烯由于重力作用向下运动，而颗粒较小的聚乙烯主要受到黏性力和热泳力作用后向上运动[209]，如图 4.23 所示，因此管道中部的粉尘分布发生了变化。因此，火焰传播在管道中部出现不连续现象。

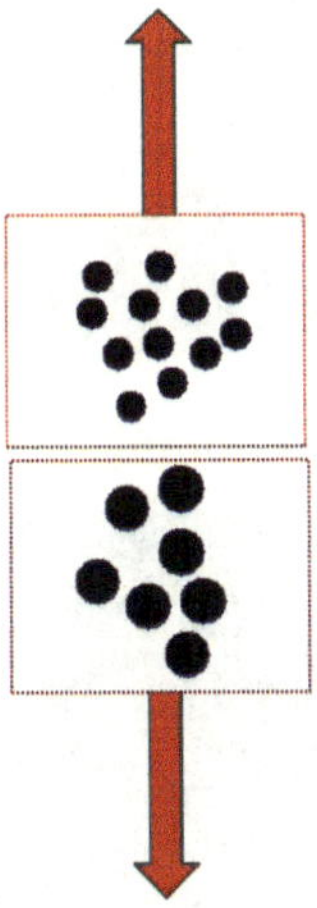

图 4.23 管道内粉尘扩散趋势示意图

当火焰超过管道顶端时，管道内的可燃物在爆炸压力的作用下被带出管外并在管道口周围扩散，高温火焰和热气流与外界的冷空气由于压力差作用而产生卷吸现象，导致火焰产生“翻卷”，形成“树冠”状火焰。随着冠状火焰的升高，与空气中扩散的可燃物不断接触，燃烧反应进一步加剧，火焰亮度增强，冠状火焰变大。此时，燃烧温度进一步升高，气体对流作用加强，火焰继续“翻卷”，火焰加速传播。如图 4.24 所示。

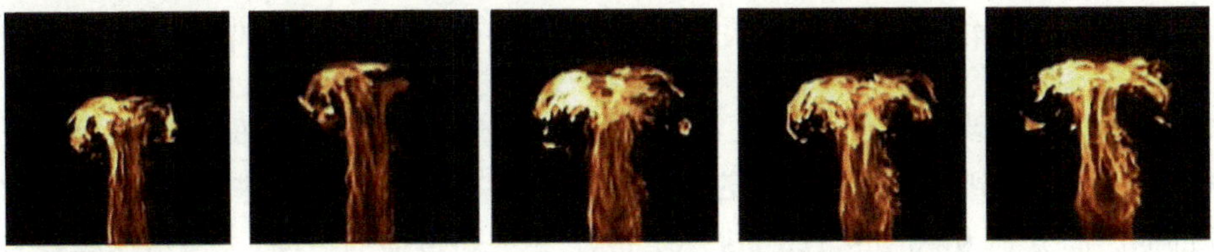

图 4.24 竖管中 1 000 g/m^3 聚乙烯粉冠状爆炸火焰的变化

根据式(4.1)计算抑爆剂的占比，按照 5%的浓度梯度添加抑爆剂，当聚乙烯粉中混入抑爆剂时，火焰的形成和传播会发生改变。实验发现，发生爆炸传播时 ABC 粉最高占比为 10%，MCA 和 MPP 的最高占比为 15%，继续添加抑爆剂粉则不会发生爆炸。图 4.25～图 4.27 所示为 1 000 g/m^3 聚乙烯粉与 3 种不同占比抑爆剂粉预混后的爆炸火焰传播过程。

如图 4.25 所示，与单一聚乙烯粉爆炸相比，随着 ABC 粉含量的增加，爆炸火焰的亮度明显变暗。当 ABC 粉的占比为 10%时，在 60 ms 时只观察到微弱的亮斑，还未形成可传播的火焰，说明火焰发展阶段变慢，整个火焰的离散程度更高。

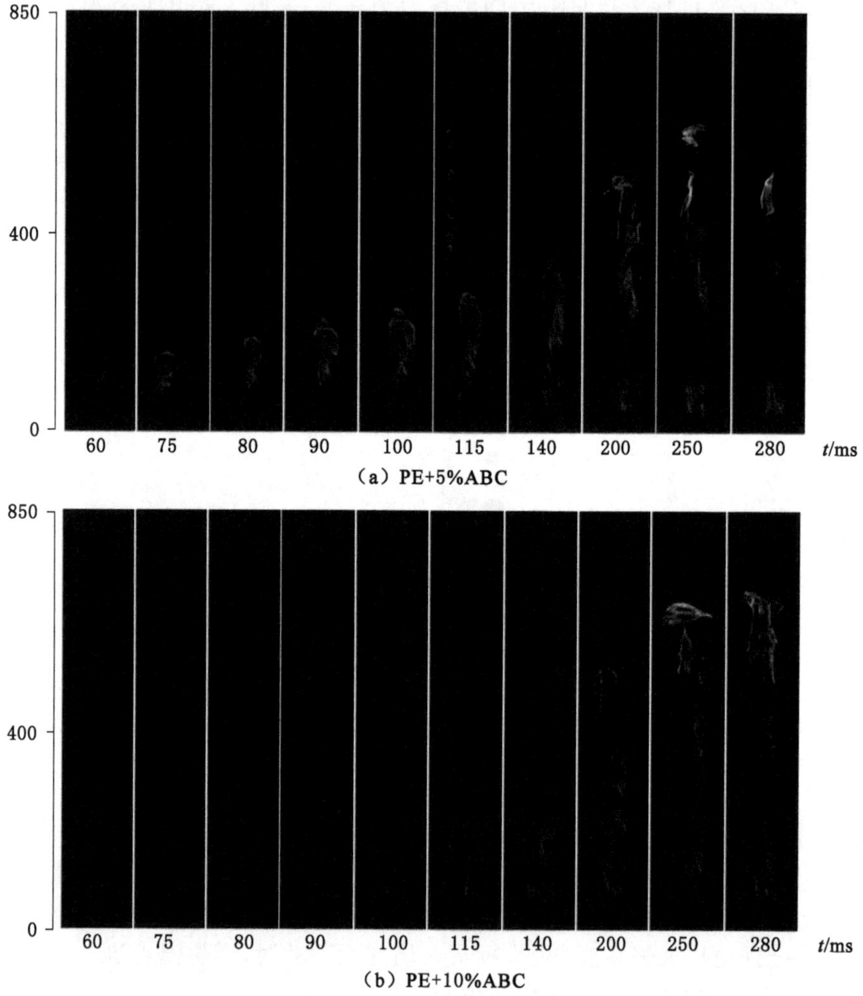

图 4.25　竖管中 1 000 g/m³ 聚乙烯粉与不同含量 ABC 粉混合后爆炸火焰的传播

如图 4.26 所示，当聚乙烯粉中混入不同占比的 MCA 粉时，火焰的传播变慢。当 MCA 粉的含量由 5%增加到 15%时，火焰亮度进一步降低，火焰传播时间进一步增加。火焰到达管道顶部的时间分别为 93 ms、123 ms、101 ms。在火焰传播的后期，火焰不连续空间增加，只有顶部和底部可见火焰，直至熄灭。说明管内中上部的空气和燃料消耗殆尽。

如图 4.27 所示，加入 MPP 粉后，随着其含量的增加，爆炸火焰的亮度明显变暗。随着火焰的上升，不连续的空间也随之上升，说明在抑爆剂的作用下，参与反应的聚乙烯颗粒变少。

为了量化抑爆剂的抑爆效果，以火焰传播的平均速度进行表征，以火焰到达竖管顶部的时间计算火焰传播的平均速度。

抑爆剂对聚乙烯粉在竖管中火焰传播速度的影响如图 4.28 所示。由图可知，随着抑爆剂含量的增加，火焰传播的平均速度降低，说明聚乙烯粉爆炸在竖管中传播变慢，爆炸的强度逐渐降低。当添加 ABC 粉的占比为 5%和 10%时，火焰传播的平均速度与未添加抑爆剂

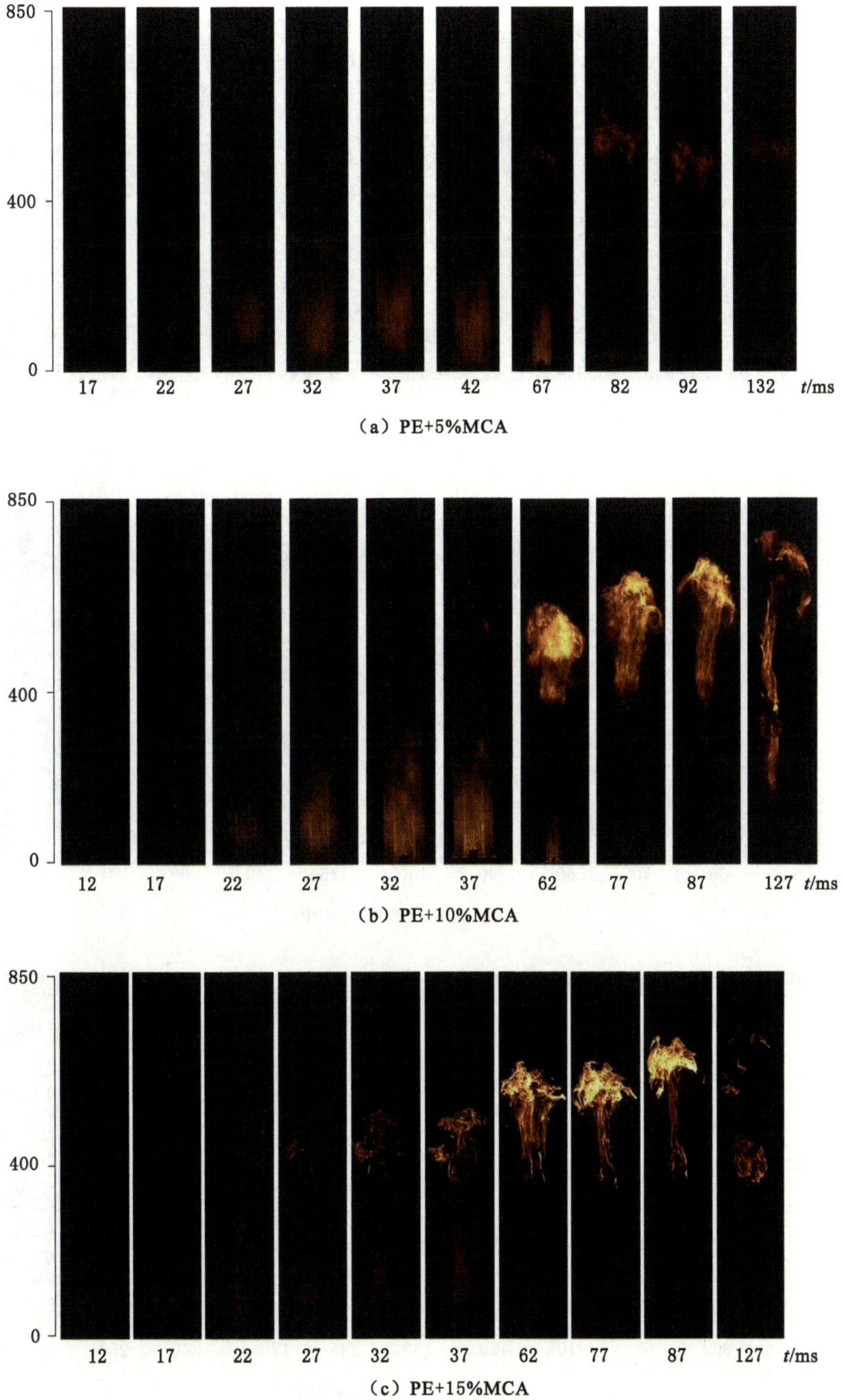

图 4.26 竖管中 1 000 g/m³ 聚乙烯粉与不同含量 MCA 粉混合后爆炸火焰的传播

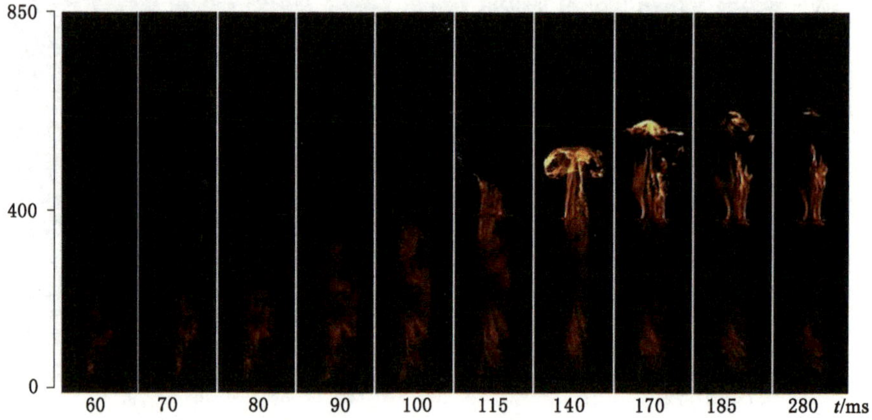

（a）PE+5%MPP

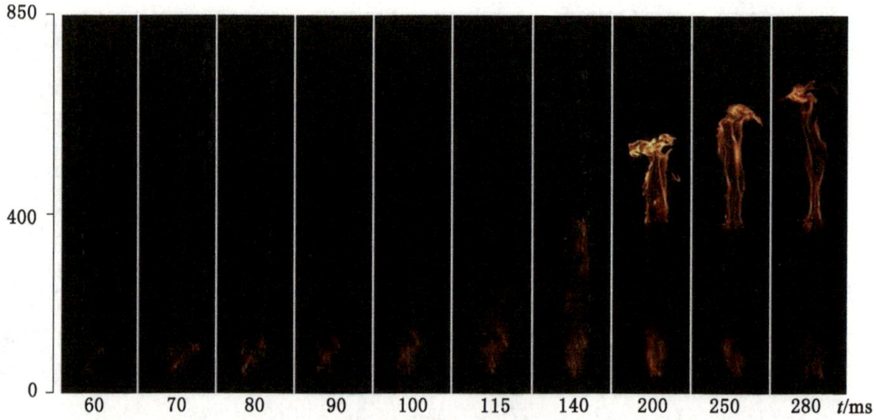

（b）PE+10%MPP

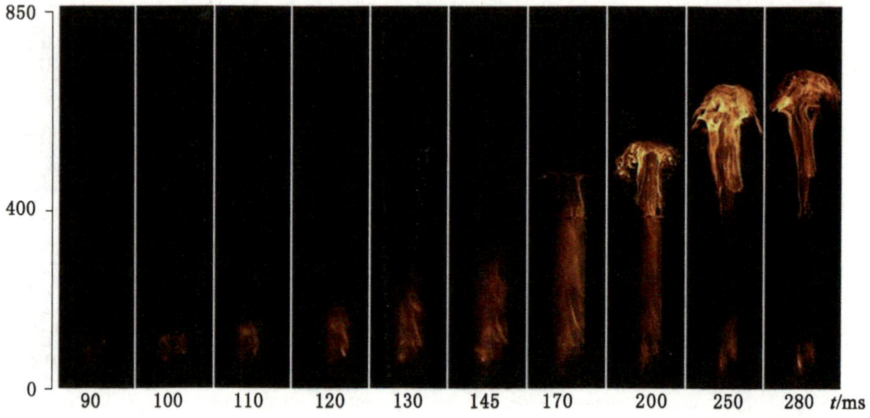

（c）PE+15%MPP

图 4.27　竖管中 1 000 g/m^3 聚乙烯粉与不同含量 MPP 粉混合后爆炸火焰的传播

相比，降低了 47.33%和 58.85%。当添加 MCA 粉的占比由 5%增加到 15%时，火焰传播的平均速度与未添加抑爆剂相比，分别降低了 15.05%、21.78%和 35.77%。当添加 MPP 粉的占比由 5%增加到 15%时，火焰传播的平均速度与未添加抑爆剂相比，分别降低了 18.56%、42.34%、47.85%。

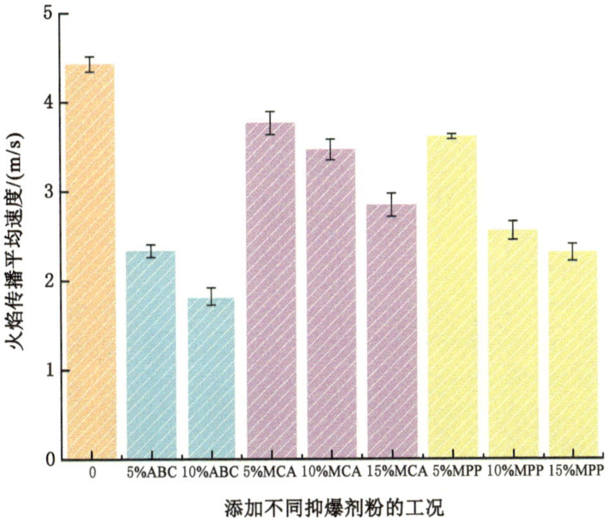

图 4.28　竖管中聚乙烯粉与三种不同含量抑爆剂粉混合爆炸后火焰传播的平均速度

4.5　本章小结

本章系统研究了所选的 3 种抑爆剂对聚乙烯粉的爆炸强度特性和火焰传播特性的影响，考察了不同抑爆剂的抑爆效果，得到了每种抑爆剂对于不同质量浓度聚乙烯粉的临界抑爆浓度，研究了 3 种抑爆剂对聚乙烯粉爆炸火焰形态和火焰传播的影响，主要的结论如下：

(1) 爆炸压力峰值和爆炸指数随着聚乙烯质量浓度的增加先增加后减少，聚乙烯粉的质量浓度为 300 g/m^3 时爆炸峰值达到最大。当聚乙烯粉的质量浓度一定时，随着添加抑爆剂的增加，爆炸压力峰值均先增加后减少。

(2) 聚乙烯的质量浓度为 200 g/m^3 时，随着抑爆剂 ABC、MCA、MPP 添加量的增加，均会引起最大爆炸压力上升速率先增加后减小；当聚乙烯的质量浓度为 300 g/m^3 和 400 g/m^3 时，最大爆炸压力上升速率随着抑爆剂的增加而呈现整体下降趋势。

(3) 当聚乙烯的质量浓度分别为 200 g/m^3、300 g/m^3、400 g/m^3 时，最大爆炸压力时刻和最大爆炸压力上升速率时刻均随着抑爆剂粉占比的增加而延长。

(4) 随着聚乙烯浓度的增加，临界抑爆浓度也增加，即需要更多的抑爆剂才能完全抑制爆炸。对于 ABC、MCA、MPP 粉 3 种抑爆剂，在聚乙烯粉 200 g/m^3、300 g/m^3、400 g/m^3 浓度下的临界抑爆浓度依次为 ABC 粉＜MPP 粉＜MCA 粉。

(5) 从球形爆炸系统的火焰可以看出，随着抑爆剂粉的加入，改变了火焰的形态和结构，抑爆剂少量时其产生的氨气与氧气发生燃烧反应。增加抑爆剂的量，火焰达到最强亮度的时间变长，火焰颜色改变，相同时刻的火焰亮度降低，进一步增加抑爆剂的量，不会发生爆炸。抑爆剂加入使得竖管爆炸火焰的传播速度降低，火焰变暗。

5　粉体抑爆剂抑制乙烯/聚乙烯粉爆炸特性的实验研究

通过爆炸抑制 20 L 球形实验系统和爆炸火焰抑制管道系统，研究了抑爆剂对聚乙烯粉尘爆炸特性的影响，分析了爆炸压力、爆炸时间以及火焰形态等爆炸特性的变化规律，考察了抑爆剂对聚乙烯粉尘爆炸的抑制效果。为了明确乙烯参与下抑爆剂对聚乙烯爆炸抑制作用的影响，开展抑爆剂抑制乙烯/聚乙烯粉爆炸特性的实验研究。

5.1　20 L 球体内乙烯/聚乙烯粉两相爆炸强度特性研究

为了明确乙烯气体对聚乙烯粉尘的爆炸影响，选定聚乙烯粉尘的质量浓度为 300 g/m^3，向球体内添加不同体积分数的乙烯气体，具体为 3%、5%、7%、9%，组成混合物进行爆炸实验，图 5.1 为上述工况下爆炸压力随时间变化的典型曲线。

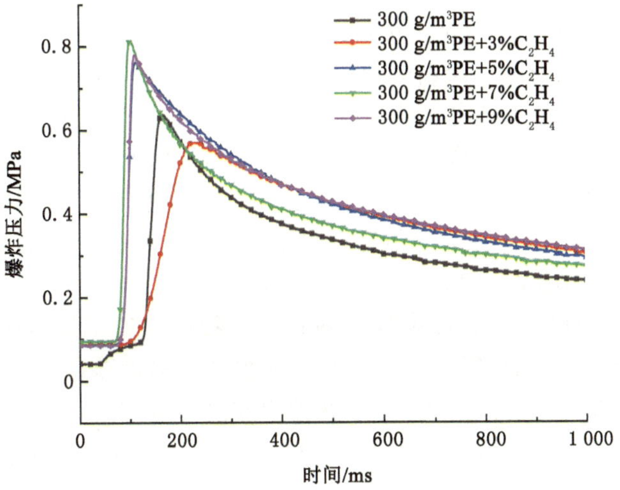

图 5.1　不同体积分数乙烯与 300 g/m^3 聚乙烯粉的爆炸压力-时间进程图

图 5.2 展示了不同乙烯体积分数下聚乙烯粉爆炸的最大爆炸压力和最大爆炸压力时刻。可以看出，当向爆炸球体内添加 3% 的乙烯气体时，相较于单一 300 g/m^3 聚乙烯粉爆炸，爆炸压力峰值从 0.652 MPa 降低至 0.571 MPa，最大爆炸压力时刻由 159.8 ms 延长至 228.2 ms，最大爆炸压力上升速率时刻由 145.9 ms 延长至 205.6 ms，继续添加乙烯气体至 9%，爆炸压力峰值从 0.571 MPa 先增加至 0.813 MPa 后减小为 0.780 MPa，最大爆炸压力时刻从 228.2 ms 先缩短至 99.8 ms 后增加为 109.16 ms，最大爆炸压力上升速率时刻从 205.6 ms 先缩短至 90.0 ms 后增加为 97.6 ms。因此，随着乙烯浓度的增加，气固两相爆炸的爆炸强度先逐渐增大后减少。当乙烯的浓度为 7% 时，两相爆炸的压力最大。

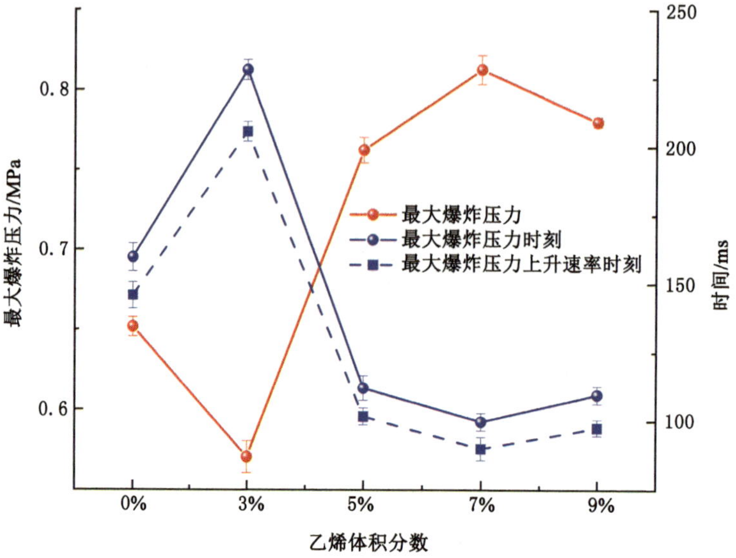

图 5.2　不同体积分数乙烯对 300 g/m^3 聚乙烯粉爆炸的影响

聚乙烯在此最佳爆炸浓度下，其爆炸过程偏向于或属于富燃料燃烧过程。理论上来说，乙烯的添加将导致该浓度下聚乙烯爆炸的不完全燃烧，降低体系爆炸压力。但由于在两相体系爆炸过程中，气相乙烯将在氧气消耗时占据优势，会先于聚乙烯粉尘发生燃烧，气体燃烧释放出的大量热量直接导致压力升高。所以当乙烯的体积分数不断增大时，爆炸的强度也会增大，当乙烯的浓度为 7%时，接近乙烯的当量浓度 6.7%，此时爆炸的强度最大。当乙烯的浓度进一步增大时，体系的不完全燃烧加剧，燃烧热减少，爆炸压力提升幅度降低，即爆炸的最大压力先逐渐增大后减少。

此外，现有的一些研究表明，可燃气固两相混合物爆炸的压力曲线可能出现两个"拐点"[101]，但本书实验的压力曲线均为一个，是由粉尘进入爆炸球体内产生的。乙烯的燃烧为气相燃烧，聚乙烯的燃烧为非均相燃烧，乙烯的引燃温度为 450 ℃，聚乙烯的一般为 300 ℃开始，两者的燃烧快慢差异不大，所以压力升高并未出现明显的分段现象。

5.2　20 L 球体内不同粉体抑爆剂对乙烯/聚乙烯粉爆炸特性的影响

5.2.1　粉体抑爆剂对乙烯/聚乙烯粉爆炸压力与压力上升速率影响

为了研究乙烯气体对粉体抑爆剂抑制聚乙烯粉爆炸效果的影响，分别在密闭容器中形成 300 g/m^3 聚乙烯粉和体积分数为 3%、5%、7%乙烯气体的混合物，并按照 4.1 节所述的占比添加抑爆剂，开展气固两相爆炸的抑爆实验。

根据实验工况，得到不同种类和占比抑爆剂对不同体积分数乙烯气体和 300 g/m^3 聚乙烯粉混合爆炸压力的影响，给出各种工况下的典型压力-时间曲线(图 5.3 至图 5.5)。

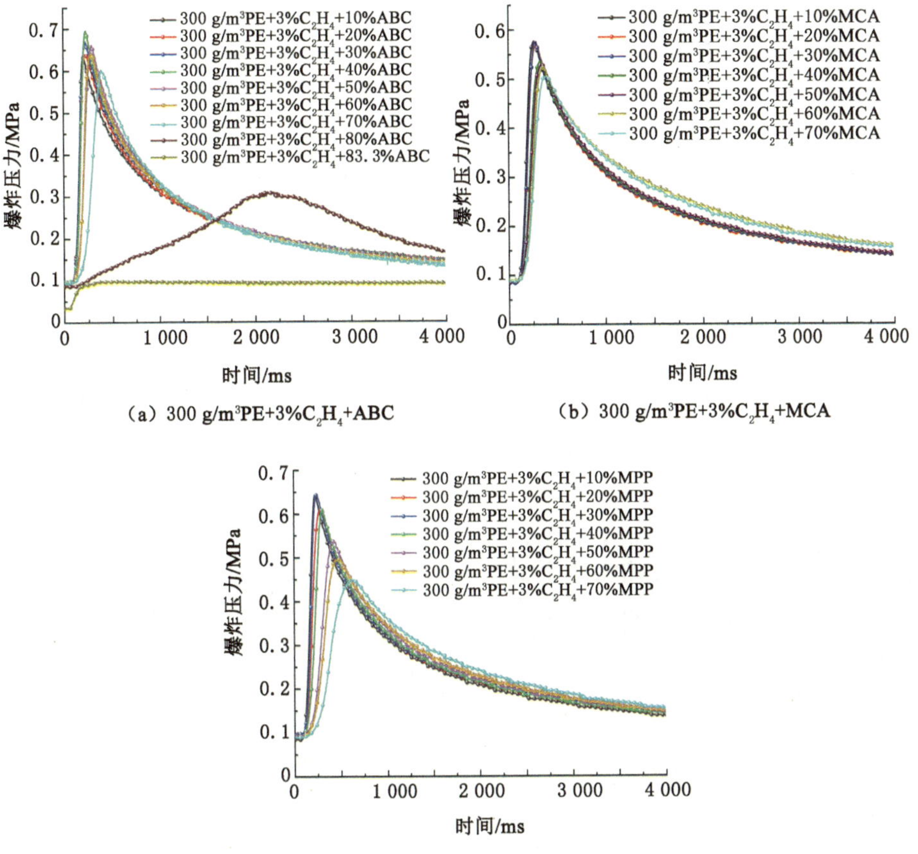

(a) 300 g/m^3PE+3%C_2H_4+ABC　(b) 300 g/m^3PE+3%C_2H_4+MCA

(c) 300 g/m^3PE+3%C_2H_4+MPP

图 5.3　3 种抑爆剂粉体对 300 g/m^3 聚乙烯粉与 3%乙烯爆炸压力-时间曲线的影响

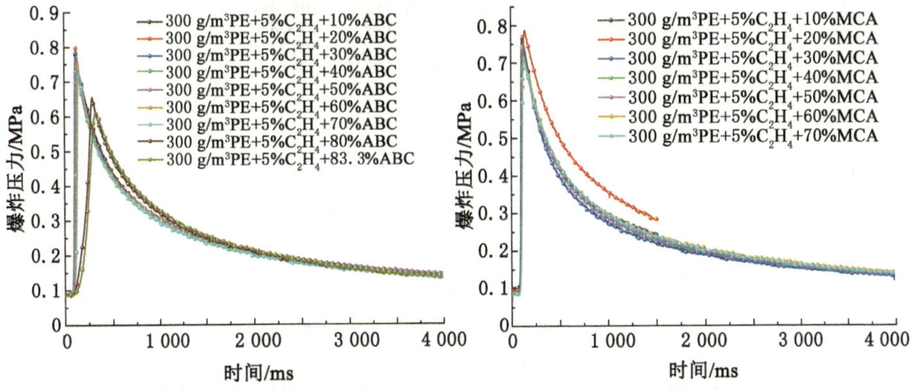

(a) 300 g/m^3PE+5%C_2H_4+ABC　(b) 300 g/m^3PE+5%C_2H_4+MCA

图 5.4　3 种抑爆剂粉体对 300 g/m^3 聚乙烯粉与 5%乙烯爆炸压力-时间曲线的影响

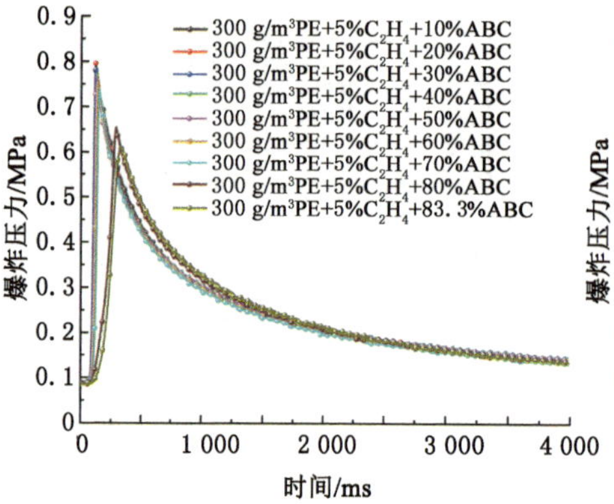

(a) 300 g/m^3PE+5%C_2H_4+ABC

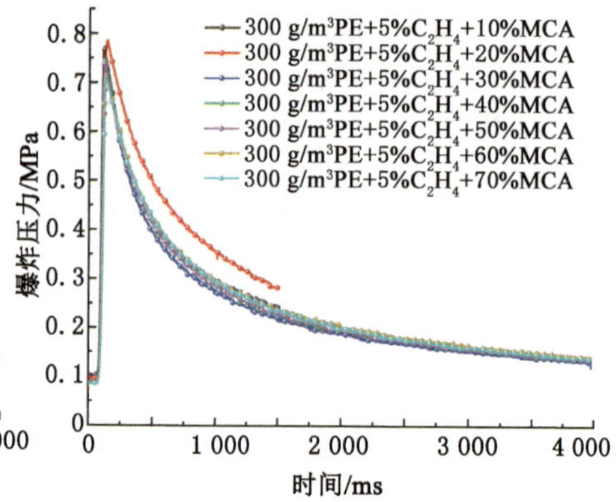

(b) 300 g/m^3PE+5%C_2H_4+MCA

图 5.4 (续)

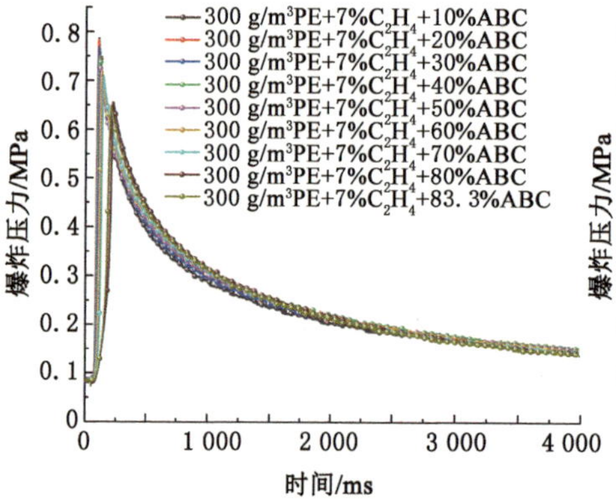

(a) 300 g/m^3PE+7%C_2H_4+ABC

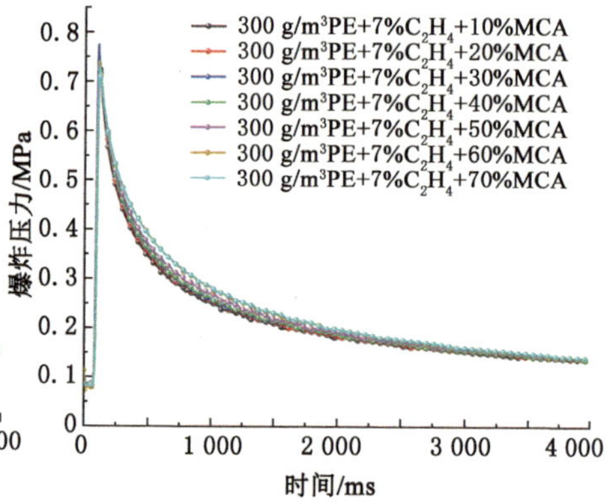

(b) 300 g/m^3PE+7%C_2H_4+MCA

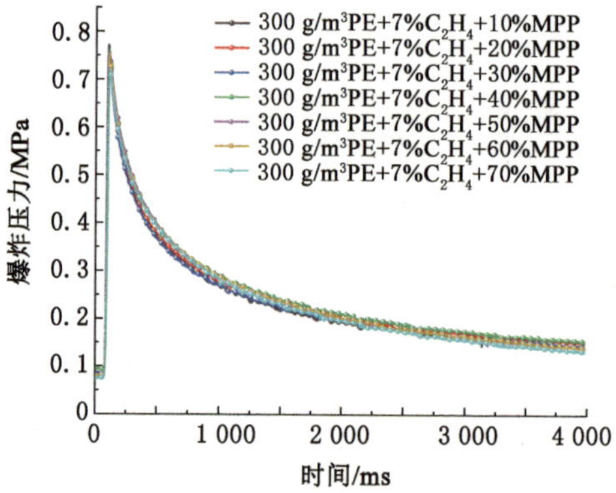

(c) 300 g/m^3PE+7%C_2H_4+MPP

图 5.5 3 种抑爆剂粉体对 300 g/m^3 聚乙烯粉与 7%乙烯爆炸压力-时间曲线的影响

MPP 和 MCA 粉的密度较小，过多的粉尘不能完全进入爆炸球内部且影响分散性，从而引起实验误差。实验发现，当 MPP 和 MCA 粉的质量超过 14 g 时，粉尘仓内实验结束后会有剩余粉体，因此实验中 MPP 和 MCA 粉的最大质量浓度为 700 g/m^3。ABC 粉可进一步添加。

图 5.6 所示为添加 ABC 粉后 300 g/m³ 聚乙烯粉与不同体积分数乙烯的爆炸超压峰值变化，由图可以看出，当乙烯体积分数为 3%和 5%时，与 300 g/m³ 聚乙烯粉的混合爆炸压力均随着 ABC 粉占比的增加出现先增大后减少的趋势。当开始添加 ABC 粉的占比为 10%时，与 3% 和 5% 乙烯的混合爆炸，压力峰值相比于未添加 ABC 粉，分别提高了 11.31%、2.49%。与 3%乙烯混合爆炸，增加混合物中 ABC 粉的占比，混合爆炸反应产生的压力继续增加，当 ABC 粉的占比为 40%时爆炸压力最高，达到 0.696 MPa，继续增加 ABC 粉的占比为 80%时，爆炸产生的压力峰值与未添加抑爆剂相比，降低了 45.84%。与 5%乙烯混合爆炸，当增加混合物中 ABC 粉的占比至 60%时，混合爆炸反应产生的压力相比于未添加抑爆剂时开始降低，降低幅度为 1.11%。当乙烯体积分数为 7%时，与 300 g/m³ 聚乙烯粉的混合爆炸压力随着 ABC 粉占比的增加一直减少。当 ABC 粉的添加占比达到 83.3%时，可以完全抑制 300 g/m³ 聚乙烯粉与 3%乙烯混合爆炸的发生，与 5%和 7%乙烯混合爆炸的压力达到所开展实验工况下最低值，分别降低 19.61%、20.30%。

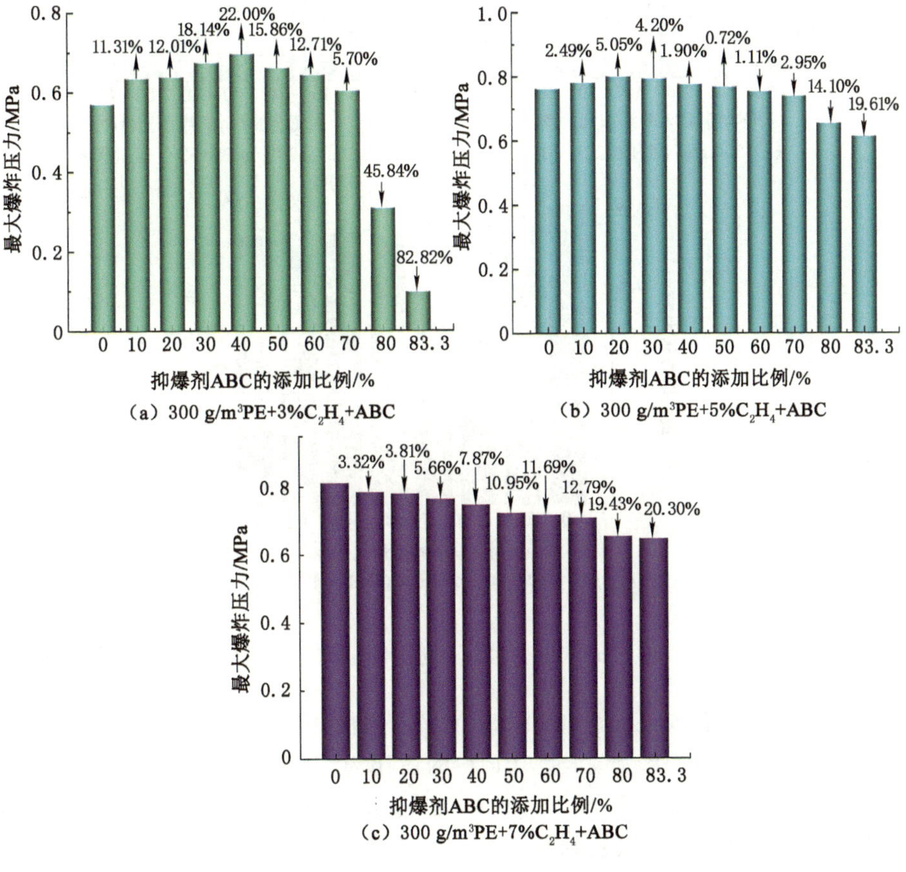

图 5.6 ABC 粉体对 300 g/m³ 聚乙烯粉与不同体积分数乙烯混合爆炸最大压力的影响

如图 5.7 所示，与添加 ABC 粉的聚乙烯粉和乙烯混合爆炸实验趋势相似，相较于不添加抑爆剂粉，3%和 5%乙烯和聚乙烯粉的爆炸压力均随着 MCA 粉的占比增加而出现先增大后减少的趋势。当 MCA 粉的占比为 10%时，两种乙烯体积分数下聚乙烯粉的爆炸压力峰值分别提高了 1.31%、1.38%。继续增加 MCA 粉在混合物中的占比，当 MCA 粉的占比为 40%时，3%乙烯与 300 g/m^3 聚乙烯粉混合爆炸的压力开始降低，降低幅度为 4.06%；当 MCA 粉的占比为 30%时，5%乙烯与 300 g/m^3 聚乙烯粉混合爆炸的压力开始降低，降低幅度为 2.95%。当乙烯体积分数为 7%时，加入 MCA 粉后与 300 g/m^3 聚乙烯粉的混合爆炸压力均比未加入抑爆剂粉的压力低。当 MCA 粉的添加占比达到 70%时，3 种体积分数下乙烯与 300 g/m^3 聚乙烯粉混合爆炸的压力达到所开展实验工况下最低值，分别降低 11.31%、6.36%、10.09%。

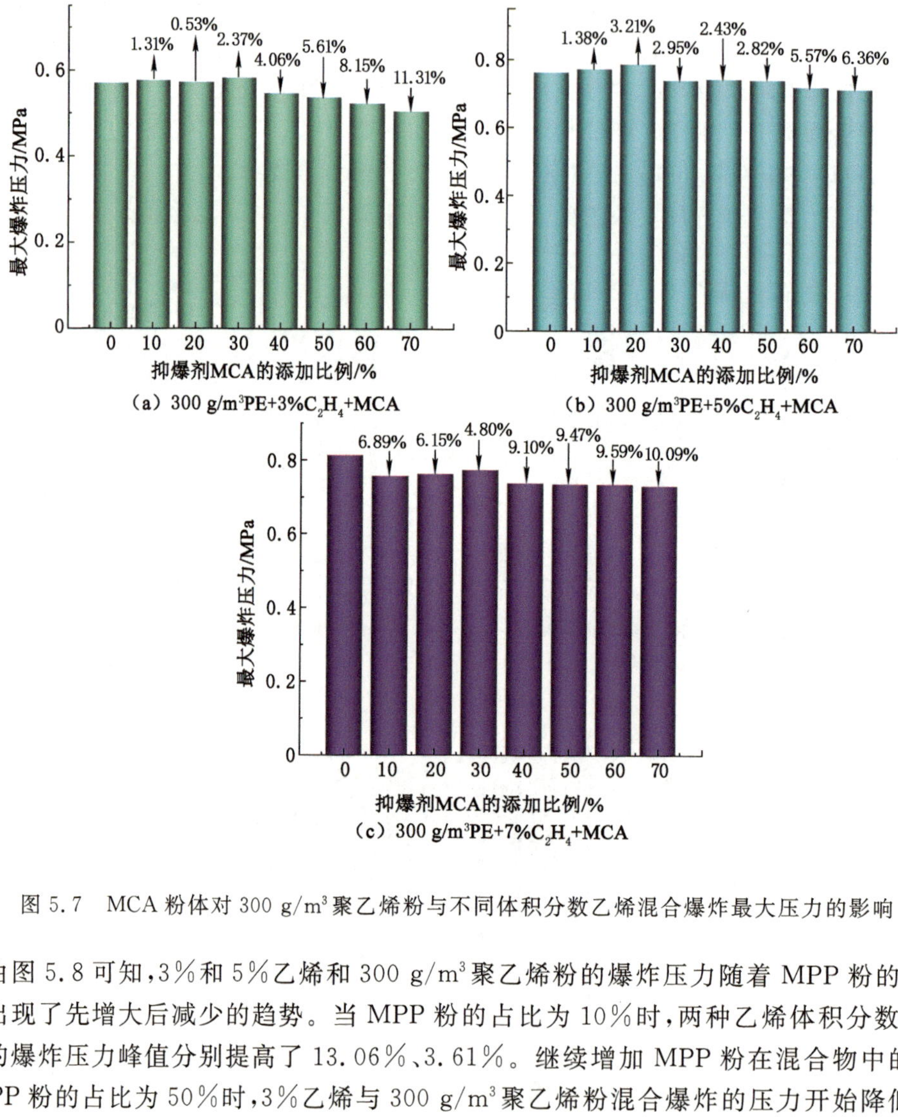

图 5.7　MCA 粉体对 300 g/m^3 聚乙烯粉与不同体积分数乙烯混合爆炸最大压力的影响

由图 5.8 可知，3%和 5%乙烯和 300 g/m^3 聚乙烯粉的爆炸压力随着 MPP 粉的占比增加也出现了先增大后减少的趋势。当 MPP 粉的占比为 10%时，两种乙烯体积分数下聚乙烯粉的爆炸压力峰值分别提高了 13.06%、3.61%。继续增加 MPP 粉在混合物中的占比，当 MPP 粉的占比为 50%时，3%乙烯与 300 g/m^3 聚乙烯粉混合爆炸的压力开始降低，降低幅度为 5.17%；当 MPP 粉的占比为 60%时，5%乙烯与 300 g/m^3 聚乙烯粉混合爆炸的压力开始降低，降低幅度为 3.34%。当乙烯体积分数为 7%时，加入 MPP 粉后与 300 g/m^3 聚乙烯粉的混合爆炸压力均比未加入抑爆剂的压力低。当 MPP 粉的添加占比达到 70%时，3 种体积分数下乙烯与 300 g/m^3 聚乙烯粉混合爆炸的压力达到所开展实验工况下最低值，分别降低 20.59%、5.31%、11.19%。

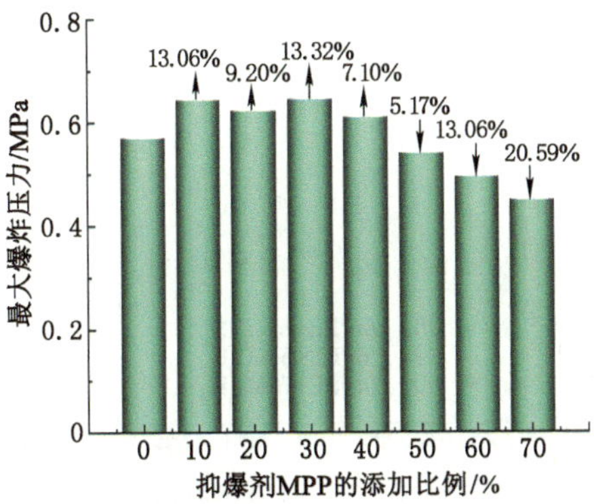

(a) 300 g/m³PE+3%C_2H_4+MPP

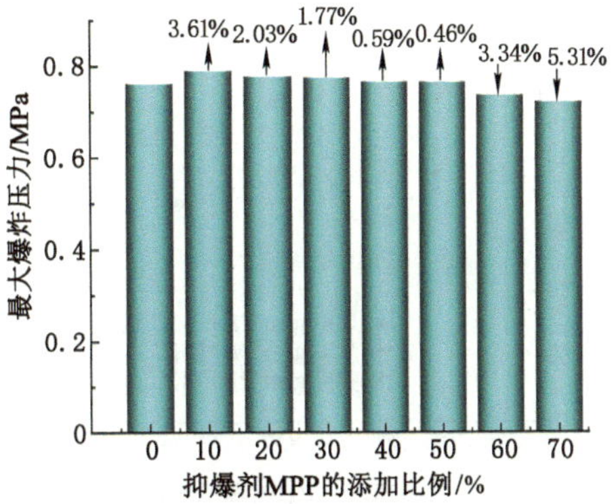

(b) 300 g/m³PE+5%C_2H_4+MPP

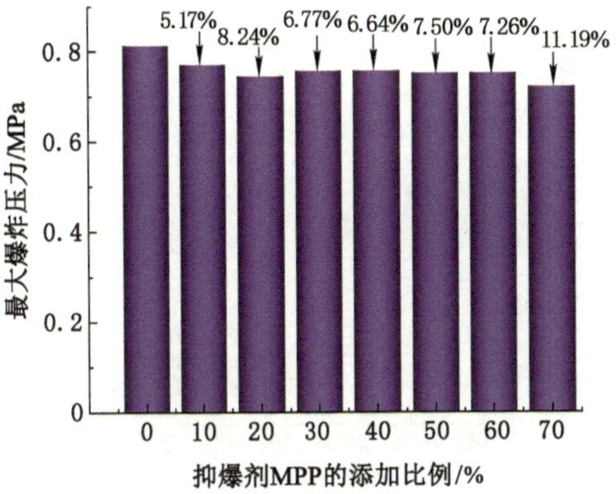

(c) 300 g/m³PE+7%C_2H_4+MPP

图 5.8　MPP 粉体对 300 g/m³ 聚乙烯粉与不同体积分数乙烯混合爆炸最大压力的影响

同样结合实验的爆炸-压力曲线，对所有乙烯/聚乙烯粉爆炸和抑爆实验的最大爆炸压力上升速率进行分析。图 5.9 所示为 3 种抑爆剂对 300 g/m³ 聚乙烯粉与不同体积分数乙烯混合爆炸最大爆炸压力上升速率的影响。

如图 5.9(a)～图 5.9(c)所示，对于不同体积分数乙烯和 300 g/m³ 聚乙烯粉混合爆炸，加入相同质量浓度的同种抑爆剂粉，最大爆炸压力上升速率组合从大到小依次均为：300 g/m³ 聚乙烯＋7％乙烯、300 g/m³ 聚乙烯＋5％乙烯、300 g/m³ 聚乙烯＋3％乙烯。ABC 粉对含乙烯聚乙烯粉最大爆炸压力上升速率的降低作用最为明显，当气固混合物中加入 70％的抑爆剂时，3 种抑爆剂对体积分数 5％和 7％乙烯与 300 g/m³ 聚乙烯粉的最大爆炸压力上升速率，相比于未加入抑爆剂，分别降低了 18.41％和 17.76％、10.06％和 6.45％、13.61％和 13.64％。

当乙烯气体的体积分数为 7％时，气固两相爆炸以气相主导，气相爆炸的速度快，固体抑制对气体爆炸的作用不明显。从爆炸全面传播时间也可以看出，向 300 g/m³ 聚乙烯和 7％乙烯中添加不同质量浓度的 3 种抑爆剂，与未添加抑爆剂相比，爆炸全面传播时间最高延迟仅 4.8 ms(图 5.10)。

为了进一步分析可燃气体对粉体抑爆剂和粉尘混合爆炸的影响，开展乙烯气体抑爆的对比实验。按照上述实验方案中抑爆剂占比对应的质量，向体积分数为 7％的乙烯内添加

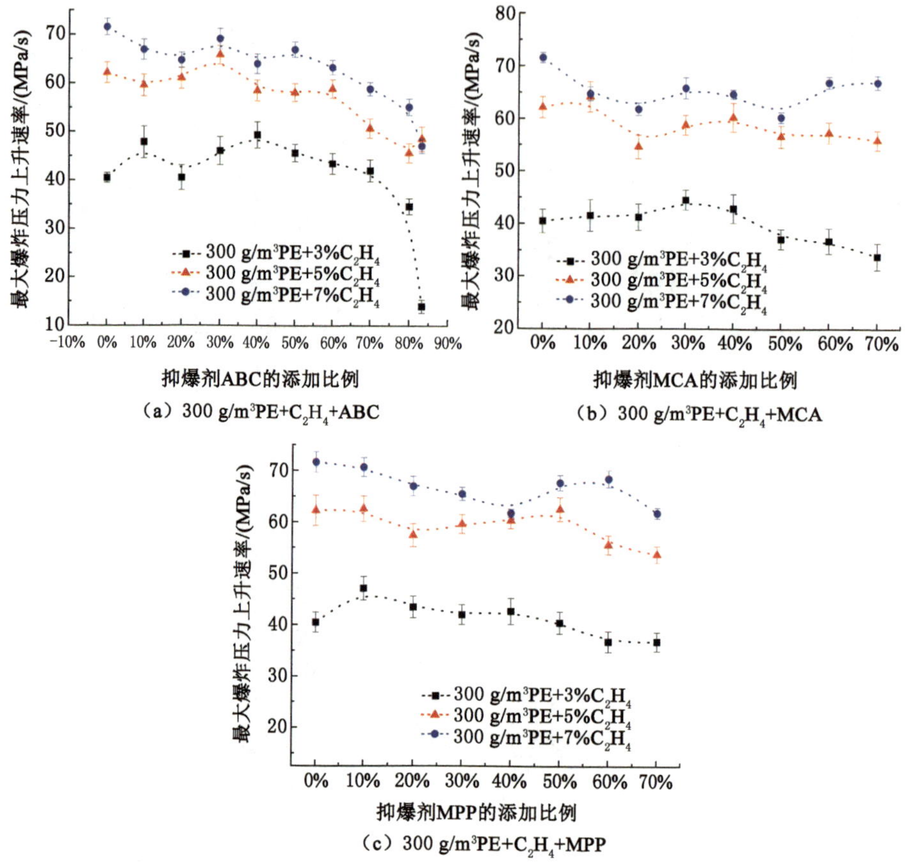

图 5.9 抑爆剂对 300 g/m³ 聚乙烯粉与不同体积分数乙烯最大爆炸压力上升速率的影响

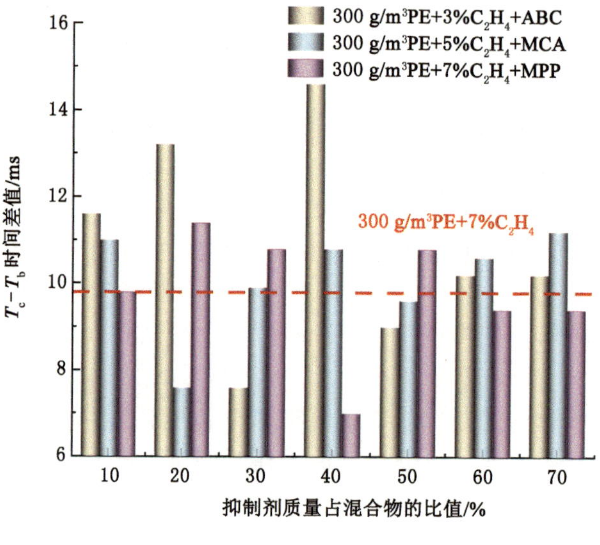

图 5.10 抑爆剂对 300 g/m³ 聚乙烯粉与 7% 乙烯爆炸全面传播时间的影响

不同质量浓度的抑爆剂粉体，得到爆炸压力变化。

由图 5.11 可知，使用不同质量浓度的抑爆剂对 7%的乙烯爆炸进行抑制时，随着抑爆剂的不断增加，爆炸压力持续降低，与 7%乙烯气体和聚乙烯粉的混合体系爆炸压力变化基本一致，说明此时的爆炸以气体作用为主导。

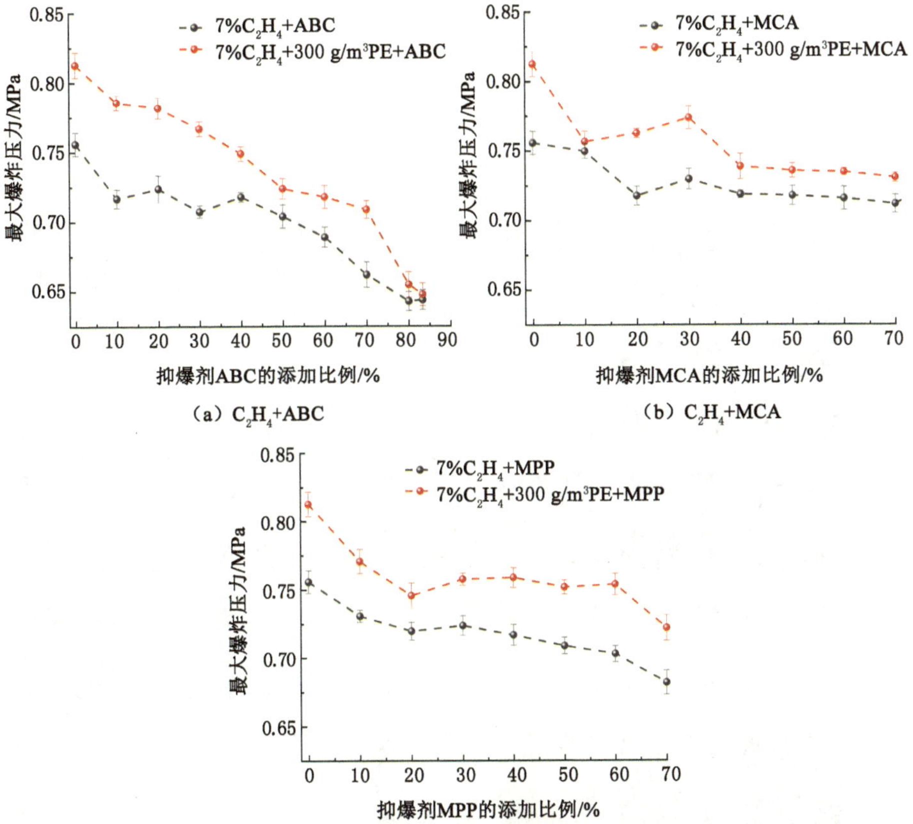

(a) C_2H_4+ABC　(b) C_2H_4+MCA　(c) C_2H_4+MPP

图 5.11　不同质量抑爆剂对 7%乙烯最大爆炸压力的影响

从热量的角度，根据热爆炸理论，气固两相爆炸体系的爆炸压力主要来源于爆炸过程中产生热量的转化，混合体系爆炸过程中的热量由几部分组成：可燃粉尘燃烧释放的热量 Q_{dust}、可燃气体燃烧释放的热量 Q_{gas}、体系吸收的热量 Q_{absorb}，即体系的总热量为：

$$Q_{total}=Q_{dust}+Q_{gas}-Q_{absorb} \tag{5.1}$$

其中，可燃粉尘的燃烧热量即为聚乙烯燃烧产生，可燃气体燃烧释放的热量包括两部分，分别是乙烯气体燃烧和粉体抑爆剂受热分解产生的 NH_3 燃烧，即：

$$Q_{gas}=Q_{C_2H_4}+Q_{NH_3} \tag{5.2}$$

体系吸收的热量包括两部分，分别是未燃粉尘吸收的热量和抑爆剂热解吸收的热量，即：

$$Q_{absorb}=Q_{unburned\ dust}+Q_{suppressant\ pyrolysis} \tag{5.3}$$

当抑爆剂少量时，粉尘的不完全燃烧现象不明显，抑爆剂分解产生的 NH_3 燃烧释放的热量使得 Q_{gas} 增大，体系吸收的热量也变多，但释放热量($Q_{dust}+Q_{gas}$)的增幅大于吸收热量

Q_{absorb}的降幅，体系的总热量Q_{total}增大，爆炸压力增大。当抑爆剂增加时，粉尘的不完全燃烧现象加剧，抑爆剂对气体的燃烧也有抑制作用，抑爆剂分解吸收的热量和未反应完的聚乙烯粉吸收的热量增大，释放热量($Q_{dust}+Q_{gas}$)之和小于吸收的热量Q_{absorb}之和，体系的总热量Q_{total}变小，爆炸压力降低。

5.2.2 不同粉体抑爆剂对球体内乙烯/聚乙烯粉爆炸火焰的影响

当密闭球体内混入乙烯气体时，体系成为可燃气固两相混合爆炸，爆炸火焰的演化与单一聚乙烯粉爆炸火焰的演化不同。图5.12所示为300 g/m³聚乙烯粉尘与乙烯气体的混合爆炸过程。

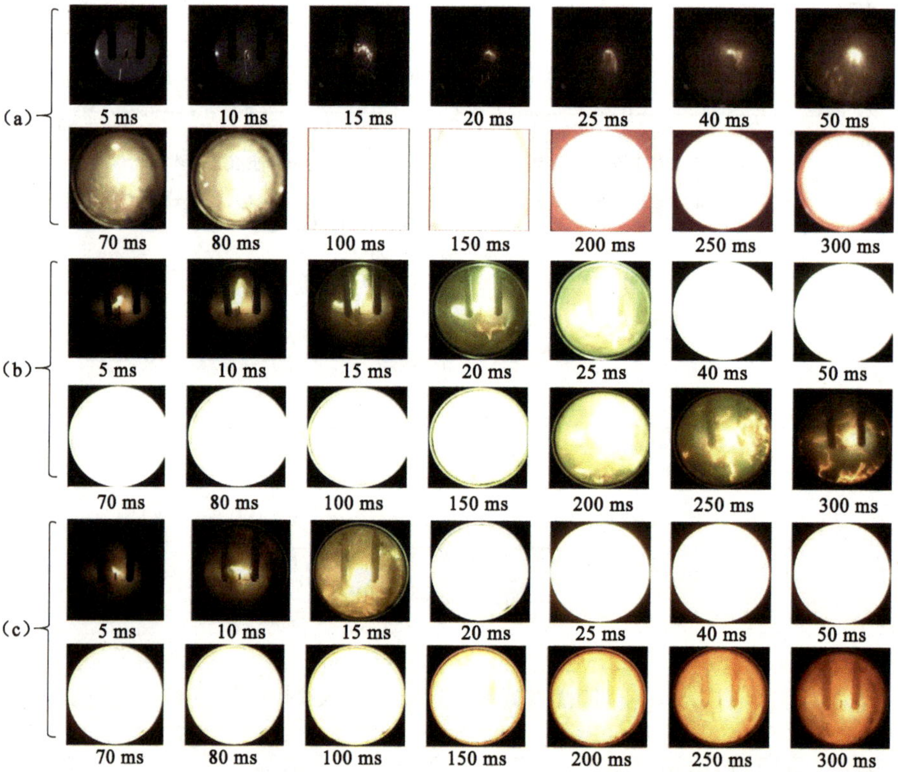

图5.12 聚乙烯粉与乙烯混合爆炸的火焰演化过程

图5.12(a)、(b)、(c)分别为300 g/m³聚乙烯粉和添加5%、7%乙烯气体后300 g/m³聚乙烯爆炸的火焰演化。对比可以发现，当加入乙烯气体时，由于可燃气体的促进作用，点火头被点燃后未观察到纯聚乙烯粉爆炸时的分散燃烧现象，而是迅速围绕其周围形成明亮的火焰，并不断地从中心往外蔓延。当乙烯体积分数为5%时，在第20 ms已经形成了稳定的中心火焰，第40 ms火焰已经充满了整个视窗，火焰亮度在40 ms和70 ms之间达到最强。当乙烯体积分数为7%时，第15 ms已经形成了中心火焰，第20 ms火焰已经充满了整个视窗，火焰亮度在25 ms和50 ms之间达到最强。相比于单一的聚乙烯粉爆炸，聚乙烯粉和乙烯气体混合爆炸的点火过程所需时间更短，燃烧反应速率和火焰传播速度也更快，火焰亮度更大。

这是由于在 20 L 爆炸球体内聚乙烯粉和乙烯气的混合体系，在点火前已经实现了混合，当化学点火头被点燃时，如果加入的乙烯气体高于其爆炸下限，点火头周围的气体会被迅速点燃并发生均相燃烧，气体燃烧产生的热量和点火头产生的能量均会对聚乙烯颗粒进行加热，并形成新的可燃气体。当火焰的能量达到新产生可燃混合气体的最小点火能时，燃烧进一步发生并释放出热量。即聚乙烯和乙烯两者的混合燃烧更易于从非均相燃烧变为均相燃烧，提高了粉尘颗粒之间的热传导效率，更高的粉尘热解速率导致了更快和更多的大量可燃气体产生，促使混合物燃烧形成连续火焰。因此，乙烯气体可显著促进聚乙烯粉尘的爆炸，两者的混合爆炸更类似于气体的均相燃烧。

以 ABC 粉抑制 300 g/m³ 聚乙烯粉和不同体积分数乙烯的混合爆炸为例，如图 5.13 所示。图 5.13(a)、(b)、(c)为 300 g/m³ 聚乙烯粉与 30%ABC 粉预混后分别和添加 3%、5%、7%乙烯气体混合爆炸的火焰演化。由图 5.13 可以发现，第 20 ms 时，与 3%乙烯气体的混合爆炸处于点火阶段，与 5%乙烯气体的混合爆炸已经开始点燃空间内可燃物并形成火焰，

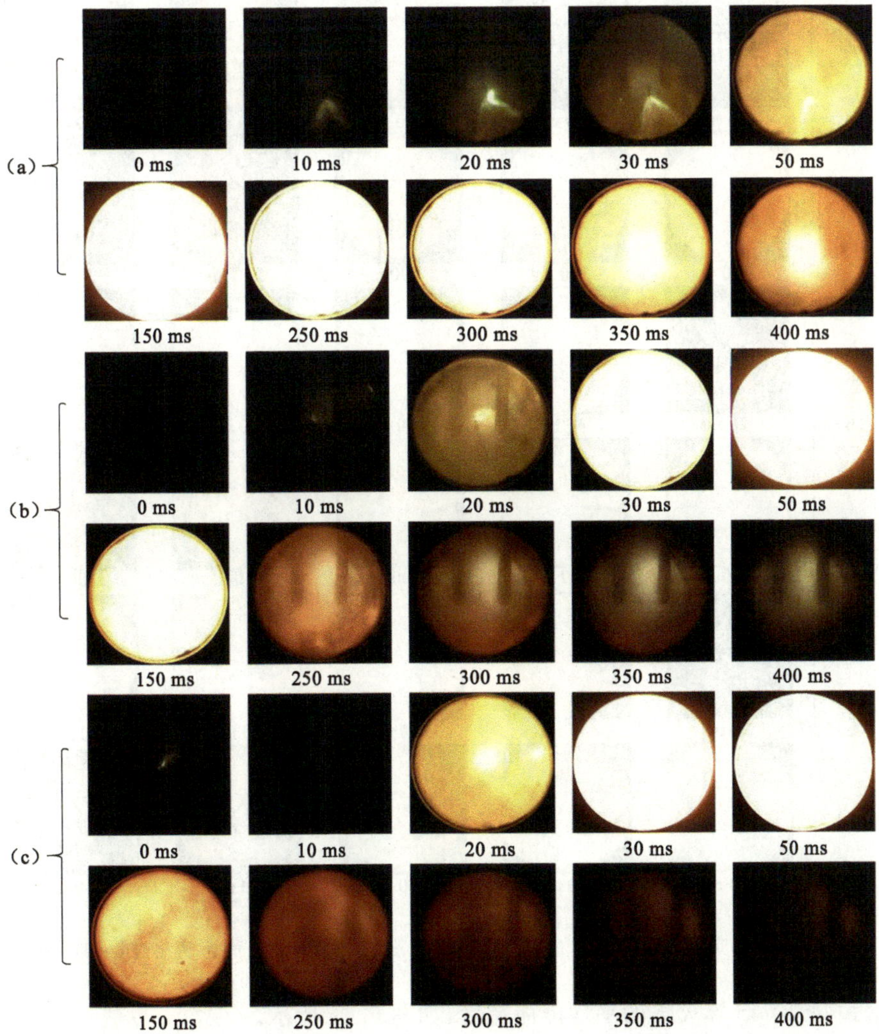

图 5.13 添加不同体积分数乙烯后聚乙烯粉与 ABC 粉爆炸火焰形态演化过程

与7%乙烯气体的混合爆炸已经形成了中心火焰并充满了大部分视窗且不断向整个视窗蔓延。3种乙烯体积分数下，火焰亮度分别在150 ms和250 ms、50 ms和150 ms、30 ms和50 ms之间达到最强。说明随着乙烯体积分数的增加，爆炸的感应时间缩短，反应加快，更多的聚乙烯粉被热解且速率变大，导致混合爆炸的抑制难度增大。

以不同粉体抑制体积分数为7%乙烯和聚乙烯粉混合爆炸为例，如图5.14所示。图5.14(a)、(b)、(c)分别为300 g/m³聚乙烯粉与70%的ABC、MCA、MPP粉预混后和添加7%乙烯气体混合爆炸的火焰演化过程。当添加ABC粉时，火焰亮度在100 ms和150 ms之间达到最强，但未观察到显著的光晕出现。添加MCA粉和MPP粉时，火焰亮度分别在40 ms和80 ms、60 ms和80 ms之间达到最强。对比3种工况下火焰图片可以看出，ABC粉对爆炸感应时间的延长最高、MPP粉次之、MCA粉最短，ABC粉对火焰抑制的效果最佳。

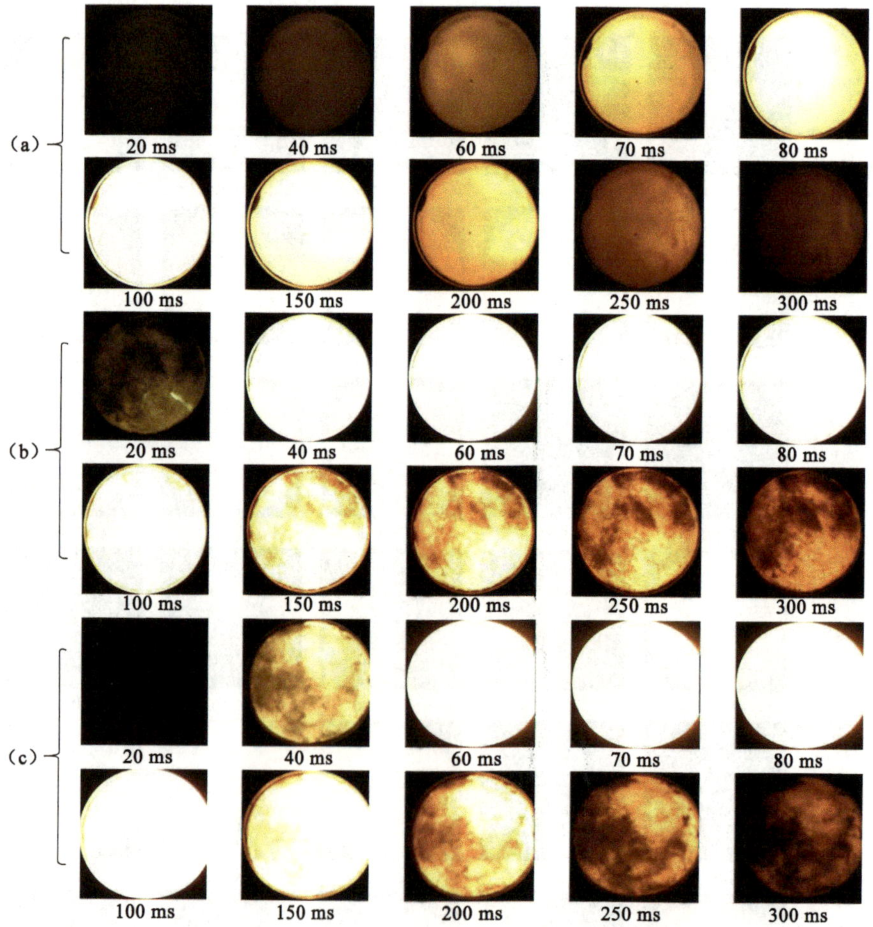

图5.14　不同抑爆剂粉对7%乙烯和聚乙烯粉混合爆炸火焰形态演化过程的影响

根据式(4.2)，计算火焰的平均传播速度，如图5.15所示。

图5.15给出了不同抑爆剂粉对7%乙烯和300 g/m³聚乙烯粉混合爆炸平均火焰速度的影响。未添加抑爆剂时，体积分数为7%的乙烯与300 g/m³聚乙烯粉混合爆炸的平均火

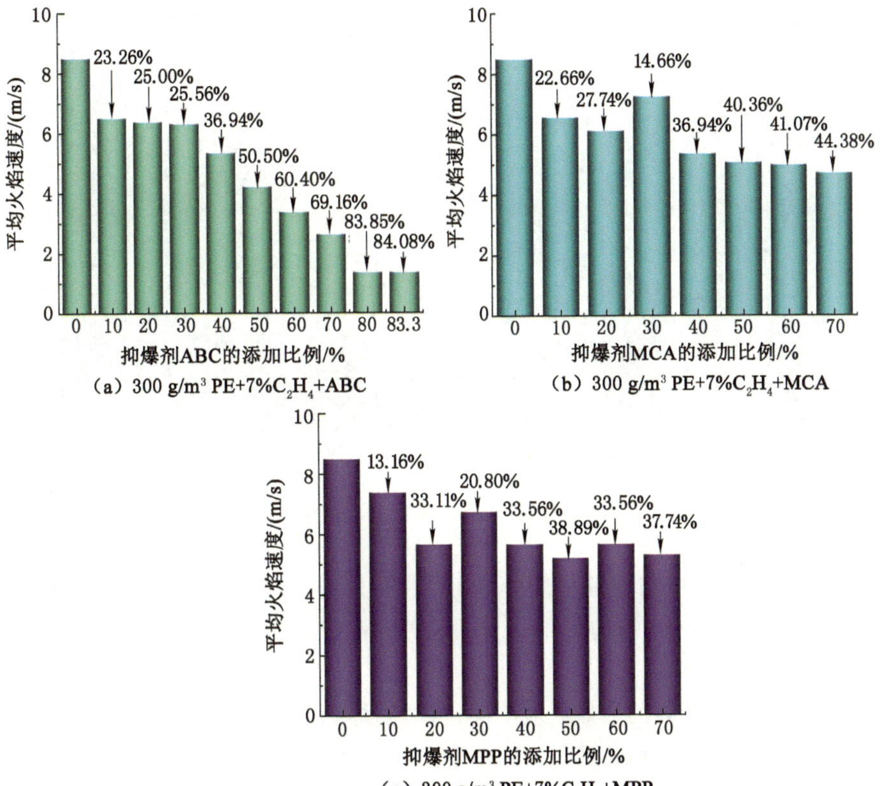

(a) 300 g/m³ PE+7%C_2H_4+ABC

(b) 300 g/m³ PE+7%C_2H_4+MCA

(c) 300 g/m³ PE+7%C_2H_4+MPP

图 5.15　不同抑爆剂粉对 7%乙烯和聚乙烯粉混合爆炸平均火焰速度的影响

焰速度约为 8.51 m/s，添加 3 种不同质量浓度的抑爆剂均会引起爆炸平均火焰速度的降低。添加 10%的 ABC、MCA、MPP 粉后，平均火焰速度分别降低了 23.26%、22.66%、13.16%；添加 70%的 ABC、MCA、MPP 粉后，平均火焰速度分别降低了 69.16%、44.38%、37.74%。

5.3　竖直管道内不同粉体抑爆剂对乙烯/聚乙烯粉爆炸火焰的影响

当竖直管道内混入乙烯气体时，系统成为可燃气固两相混合爆炸，其爆炸火焰的形成和传播与单一聚乙烯粉爆炸火焰时存在差异。由于竖管爆炸实验系统与球形爆炸实验系统不同，当混入乙烯的量过大时，反应强度过大，少量的抑爆剂作用下难以观察到反应的变化；当混入乙烯的量过小时，观察不到与未添加乙烯时聚乙烯爆炸的明显区别，结合前人研究[114][210]和多次实验探索，选取 5%乙烯气体进行分析。图 5.16 所示为 1 000 g/m³ 聚乙烯粉尘与体积分数 5%乙烯气体的混合爆炸过程。

如图 5.16 所示，点火后约 7 ms 在点火电极处观察到了微弱的亮斑，随后快速向上和管道两壁发展，21 ms 已经形成了稳定传播的火焰，但亮度较弱，在 23 ms 时火焰到达管道顶部并继续竖直传播并携带大量未燃的烟气，向上传播的同时火焰也向两侧扩展，在 32 ms 时，可以观察到传播到管道外的火焰已经形成“树冠”，随后冠状火焰继续升高变大，在

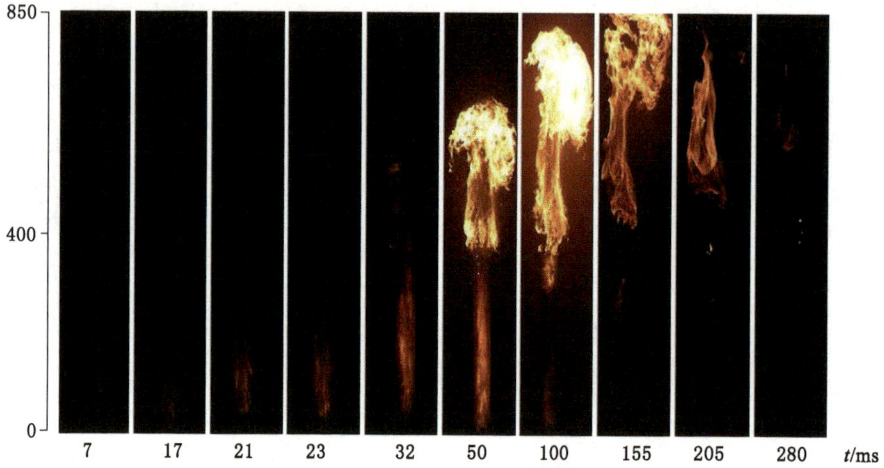

图 5.16 竖直管道中 1 000 g/m³ 聚乙烯粉与乙烯混合爆炸的火焰传播过程

50 ms 时，管外的火焰高度与管道高度等长，顶端的火焰呈亮白色，反应最剧烈。随着燃料的用尽，反应程度逐渐降低，管内外的火焰逐渐变小，管内的火焰先消失熄灭，随后管外的火焰进一步变小直至熄灭。

与单一聚乙烯在竖管内的爆炸反应不同，当聚乙烯和乙烯气固两相混合物存在于管道内时，一旦点火电极开始点火，其周围的小颗粒聚乙烯粉会先熔化蒸发，产生可燃气体，并和管内存在的乙烯混合，形成高于可燃下限的混合气体后即被点燃形成火焰。此后小颗粒的聚乙烯粉吸收热量后会率先分解为可燃气体，并不断与乙烯气体混合发生燃烧，加快了燃烧反应，并促进了较大聚乙烯粉颗粒的热解速率。因此并未观察到如图 4.22 所示的单一聚乙烯粉爆炸时火焰的分散和不连续现象，而是燃烧火焰呈现局部条带状，如图 5.17 所示，每个条带状的火焰内颜色亮度一致。这说明两者混合的燃烧更偏向于均相燃烧，乙烯的加入使得燃烧所需要的可燃预混气体能快速形成，混合爆炸的传播由气相燃烧动力学过程主导。

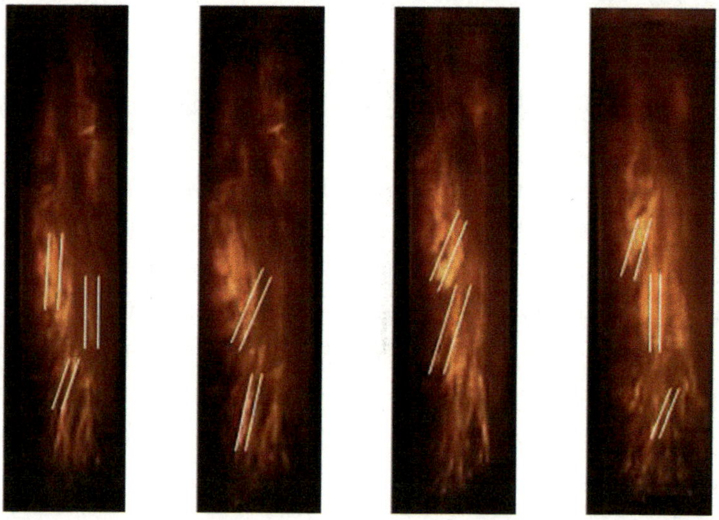

图 5.17 竖直管道中 1 000 g/m³ 聚乙烯粉与乙烯混合爆炸的“条带状”火焰

由于管道内的空气含量有限，乙烯的加入使得混合体系燃料增多，当携带未反应燃料的混合烟气与管道外的空气相遇时，充足的氧气使得燃烧的程度提高，同时未反应的聚乙烯颗粒继续分解，持续为体系提供可燃预混气体，反应加剧，形成燃烧的正反馈，冠状火焰继续变大并维持时间较长，如图 5.18 所示。

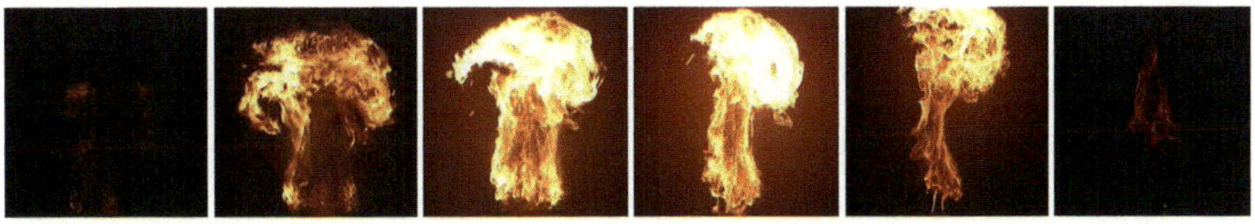

图 5.18 竖直管道中 1 000 g/m^3 聚乙烯粉与乙烯混合爆炸冠状火焰的变化

根据式(4.1)计算抑爆剂的占比，按照 10%的梯度添加抑爆剂，当聚乙烯粉和乙烯气的混合物中混入抑爆剂时，火焰的形成和传播会发生改变。实验发现，当抑爆剂粉体加入的占比为 50%时，仍然发生爆炸传播，由于过多的粉尘会在管道内喷洒不均匀，剩余较多，因此本书的实验中，抑爆剂的最高添加占比为 50%。图 5.19～图 5.21 所示为 1 000 g/m^3 聚乙烯粉和 5%乙烯气在与 3 种不同抑爆剂粉预混后的爆炸火焰传播过程。

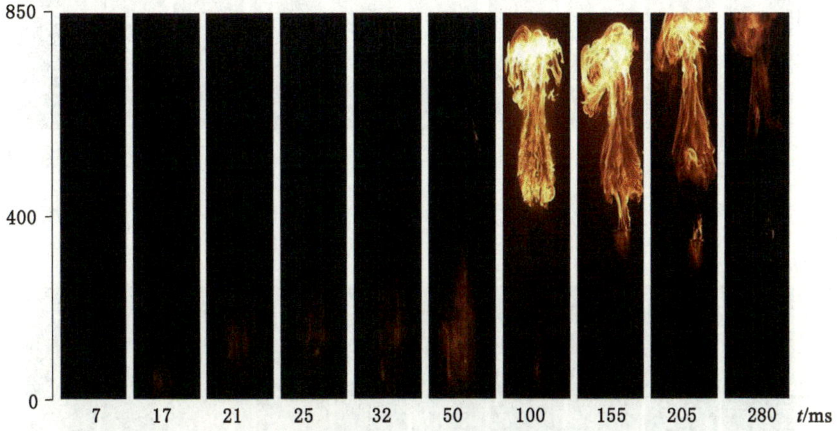

(a) PE+5%C_2H_2+10%ABC

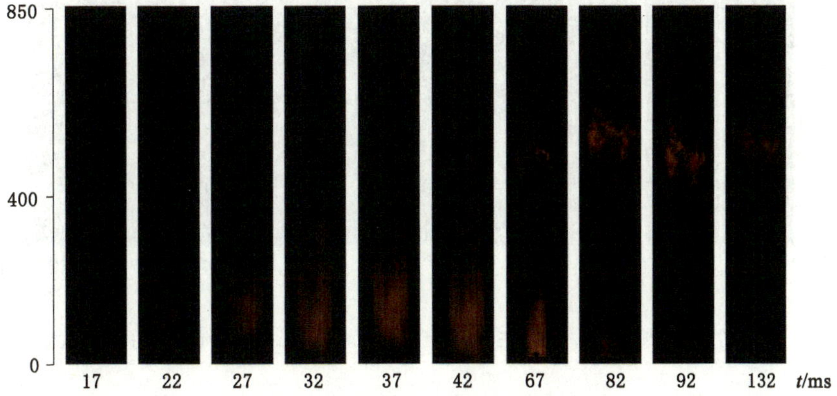

(b) PE+5%C_2H_2+50%ABC

图 5.19 竖直管道中 1 000 g/m^3 聚乙烯粉与乙烯气和不同占比 ABC 粉混合后爆炸火焰的传播

由图 5.19 可以看出，当加入抑爆剂 ABC 粉时，与未加入抑爆剂相比，火焰的初始发展阶段变慢。当点火后的第 32 ms，未加入抑爆剂时火焰已经到达管口外，形成了翻卷；加入 10%的 ABC 粉时，火焰已经在管道内稳定传播，当 ABC 粉的占比为 50%时，火焰亮度变暗且高度变低。此外，当加入 50%ABC 粉时，管道外的火焰强度明显变弱，形成的“冠状”火焰变小。

由图 5.20 和图 5.21 可以看出，加入 50%抑爆剂 MCA 粉和 MPP 粉后，也能观察到火焰亮度降低，传播变慢，但对火焰的抑制效果差于添加同质量分数的 ABC 粉，为了量化抑爆剂的抑爆效果，计算竖管中火焰传播的平均速度，如图 5.22 所示。

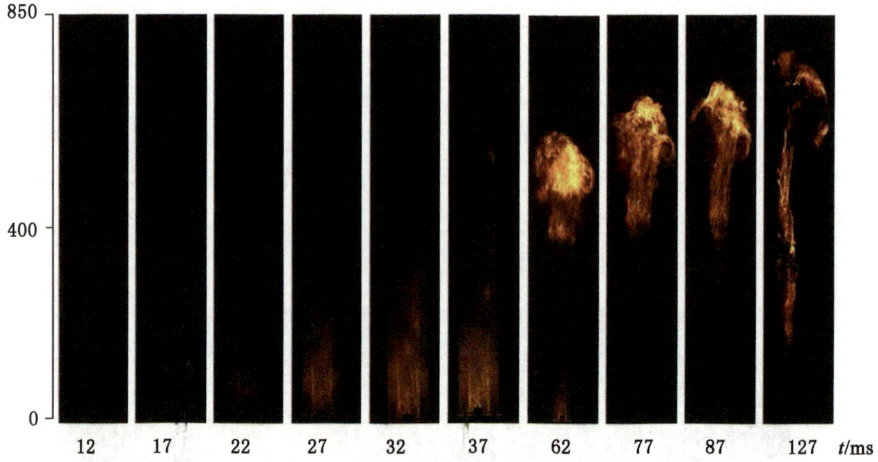

图 5.20　竖直管道中 1 000 g/m³ 聚乙烯粉与乙烯气和 50%MCA 粉混合后爆炸火焰的传播

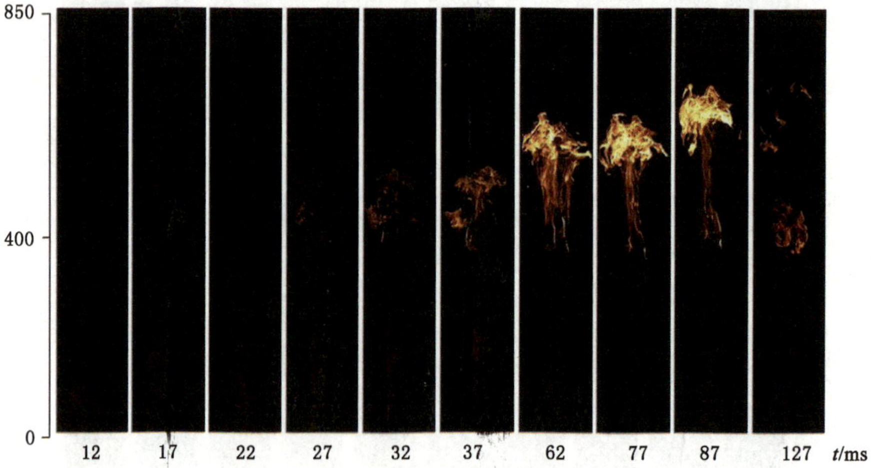

图 5.21　竖直管道中 1 000 g/m³ 聚乙烯粉与乙烯气和 50%MPP 粉混合后爆炸火焰的传播

从图 5.22 可以看出，1 000 g/m³ 聚乙烯粉与 5%乙烯在竖管中的传播速度约为 7.825 m/s。随着抑爆剂含量的增加，火焰传播的平均速度降低，说明聚乙烯粉爆炸在竖管中传播变慢。当添加抑爆剂的占比由 10%增加到 50%时，火焰传播的平均速度与未添加抑爆剂相比，

ABC 粉作用下分别降低了 22.58%和 79.19%；MCA 粉作用下分别降低了 8.74%和 70.43%；MPP 粉作用下分别降低了 12.69%和 74.63%。

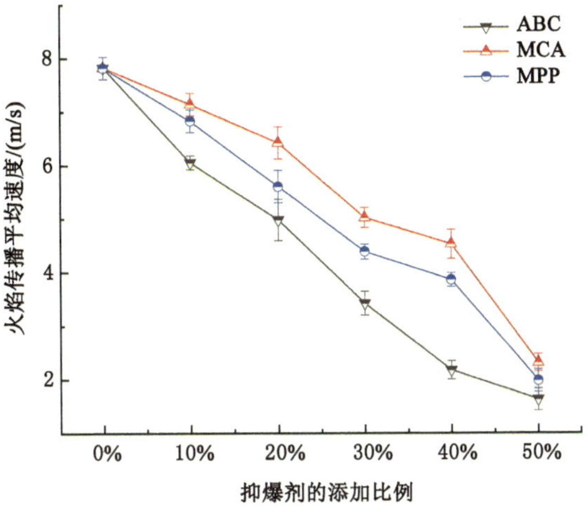

图 5.22　竖直管道中 3 种抑爆剂和 1 000 g/m³ 聚乙烯粉与乙烯气混合爆炸火焰的传播速度

5.4　本章小结

本章系统研究了所选的 3 种抑爆剂对聚乙烯粉和乙烯气两相爆炸基本特性和火焰传播特性的影响，考察了不同抑爆剂的抑爆效果，得到了每种抑爆剂对于不同体积分数乙烯和 300 g/m³ 聚乙烯粉两相爆炸的爆炸强度影响，研究了 3 种抑爆剂对聚乙烯粉爆炸火焰形态和火焰传播的影响，主要的结论如下：

(1) 随着乙烯浓度的增加，气固两相爆炸的爆炸强度先逐渐增大后减少。当乙烯的浓度为 7%时，两相爆炸的压力最大。当聚乙烯粉的质量浓度一定，乙烯的浓度为 3%和 5%时，随着添加抑爆剂的增加，爆炸压力峰值均先增加后减少；当乙烯的浓度为 7%时，随着添加抑爆剂的增加，爆炸压力峰值均不断降低。

(2) 当 ABC 粉的添加占比达到 83.3%时，可以完全抑制 300 g/m³ 聚乙烯粉与 3%乙烯气混合爆炸的发生，与 5%和 7%乙烯气混合爆炸的压力达到所开展实验工况下最低值，分别降低 19.61%、20.30%。当 MCA 粉的添加占比达到 70%时，3 种体积分数下乙烯气与 300 g/m³ 聚乙烯粉混合爆炸的压力达到所开展实验工况下最低值，分别降低 11.31%、6.36%、10.09%。当 MPP 粉的添加占比达到 70%时，3 种体积分数下乙烯气与 300 g/m³ 聚乙烯粉混合爆炸的压力达到所开展实验工况下最低值，分别降低 20.59%、5.31%、11.19%。

(3) ABC 粉对乙烯/聚乙烯粉最大爆炸压力上升速率的降低作用最为明显，当气固混合物中加入 70%的抑爆剂粉时，3 种抑爆剂对体积分数 5%和 7%乙烯气与 300 g/m³ 聚乙烯粉的最大爆炸压力上升速率，相比于未加入抑爆剂，分别降低了 18.41%和 17.76%、10.06%和 6.45%、13.61%和 13.64%。

(4) 相比于单一的聚乙烯粉爆炸，聚乙烯粉和乙烯气体混合爆炸的点火过程所需时间更短，燃烧反应速率和火焰传播速度也更快，火焰亮度更大。在 20 L 球体实验中，体积分数为 7%的乙烯与 300 g/m^3 聚乙烯粉混合爆炸的平均火焰速度约为 8.51 m/s，竖管实验中 1 000 g/m^3 聚乙烯粉与 5%乙烯在竖管中的传播速度约为 7.825 m/s，加入抑爆剂后，火焰平均速度降低。随着乙烯体积分数的增加，气固两相混合体系爆炸的感应时间缩短，反应加快，更多的聚乙烯粉被热解且速率变大，导致混合爆炸的抑制难度增大。

6　粉体抑爆剂抑制聚乙烯粉和乙烯/聚乙烯粉爆炸机理研究

前文基于 20 L 爆炸球实验和竖管爆炸实验，分析了抑爆剂对聚乙烯粉和乙烯/聚乙烯粉爆炸强度特性和火焰传播的影响规律，并从热动力学的角度分析了抑爆剂对聚乙烯粉热解的抑制作用，结合分子动力学说明了抑爆剂对聚乙烯粉热解燃烧中间产物的影响。本章从化学反应动力学出发，对不同工况下的爆炸固态产物进行 XPS 分析，并结合前文聚乙烯粉和抑爆剂的热解特性分析，明确抑爆剂的热分解作用产物以及爆炸固态产物的化学组分，进而构建抑爆剂作用下聚乙烯粉气相爆炸的化学反应动力学模型，对抑爆机理进行研究。

6.1　聚乙烯粉和乙烯/聚乙烯粉爆炸固态产物微观表征和组分

爆炸后的产物与爆炸的严重程度密切相关，利用现代物理化学分析技术对爆炸后现场的残留物进行分析也是事故调查中推断事故原因的重要手段。因此，利用扫描电镜和 X 射线光电子能谱仪(XPS)对各种工况爆炸后的残留物进行全面分析，将有助于探讨爆炸的内在机理。

6.1.1　微观特征分析

为了研究粉体抑爆剂的种类和浓度对聚乙烯粉和乙烯/聚乙烯粉爆炸产物微观形貌特征的影响，采用电镜扫描对产物进行观测，并结合产物的宏观形态进行分析。

由图 6.1 可以发现，当聚乙烯在空气中发生爆炸时，其固态产物为黑色絮状物，当有乙烯参与反应时，其固态产物为白色絮状物，黏结紧密，且随着乙烯含量的增加，成块越明显，说明反应越彻底。对应的电镜图可以发现，相比于爆炸前聚乙烯粉的表面光滑且颗粒分散，爆炸后，聚乙烯粉尘的碎屑黏附在颗粒的表面。爆炸后的产物呈现出了不同程度的结块，有明显的变形和突起，且随着乙烯浓度的增加，结块越大，产物更紧密。当乙烯的体积分数为 7%时，产物表面观察到了波纹褶皱。

图 6.2 给出了不同抑爆剂占比下聚乙烯粉爆炸产物的宏观形貌状态，从左往右抑爆剂占比依次为 10%，20%，30%，50%。可以看出，相较于未添加抑爆剂的产物，当有抑爆剂参与反应时，产物形成了更多的细小团状物。当抑爆剂 ABC 的占比为 50%时，产物的颜色和形态发生明显改变，产物结块堆积在球体的底部，颜色偏向于抑爆剂的黄色。当抑爆剂 MCA 或 MPP 的占比为 50%时，产物成为灰色，形成的产物结团更大，包含了未燃烧的聚乙烯颗粒和抑爆剂颗粒。因此，尽管当抑爆剂的浓度较小时其与聚乙烯粉预混爆炸产生的压力更大，但是从产物的形态可以看出，抑爆剂仍然与聚乙烯粉结合产生了抑制作用，说明压力升高是由抑爆剂的热解气相产物导致的或者是热解产生的 NH_3 燃烧释放出的热量导致的，并未促进聚乙烯本身的燃烧。结合电镜的图像，进一步进行抑爆作用的说明。

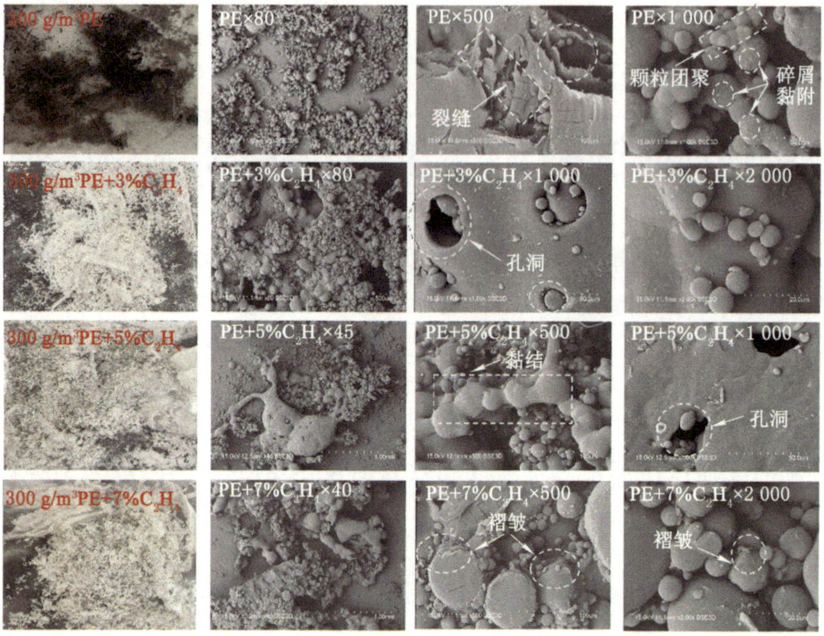

图 6.1 聚乙烯及乙烯/聚乙烯粉爆炸产物的电镜图

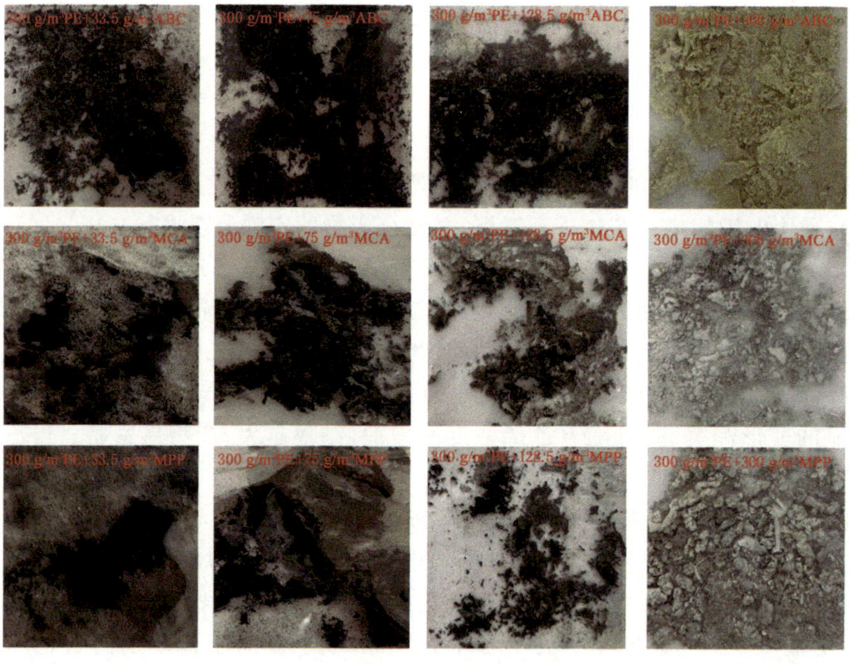

图 6.2 添加抑爆剂后聚乙烯的爆炸产物

图 6.3 给出了不同抑爆剂占比下聚乙烯粉爆炸产物的电镜扫描图，图 6.3(a)为 ABC 粉体抑制聚乙烯粉爆炸后固态产物表面微观形貌。参与爆炸后的 ABC 粉体产物呈片状结构，说明抑爆剂 ABC 粉体在爆炸过程发生了分解，结构发生变化。ABC 粉的分解产物磷酸

铵盐在熔融状态下使聚乙烯颗粒表面炭化，可以有效地阻碍聚乙烯颗粒的燃烧。图 6.3(b)和图 6.3(c)为添加抑爆剂 MCA 和 MPP 粉体后爆炸固体产物的表面微观形貌。从图中可以看到，产物颗粒中存在多孔结构和孔洞，这是由于 MCA 和 MPP 粉中含有的三聚氰胺在受热分解后会产生大量气态产物，促进了孔结构的形成。同样在产物颗粒表面形成了致密层，这些碳层能阻止热量传递和聚乙烯热解成为可燃气体，从而进一步抑制爆炸反应。

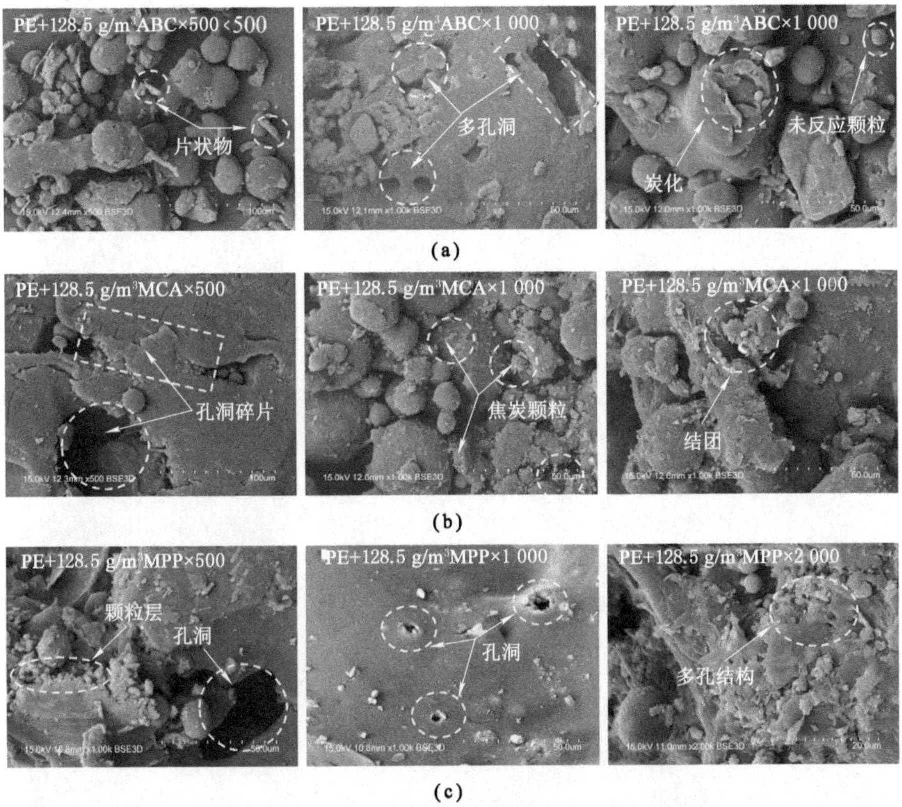

图 6.3　聚乙烯与抑爆剂预混爆炸后产物的电镜图

当向乙烯/聚乙烯粉混合物中添加抑爆剂时，产物的形态有所变化，以不同体积分数的乙烯和 300 g/m^{3}的聚乙烯加入 ABC 粉为例，如图 6.4 所示。

图 6.4 显示了容器底部粉尘爆炸后的样品。聚乙烯爆炸残留物有燃烧痕迹，随着混合物中乙烯气体的增加，产物的结合和熔化更加明显，表明燃烧更加充分。对于相同组分的混合物，ABC 粉质量的增加会导致熔化变形的爆炸产物减少，说明聚乙烯热解受到更明显的阻碍。在添加相同质量 ABC 粉的混合物中，乙烯浓度越高，燃烧反应产物的含量越多。

图 6.5 给出了不同抑爆剂占比下乙烯/聚乙烯粉爆炸产物的电镜扫描图，与未加入乙烯时抑爆剂和聚乙烯粉反应的作用类似，抑爆剂粉体在爆炸过程发生了分解，分解产物使聚乙烯颗粒表面炭化或者包裹了聚乙烯颗粒。产物颗粒中同样存在多孔结构和孔洞，并在产物颗粒表面形成了致密碳层。这些作用能抑制爆炸的进一步反应。与未加入乙烯时抑爆剂和聚乙烯粉的反应相比，乙烯的加入使得固态产物的不规则程度加剧，生成的多孔结构更复杂。

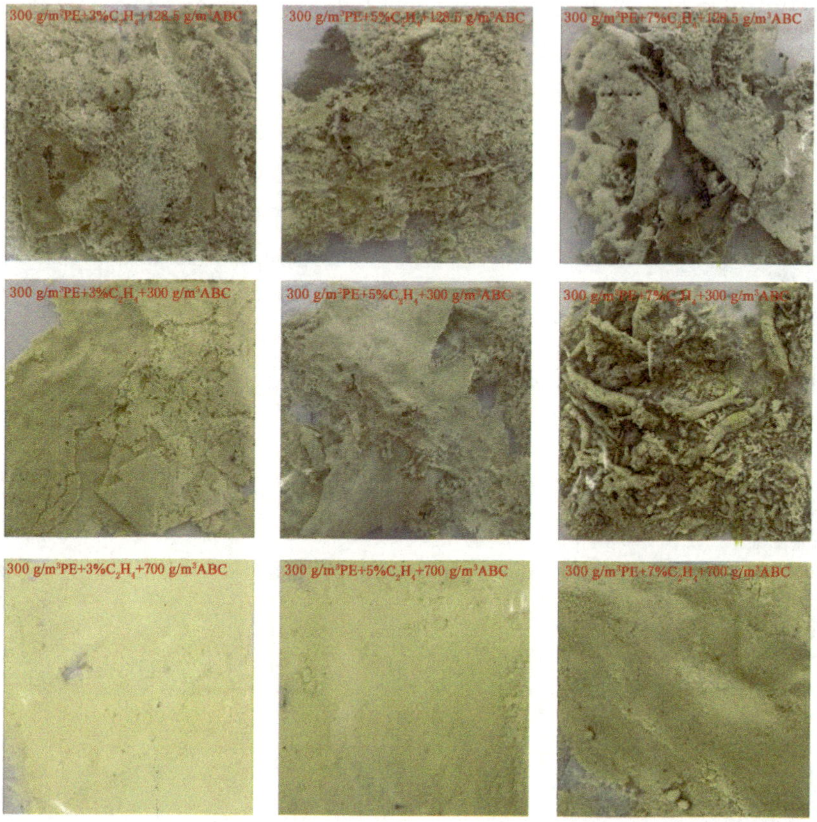

图 6.4　加入不同体积分数乙烯后聚乙烯与抑爆剂混合爆炸的固态产物

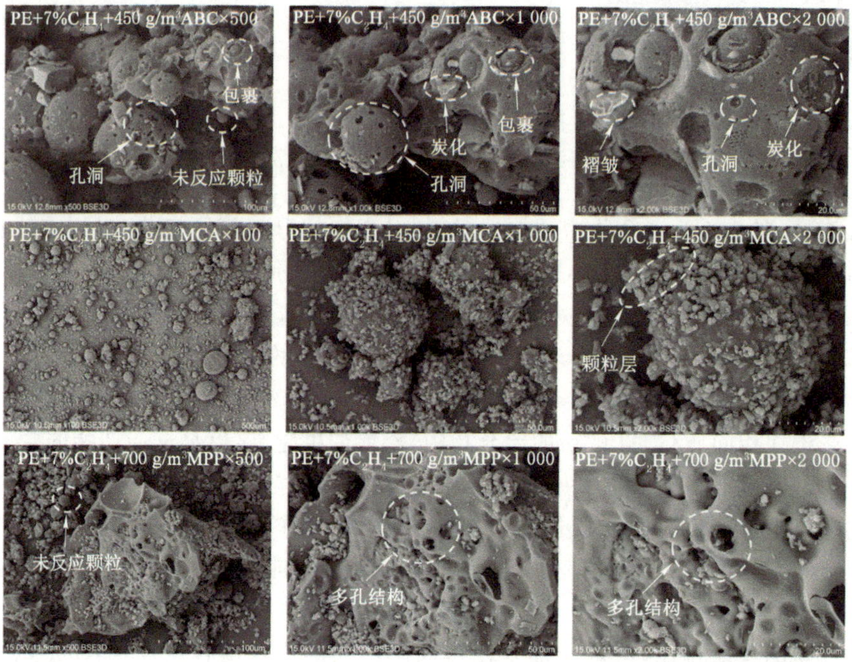

图 6.5　乙烯/聚乙烯粉与不同抑爆剂混合爆炸后固态产物的电镜图

6.1.2 化学组分分析

为了确定爆炸固态产物的化学组分，采用欧洲品牌 Thermofisher 的 K-AlphaX 射线光电子能谱仪（XPS）对收集到的产物进行测试。测试条件为全谱通能 100 eV，扫描 1 eV/step；高分辨谱通能 59 eV，扫描 0.05 eV/step。X 射线光斑 400 μm，测试过程加载中和枪。实验结果采用 XPS 数据处理软件 Avantage 5.5 和 Origin 软件进行分析处理。

图 6.6 所示为 300 g/m^3 聚乙烯爆炸固态产物的总图谱，从图中可以看到，聚乙烯粉的爆炸产物中主要含有的元素是 C 元素和 O 元素。根据表 6.1 可知，其中 C 元素的相对强度最强，其占比为 80.18%，O 元素的含量较少为 19.82%，聚乙烯粉爆燃产物中包含烷烃、烯烃以及含氧化合物[210]。

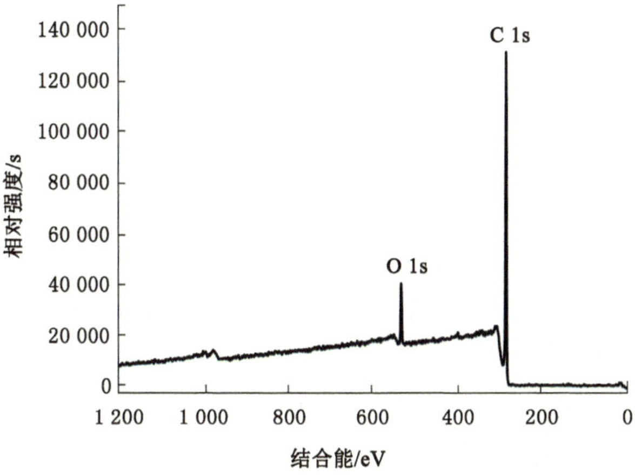

图 6.6 300 g/m^3 聚乙烯爆炸固态产物的总图谱

表 6.1 聚乙烯爆炸固态产物电子结合能和相对含量

元素或化学键	结合能峰值/eV	占比
C	284.80	80.18%
O	532.60	19.82%
C 1s		
C═C	284.09	19.24%
C—C,C—H	284.80	53.68%
C—O,C═O	286.16	27.08%
O 1s		
C═O	530.87	9.20%
C—O	532.60	90.80%

分别对碳和氧元素的图谱进行分峰拟合（图 6.7），从 C 1s 的分峰谱图可以看到，其可分成 3 个主要的特征峰，分别位于 284.09 eV、284.80 eV 和 286.16 eV，分别对应于C═C、

(C—C,C—H)和(C—O, C═O)的特征峰[211],峰面积分别为 22 996.81、64 129.58 和 32 331.39,计算占比分别为 19.24%、53.68%和 27.08%,如表 6.1 所示。其中,(C—C, C—H)的占比最大,说明在该条件下聚乙烯粉的爆炸产物以裂解产生的烷烃为主。C═C 可能来源于部分未分解的聚乙烯粉或生成的短链烯烃,C—O 可能来源于爆炸过程中 O 与聚乙烯粉的部分不完全反应产生的含氧产物。

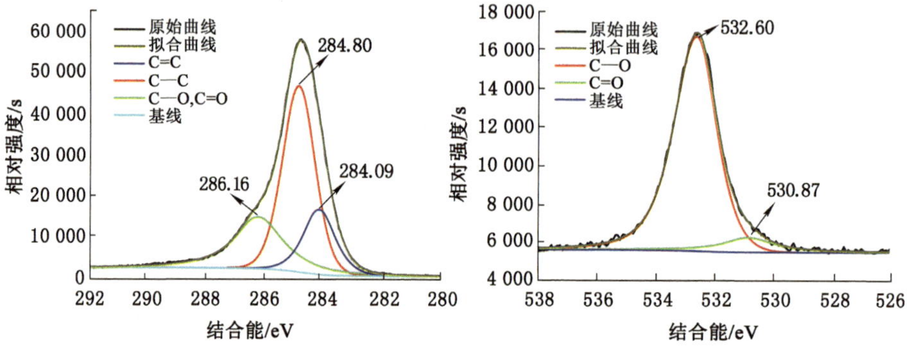

(a) C 1s

(b) O 1s

图 6.7 300 g/m³ 聚乙烯爆炸固态产物的 XPS 分析

O 1s 图谱可以分成 2 个峰,分别位于 530.87 eV 和 532.60 eV 处,对应 C═O 和 C—O 特征峰,其峰面积分别为 2 279.21 和 22 476.38,占比分别为 9.20%和 90.80%,如表 6.1 所示。说明聚乙烯粉与氧的反应固相产物中生成了较多的 C—O 键。

加入乙烯成为可燃气固两相爆炸时,固态产物也会发生变化,分别取 300 g/m³ 聚乙烯加入体积分数为 3%、5%、7%乙烯气体混合爆炸的产物进行测试并分析。

图 6.8 所示为 300 g/m³ 聚乙烯与不同体积分数乙烯混合爆炸固态产物的总图谱,从图中可以看到,乙烯聚乙烯两相混合爆炸的固态产物中主要含有的元素也是 C 元素和 O 元素。如图 6.8(c)和表 6.2 所示,当乙烯的体积分数为 7%时,爆炸产物中 C 元素的占比为 83.00%,O 元素的含量为 17.00%,O 元素的相对含量较单一聚乙烯粉爆炸产物来说略有减少,其原因可能是乙烯加入后,乙烯可以快速发生分解反应:$C_2H_4 \rightarrow C_2H_3 \rightarrow CH_2CHO \rightarrow CH_2CO \rightarrow HCCO \rightarrow CO$,$C_2H_4 \rightarrow HCO \rightarrow CO$ 和 $C_2H_4 \rightarrow C_2H_3 \rightarrow C_2H_2 \rightarrow CO$。乙烯的快速分解可以在生成 CO、$CO_2$、$H_2O$ 的同时,还会分裂出 CH_3·、OH·、CHO·和 O·等自由基。这些自由基可以促进聚乙烯的爆炸反应,使得残余物表面氧更多地参与了爆炸反应而减少[121]。如图 6.8(b)和表 6.2 所示,当加入乙烯的体积分数为 5%时,其爆炸产物 C 元素的占比为 72.72%,O 元素的含量为 27.28%。如图 6.8(a)和表 6.2 所示,当加入乙烯的体积分数为 3%时,其爆炸产物中 C 元素的占比为 74.54%,O 元素的含量为 25.46%。其中,O 元素的相对含量较未加入乙烯以及加入体积分数为 7%乙烯爆炸产物来说均有所增加,其可能原因是当乙烯含量较低时,由于乙烯与聚乙烯粉混合后都需要较高的温度引燃反应,此时乙烯与聚乙烯粉之间呈竞争氧气反应,使得混合爆炸的进行程度降低,在固体产物中仍保留了较多含氧基团,这与爆炸压力的规律相符合。

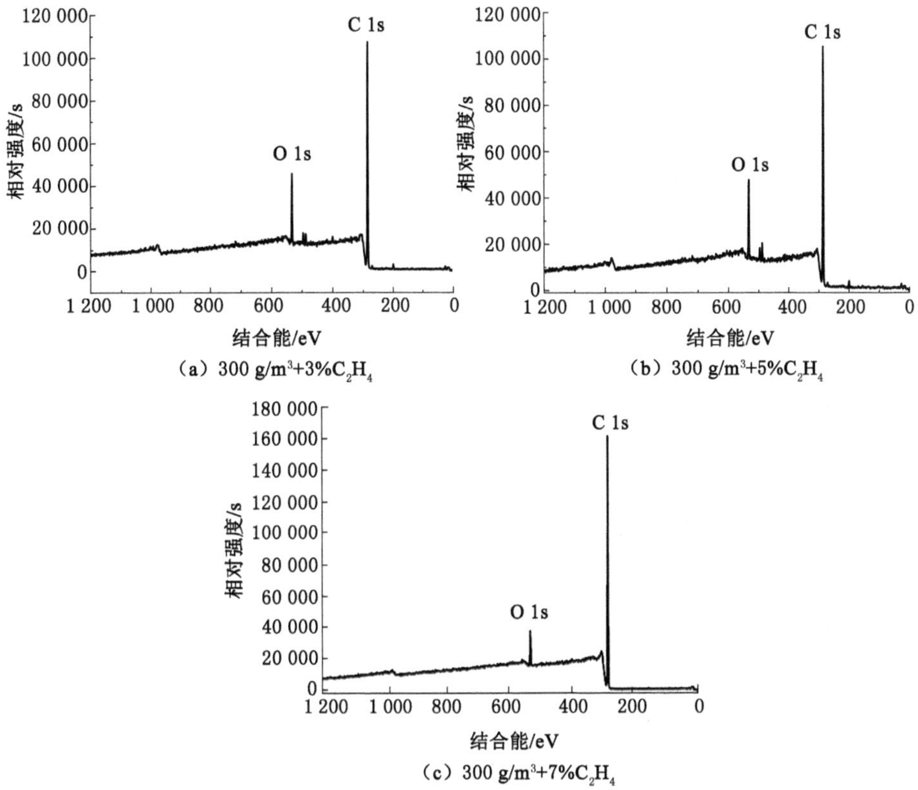

图 6.8　300 g/m^3 聚乙烯与不同体积分数乙烯混合爆炸固态产物的总图谱

表 6.2　聚乙烯与不同体积分数乙烯混合爆炸固态产物的电子结合能和相对含量

产物名称	300 g/m^3 +3%C_2H_4		300 g/m^3 +5%C_2H_4		300 g/m^3 +7%C_2H_4	
元素或化学键	结合能峰值/eV	占比	结合能峰值/eV	占比	结合能峰值/eV	占比
C	285.14	74.54%	285.32	72.72%	284.8	83.00%
O	532.91	25.46%	533.04	27.28%	532.5	17.00%
C 1s						
C=C	283.33	1.42%	283.56	0.75%	283.55	2.47%
C—C,C—H	284.8	66.32%	284.8	58.59%	284.8	73.38%
C—O,C=O	286.14	32.26%	286.12	40.66%	285.87	24.15%
O 1s						
C=O	532.26	27.85%	532.23	19.35%	530.81	6.30%
C—O	532.76	72.15%	532.76	80.65%	532.5	93.70%

分别对上述 3 种爆炸产物 C 元素和 O 元素的图谱进行分峰拟合，如图 6.9 所示。

如图 6.9(c)所示，聚乙烯与体积分数为 7%乙烯爆炸产物的 C 1s 谱图可以分成 3 个主

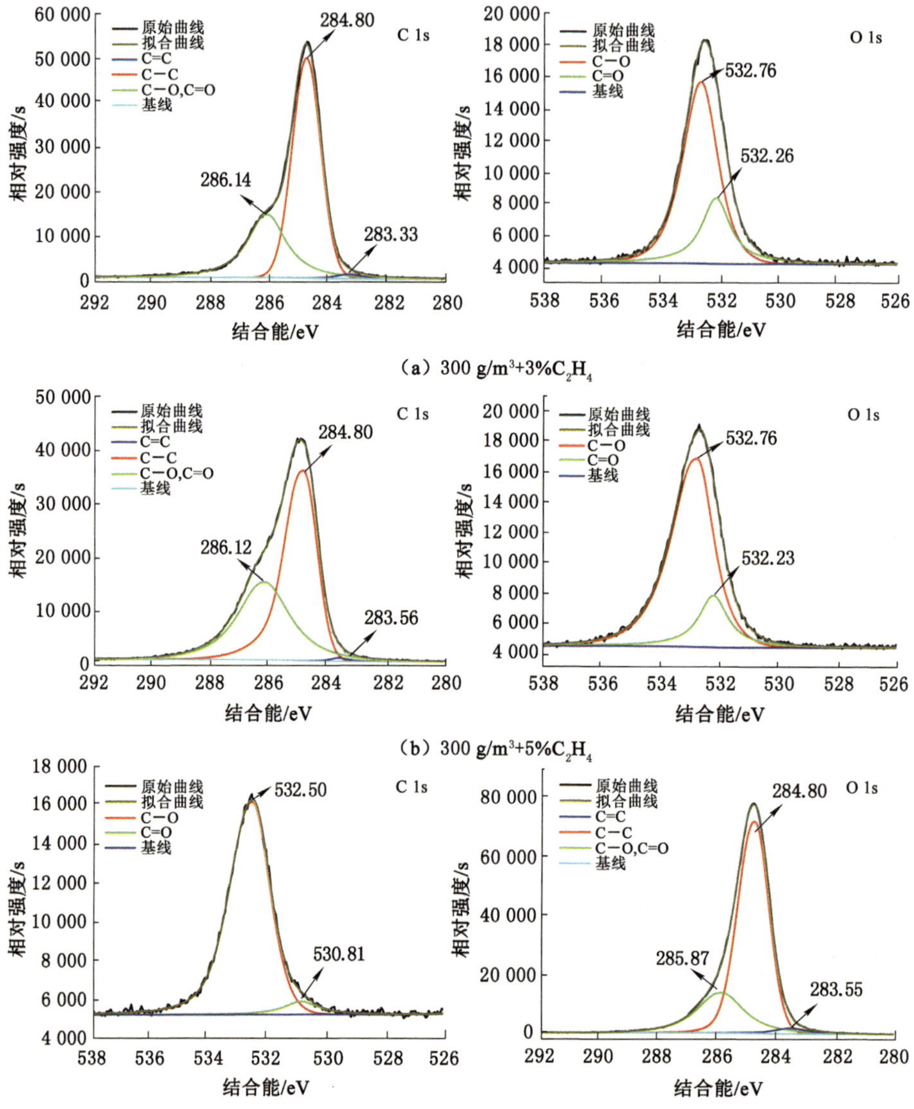

(a) 300 g/m³+3%C_2H_4

(b) 300 g/m³+5%C_2H_4

(c) 300 g/m³+7%C_2H_4

图 6.9 300 g/m³ 聚乙烯爆炸与不同体积分数乙烯混合爆炸固态产物的 XPS 分析

要的特征峰，分别位于 283.55 eV、284.80 eV 和 285.87 eV，分别对应于 C═C、(C—C，C—H)和(C—O，C═O)的特征峰，占比分别为 2.47%、73.38% 和 24.15%，其中(C—C，C—H)的占比最大，说明在该条件下聚乙烯粉的爆炸产物仍以裂解产生的烷烃为主，相比于未加入乙烯的爆炸产物来说，(C—C，C—H)的占比提高了，说明加入乙烯后促进了反应，使得更多的聚乙烯粉裂解为烷烃产品。C═C 的占比明显下降，同样说明乙烯促进了爆炸反应，促进了烯烃的分解。

聚乙烯与体积分数为 7% 乙烯爆炸产物的 O 1s 谱图可以分成 2 个峰，分别位于 530.81 eV 和 532.50 eV 处，对应 C═O 和 C—O 特征峰，其峰面积分别为 1 413.98 和 20 991.26，占比分别为 6.30%和 93.70%，说明聚乙烯粉与氧的反应固相产物中主要为 C—O 键，相比于未加入乙烯之前 C═O 键含量减少，这可能的原因是乙烯的快速分解提供的中间产物以及能量促进了聚乙烯粉与氧气的爆燃反应，促进了 C═O 键氧化为 C—O。

如图 6.9(b)所示，聚乙烯与体积分数为 5%乙烯爆炸产物的 C 1s 谱图可以分成 3 个主要的特征峰，分别位于 283.56 eV、284.80 eV 和 286.12 eV，分别对应于 C═C、(C—C，C—H)和(C—O，C═O)的特征峰，占比分别为 0.75%、58.59%和 40.66%。O 1s 谱图可以分成 2 个峰，分别位于 532.23 eV 和 532.76 eV 处，对应 C═O 和 C—O 特征峰，占比分别为 19.35%和 80.65%。如图 6.9(a)所示，聚乙烯与体积分数为 3%乙烯爆炸产物的 C 1s 谱图可以分成 3 个主要的特征峰，分别位于 283.33 eV、284.80 eV 和 286.14 eV，分别对应于 C═C、(C—C，C—H)和(C—O，C═O)的特征峰，占比分别为 1.42%、66.32%和 32.26%。O 1s 谱图可以分成 2 个峰，分别位于 532.26 eV 和 532.76 eV 处，对应 C═O 和 C—O 特征峰，占比分别为 27.85%和 72.15%。对比以上 3 种产物的 C═O 键含量可以发现，加入 3%乙烯爆炸产物中该键的含量最多，加入 5%乙烯爆炸产物中的含量次之，加入 7%乙烯爆炸产物中的含量最少，说明乙烯的加入提高了 C═O 氧化为 C—O 的程度。

为了分析抑爆剂加入前后对聚乙烯粉爆炸的影响，选取加入质量比为 30%抑爆剂的混合物爆炸后的产物进行测试。

图 6.10 所示为 300 g/m³ 聚乙烯与不同种类质量比为 30%抑爆剂混合爆炸固态产物的

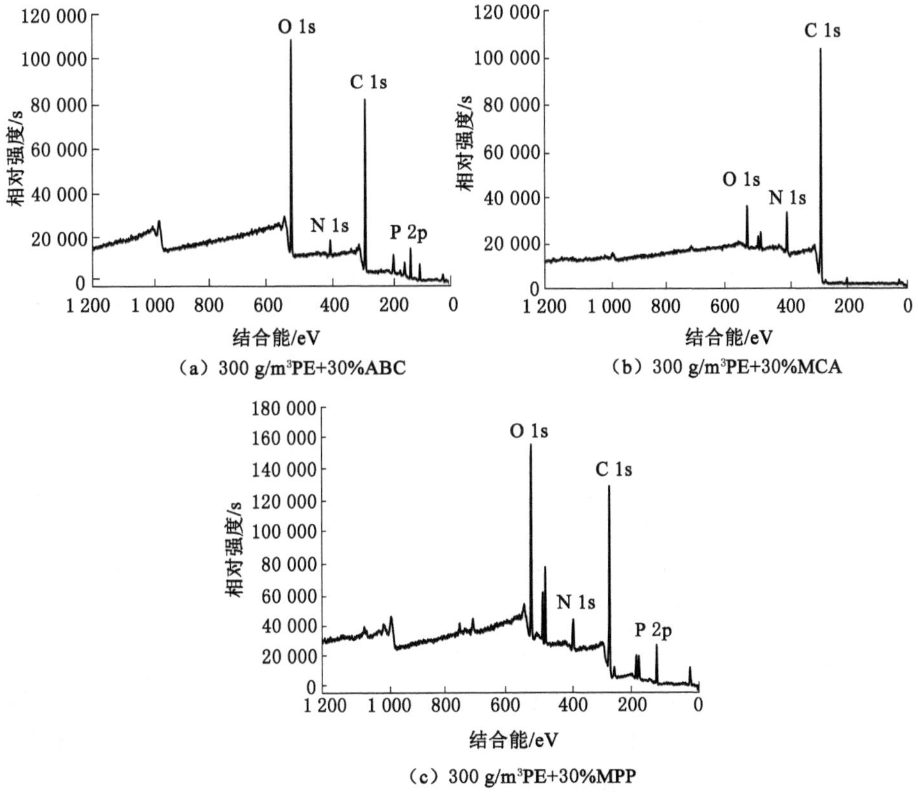

(a) 300 g/m³PE+30%ABC

(b) 300 g/m³PE+30%MCA

(c) 300 g/m³PE+30%MPP

图 6.10 300 g/m³ 聚乙烯与 30% 3 种抑爆剂混合爆炸固态产物的总图谱

总图谱。由图 6.10(a)和表 6.3 可知,聚乙烯粉加 30%ABC 粉的爆炸产物中同时检测到了 C 元素、O 元素、N 元素和 P 元素,其中 O 元素的相对强度最强,其占比为 56.50%,C 元素的含量为 33.38%,P 元素的含量为 5.53%,N 元素的含量为 4.59%,说明聚乙烯粉加入 30%ABC 的爆炸产物中氧化物占比很高,这部分氧可能来源于磷酸二氢铵的受热分解产生的 P_2O_5。

表 6.3 聚乙烯与不同抑爆剂混合爆炸固态产物的电子结合能和相对含量

元素或化学键	结合能峰值/eV	占比	元素或化学键	结合能峰值/eV	占比	元素或化学键	结合能峰值/eV	占比
300 g/m³ PE+30%ABC			300 g/m³ PE+30%MCA			300 g/m³ PE+30%MPP		
C	284.8	33.38%	C	285.04	66.83%	C	285.04	35.78%
O	532.7	56.50%	O	532.77	17.34%	O	532.36	47.27%
N	401.9	4.59%	N	399.95	15.83%	N	400.51	10.33%
P	133.8	5.53%	C 1s			P	134.01	6.62%
C 1s			C═C	283.43	3.61%	C 1s		
C═C	283.36	2.23%	C—C,C—H	284.8	67.44%	C═C	283.94	8.48%
C—C,C—H	284.80	74.05%	C—O,C═O	285.79	18.57%	C—C,C—H	284.80	69.19%
C—O,C═O	286.20	23.72%	C—NH	288.31	6.35%	C—O,C═O	286.53	14.85%
O 1s			N—C═N	289.99	4.03%	C—NH	289.02	7.48%
C═O,磷酸盐	531.34	27.54%	O 1s			O 1s		
C—O,O—H	532.73	72.46%	C═O	532.33	77.29%	C═O,磷酸盐	531.43	27.56%
N 1s			C—O,O—H	532.87	22.71%	C—O,O—H	532.65	72.44%
N═C	400.09	26.51%	N 1s			N 1s		
N—C	401.90	73.49%	N═C	399.11	46.46%	N═C	399.68	61.93%
			N—C	400.41	53.54%	N—C	401.85	38.07%

由图 6.10(b)和表 6.3 可知,聚乙烯粉加 30%MCA 粉的爆炸产物中同时检测到了 C 元素、O 元素和 N 元素,其中 C 元素的相对强度最强,其占比为 66.83%,O 元素的含量为 17.34%,N 元素的含量为 15.83%。N 元素主要来源于 MCA 的分解。相比于单一聚乙烯粉爆炸产物来说,其 C 元素与 O 元素的占比有所降低,说明聚乙烯粉加入 30%MCA 后爆炸产物中含氧官能团可能增多,可能来自 MCA 分解产生了三聚氰酸等物质[167]。

由图 6.10(c)和表 6.3 可知,聚乙烯粉加 30%MPP 粉的爆炸产物中同时检测到了 C 元素、O 元素、N 元素和 P 元素,其中 O 元素的相对强度最强,其占比为 47.27%,C 元素的含量为 35.78%,P 元素的含量为 6.62%,N 元素的含量为 10.33%。N 元素和 P 元素主要来源于 MPP 的分解。相比于单一聚乙烯粉爆炸产物来说,其 C 元素含量明显降低,而 O 元素含量明显升高,说明聚乙烯粉加入 30%MPP 后爆炸产物中氧化物占比很高,这部分氧可能来源于 MPP 的受热分解产生的磷氧化物(PO_2、PO_3、HPO_2、P_2O_5等)[170,174]。

分别对聚乙烯和 ABC 混合爆炸产物的 C 元素、O 元素、N 元素和 P 元素的图谱进行分峰拟合,如图 6.11 和表 6.3 所示,从 C 1s 的分峰谱图可以看到,其可以分成 3 个主要的特征峰,分别位于 283.36 eV、284.80 eV 和 286.20 eV,分别对应于 C═C、(C—C,C—H)和(C—O,C═O)的特征峰,占比分别为 2.23%、74.05%和 23.72%,其中(C—C,C—H)的占比最大,说明加入 30%ABC 粉后,聚乙烯粉的爆炸产物仍以裂解产生的烷烃为主。与单一聚乙烯粉爆炸产物相比,C═C 含量很低,说明在 ABC 加入后产物中烯烃的生成相对困难,含量较少,C—O 可能来源于爆炸过程中 O 与聚乙烯粉的部分不完全反应产生的含氧产物。

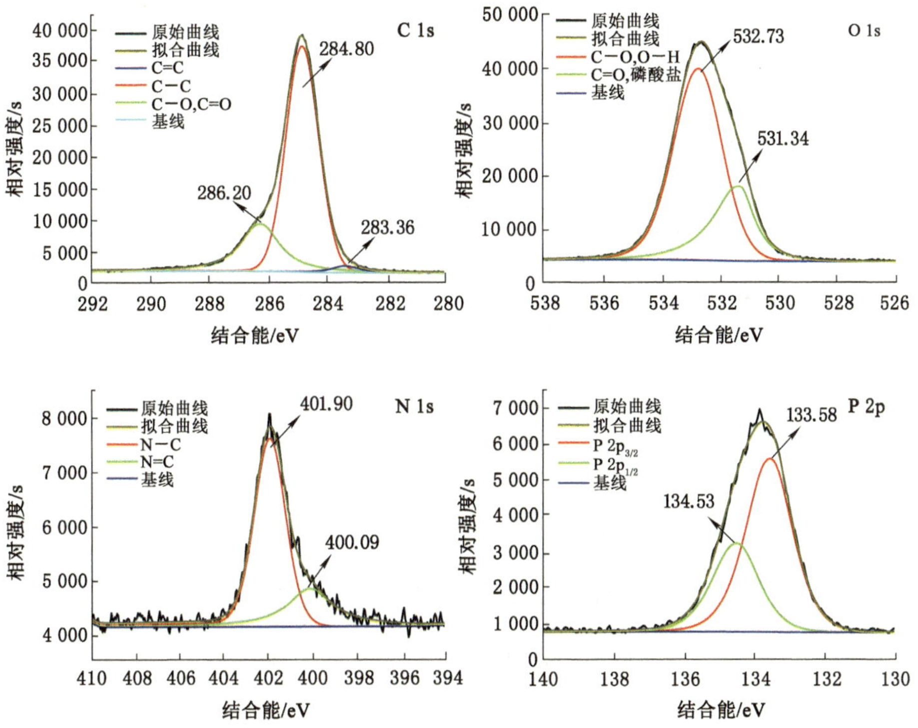

图 6.11 300 g/m³ 聚乙烯与 30%ABC 混合爆炸固态产物的 XPS 分析

根据 O 1s 图谱的分峰结果可以看出,2 个峰分别位于 531.34 eV 和 532.73 eV 处,对应(C═O,磷酸盐)和(C—O,O—H)特征峰,其峰面积分别为 28 682.23 和 75 372.92,占比分别为 27.54%和 72.46%,其中位于 531.34 eV 处的特征峰相对于单一聚乙烯粉爆炸产物占比有所提高,是因为该产物中包含磷酸盐。

对于 N 1s 的分峰谱图,可以分出 2 个特征峰,分别位于 400.09 eV 和 401.90 eV 处,对应于 N═C 和 N—C 键,说明磷酸二氢铵与聚乙烯粉反应时部分的氮元素未以 NH_3 或氮氧化物逸出,而是与产物中部分碳发生了反应。

对于 P 2p 的分峰图,图中位于 133.58 eV 和 134.53 eV 处的特征峰分别对应于 P $2p_{3/2}$ 和 P $2p_{1/2}$,说明磷酸二氢铵在爆炸过程中发生分解产生了 P_2O_5。

分别对聚乙烯和 MCA 混合爆炸产物的 C 元素、O 元素和 N 元素的图谱进行分峰拟合,如图 6.12 和表 6.3 所示,从 C 1s 的分峰谱图可以看到,其可以分成 5 个主要的特征峰,分别位于 283.43 eV、284.80 eV、285.79 eV、288.31 eV 和 289.99 eV,分别对应于 C═C、(C—C,C—H)、(C—O, C═O)、C—NH 和 N—C═N 的特征峰,占比分别为 3.61%、67.44%、18.57%、6.35%和 4.03%,其中(C—C,C—H)的占比最大,说明在加入 30%

MCA 的条件下，聚乙烯粉的爆炸产物仍以裂解产生的烷烃为主。与单一聚乙烯粉爆炸产物相比，C═C 含量降低，说明在 MCA 加入后产物中生成的烯烃相对减少；(C—C，C—H)占比升高而(C—O，C═O)相对含量降低，说明加入 MCA 后生成的长链烷烃增多，且在炭表面含氧官能团在减少；新增的 C—NH 和 N—C═N 为 MCA 参与反应后生成了三聚氰酸和异氰酸等。

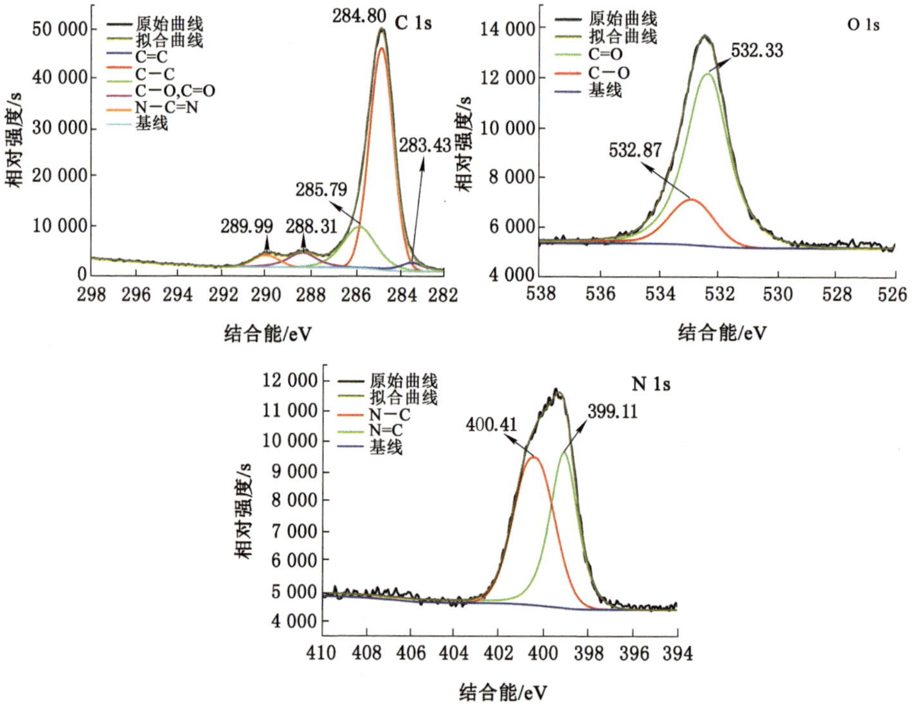

图 6.12　300 g/m³ 聚乙烯与 30%MCA 混合爆炸固态产物的 XPS 分析

O 1s 图谱的分峰结果，可以分成 2 个峰，分别位于 532.33 eV 和 532.87 eV 处，对应 C═O 和(C—O，O—H)特征峰，其占比分别为 77.29%和 22.71%，其中 C═O 的特征峰相对于单一聚乙烯粉爆炸产物占比明显提高，是因为产物中可能包含 MCA 参与反应后生成了三聚氰酸和异氰酸等。

N 1s 的分峰谱图，可以分出 2 个特征峰，分别位于 399.11 eV 和 400.41 eV 处，对应于 N═C 和 N—C 键，为 MCA 参与反应后生成了三聚氰酸和异氰酸等。

分别对聚乙烯和 MPP 混合爆炸产物的 C 元素、O 元素和 N 元素的图谱进行分峰拟合，如图 6.13 和表 6.3 所示，从 C 1s 的分峰谱图可以看到，其可以分成 4 个主要的特征峰，分别位于 283.94 eV、284.80 eV、286.53 eV 和 289.02 eV，分别对应于 C═C、(C—C，C—H)、(C—O，C═O)和 C—NH 的特征峰，占比分别为 8.48%、69.19%、14.85%和 7.48%，其中(C—C，C—H)的占比最大，说明在加入 30%MPP 的条件下，聚乙烯粉的爆炸产物仍以裂解产生的烷烃为主。与单一聚乙烯粉爆炸产物相比，C═C 含量降低，说明在 MPP 加入后产物中烯烃的生成相对困难，含量较少；(C—O，C═O)的含量也降低明显，说明在加入 MPP 后生成的炭表面含氧官能团在减少；新增的 C—NH 为 MPP 参与反应后生成了高沸点固相产物，如三聚氰胺等。

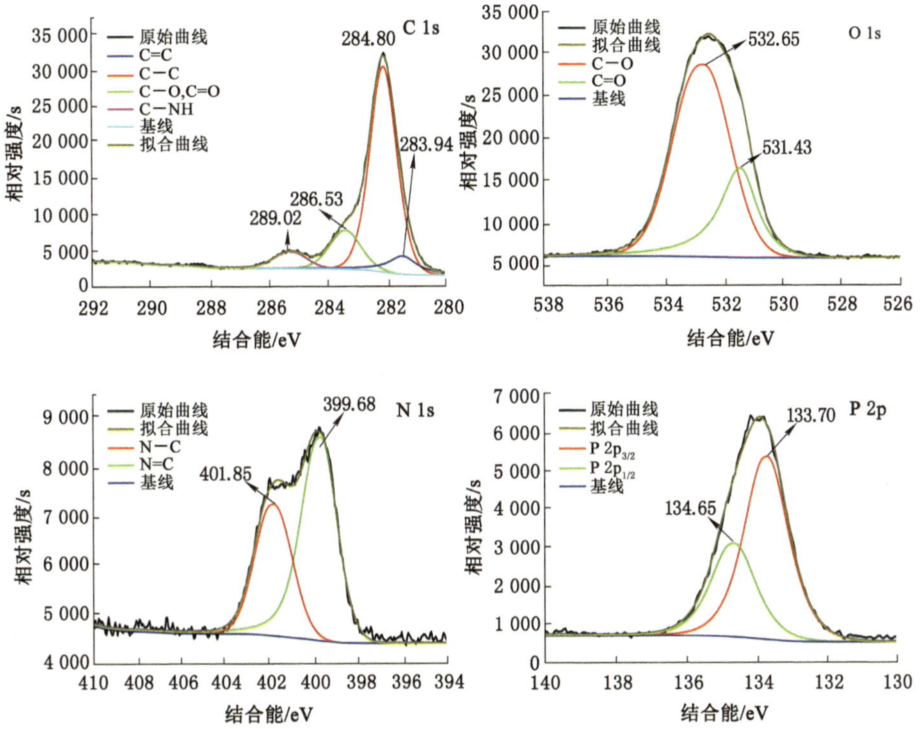

图 6.13　300 g/m³ 聚乙烯与 30%MPP 混合爆炸固态产物的 XPS 分析

O 1s 图谱的分峰结果，可以分成 2 个峰，分别位于 531.43 eV 和 532.65 eV 处，对应（C═O，磷酸盐）和（C—O，O—H）特征峰，其占比分别为 27.56% 和 72.44%，其中位于 531.43 eV 处的特征峰相对于单一聚乙烯粉爆炸产物占比有所提高，是因为产品中包含磷氧化物（PO_2、PO_3、HPO_2、P_2O_5等）。

N 1s 的分峰谱图，可以分出 2 个特征峰，分别位于 399.68 eV 和 401.85 eV 处，对应于 N═C 和 N—C 键，说明 MPP 与聚乙烯粉反应时部分 MPP 未分解或生成了三聚氰胺或其分解产物。

P 2p 的分峰图，可以分出 2 个特征峰，图中位于 133.70 eV 和 134.65 eV 处的特征峰分别对应于 P $2p_{3/2}$ 和 P $2p_{1/2}$，说明 MPP 在爆炸过程中发生分解产生了磷氧化物（PO_2、PO_3、HPO_2、P_2O_5等），主要为 P_2O_5。

为了分析乙烯气体加入后，聚乙烯粉和抑爆剂混合爆炸的影响，选取加入质量比为 30%抑爆剂和体积分数 7%乙烯的混合物爆炸后的产物进行测试。

图 6.14 所示为加入体积分数为 7%的乙烯气体后，300 g/m³ 聚乙烯与不同种类质量比为 30%抑爆剂混合爆炸固态产物的总图谱。由图 6.14(a)和表 6.4 可知，加入 7%乙烯后 300 g/m³ 聚乙烯与 30%ABC 粉混合爆炸固态产物检测到了 C 元素、O 元素、N 元素和 P 元素，其中 O 元素的相对强度最强，其占比为 48.90%，C 元素的含量为 41.59%，P 元素的含量为 3.88%，N 元素的含量为 4.67%，其中相比于未加入乙烯时，碳的相对含量升高而氧的

相对含量降低，说明加入乙烯后会促进爆炸使得氧被更多的消耗。

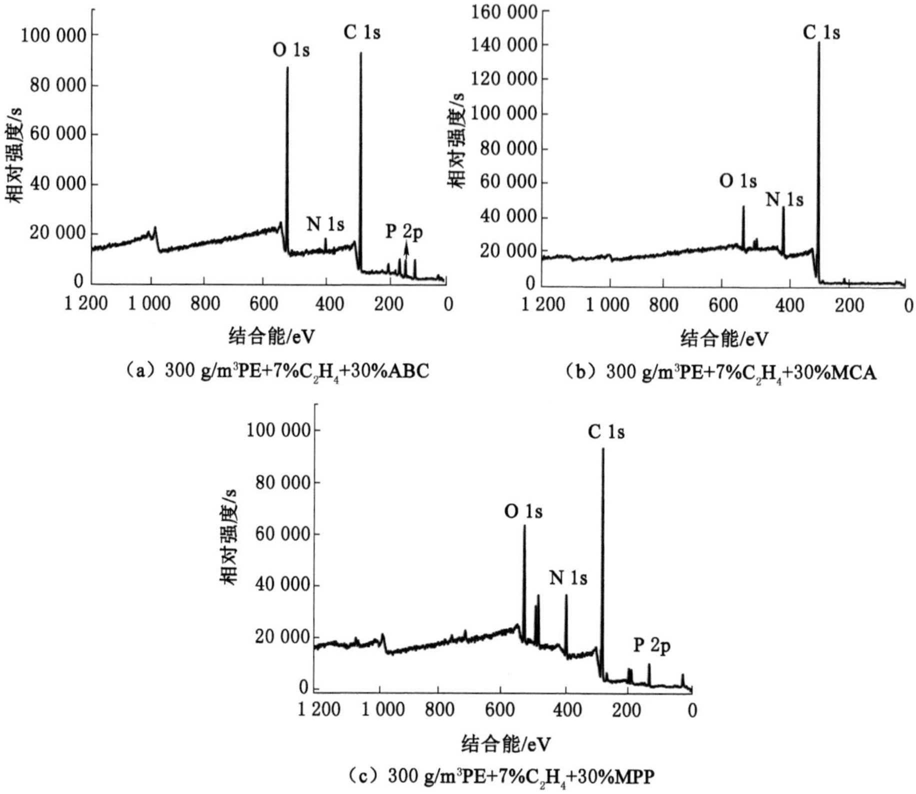

图 6.14 加入 7%乙烯后 300 g/m³ 聚乙烯与 30%3 种抑爆剂混合爆炸固态产物的总图谱

表 6.4 聚乙烯和 7%乙烯与不同抑爆剂混合爆炸固态产物的电子结合能和相对含量

元素或化学键	结合能峰值/eV	占比	元素或化学键	结合能峰值/eV	占比	元素或化学键	结合能峰值/eV	占比
300 g/cm³ PE+7%C_2H_4+30%ABC			300 g/cm³ PE+7%C_2H_4+30%MCA			300 g/cm³ PE+7%C_2H_4+30%MPP		
C	284.8	41.59%	C	285.03	64.92%	C	285.05	44.48%
O	532.7	48.90%	O	532.32	15.28%	O	532.22	34.34%
N	402.08	4.67%	N	399.87	19.80%	N	399.95	4.79%
P	133.86	3.88%	C 1s			P	133.93	16.39%
C 1s			C=C	283.52	4.03%	C 1s		
C=C	283.48	2.84%	C—C,C—H	284.80	70.64%	C=C	283.54	4.38%
C—C,C—H	284.80	74.18%	C—O,C=O	285.77	14.28%	C—C,C—H	284.80	70.10%
C—O,C=O	286.01	22.97%	C—NH	288.22	6.03%	C—O,C=O	286.11	13.98%
O 1s			N—C=N	289.82	5.03%	C—NH	288.68	11.54%
C=O,磷酸盐	531.94	32.52%	O 1s			O 1s		
C—O,O—H	532.71	67.48%	C=O	532.25	77.72%	C=O,磷酸盐	531.23	35.37%

表 6.4(续)

元素或化学键	结合能峰值/eV	占比	元素或化学键	结合能峰值/eV	占比	元素或化学键	结合能峰值/eV	占比
300 g/cm³ PE+7%C_2H_4+30%ABC			300 g/cm³ PE+7%C_2H_4+30%MCA			300 g/cm³ PE+7%C_2H_4+30%MPP		
N 1s			C—O,O—H	532.97	22.28%	C—O,O—H	532.56	64.63%
N═C	401.44	50.69%	N 1s			N 1s		
N—C	402.08	49.31%	N═C	399.19	64.15%	N═C	399.26	65.17%
			N—C	400.63	35.85%	N—C	400.68	34.83%

由图 6.14(b)和表 6.4 可知，加入 7%乙烯后 300 g/m³ 聚乙烯与 30%MCA 粉混合爆炸固态产物中检测到了 C 元素、O 元素和 N 元素，其中 C 元素的相对强度最强，其占比为 64.92%，O 元素的含量为 15.28%，N 元素的含量为 19.80%。N 元素主要来源于 MCA 的分解。相比于未加入乙烯的聚乙烯和 MCA 粉爆炸产物，其 O 元素的占比有所降低，说明加入乙烯后，爆燃反应消耗的氧增加，即可能促进了聚乙烯粉的爆燃反应。N 元素的含量有所提高，说明加入乙烯后 MCA 的彻底分解有一定的抑制，产生的含氮类固相物质增多。

由图 6.14(c)和表 6.4 可知，加入 7%乙烯后 300 g/m³ 聚乙烯与 30%MPP 粉混合爆炸固态产物中，检测到了 C 元素、O 元素、N 元素和 P 元素，其中 C 元素的相对强度最强，其占比为 44.48%，O 元素的含量为 34.34%，P 元素的含量为 4.79%，N 元素的含量为 16.39%。相比于未加入乙烯的聚乙烯和 MPP 粉爆炸产物，碳的相对含量升高而氧的相对含量降低，说明加入乙烯后会促进爆炸使得氧被更多的消耗。同时，N 元素的含量明显升高，说明 MPP 分解产生可挥发性组分程度降低，说明乙烯的加入部分抑制了 MPP 进一步分解为 NH_3 气体等，更多生成了三聚氰胺等高沸点固相物质。

分别对 300 g/m³ 聚乙烯与 7%乙烯和 30%ABC 混合爆炸固态产物的 C 元素、O 元素、N 元素和 P 元素的图谱进行分峰拟合，如图 6.15 和表 6.4 所示。从 C 1s 的分峰谱图可以看到，其可以分成 3 个主要的特征峰，分别位于 283.48 eV、284.80 eV 和 286.01 eV，分别对应于C═C、(C—C,C—H)和(C—O, C═O)的特征峰，占比分别为 2.84%、74.18%和 22.97%，相比于未加入乙烯的聚乙烯和 ABC 粉爆炸，(C—O, C═O)的占比略有减小，说明乙烯的加入同样会促使爆燃产物中氧被消耗。O 1s 图谱的分峰结果，可以分成 2 个峰，分别位于 531.94 eV 和 532.71 eV 处，对应(C═O，磷酸盐)和(C—O,O—H)特征峰，占比分别为 32.52%和 67.48%，其中 C═O 和磷酸盐的占比比未加入乙烯的时候有所提高，说明乙烯的加入促进了部分 C—O 键转化为C═O。N 1s 的分峰谱图，可以分出 2 个特征峰，分别位于 401.44 eV 和 402.08 eV 处，对应于N═C 和 N—C 键，说明加入乙烯后仍有部分氮元素未以 NH_3 或氮氧化物逸出，而是与产物中部分碳发生了反应。P 2p 的分峰图，图中位于 133.84 eV 和 134.79 eV 处的特征峰分别对应于 P $2p_{3/2}$ 和 P $2p_{1/2}$，说明磷酸二氢铵在爆炸过程中发生分解产生了 P_2O_5。

分别对 300 g/m³ 聚乙烯与 7%乙烯和 30%MCA 混合爆炸固态产物的 C 元素、O 元素和 N 元素的图谱进行分峰拟合，如图 6.16 和表 6.4 所示。从 C 1s 的分峰谱图可以看到，其可以分成 5 个主要的特征峰，分别位于 283.52 eV、284.80 eV、285.77 eV、288.22 eV 和

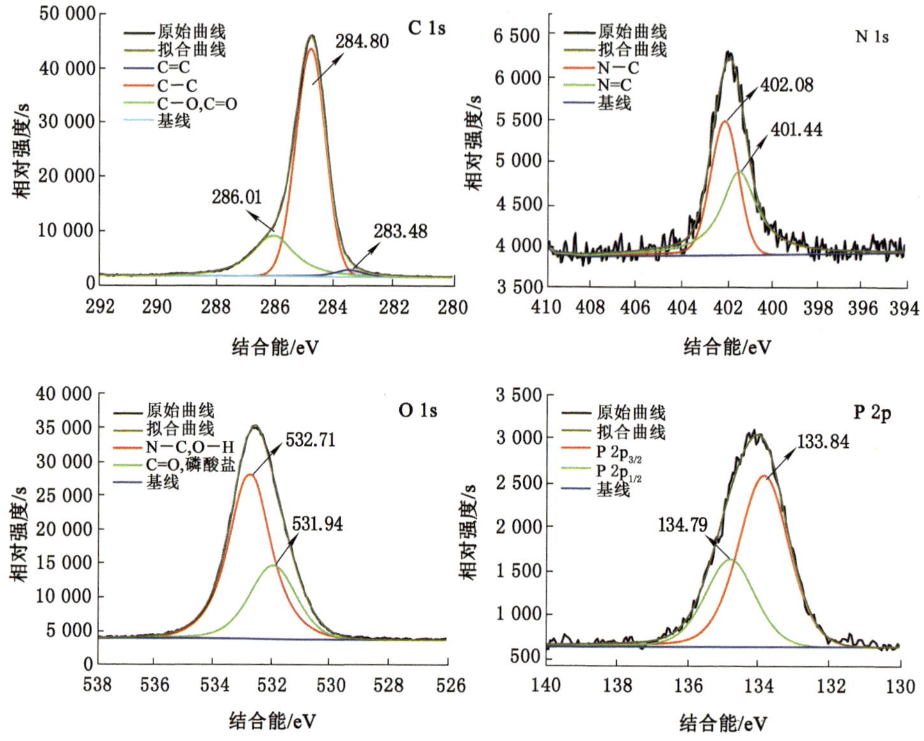

图 6.15　300 g/m^3 聚乙烯与 7%乙烯和 30%ABC 混合爆炸固态产物的 XPS 分析

289.82 eV，分别对应于 C═C、(C—C，C—H)、(C—O，C═O)、C—NH 和 N—C═N 的特征峰，占比分别为 4.03%、70.64%、14.28%、6.03%和 5.03%。相比于未加入乙烯，(C—O，C═O)的占比略有减小，说明乙烯的加入同样会促使爆燃产物中氧被消耗。N—C═N 占比略有增加，说明 MCA 参与反应生成的三聚氰酸等产物略有增多。O 1s 图谱的分峰结果，可以分成 2 个峰，分别位于 532.25 eV 和 532.97 eV 处，对应 C═O 和(C—O，O—H)特征峰，其占比分别为 77.72%和 22.28%，相对于未加入乙烯，其中占比变化很小，说明加入乙烯后促进了氧的消耗，但未明显改变表面含氧官能团的相对占比。N 1s 的分峰谱图，可以分出 2 个特征峰，分别位于 399.19 eV 和 400.63 eV 处，对应于 N═C 和 N—C 键，其占比分别为 64.15%和 35.85%，N═C 占比增加而 N—C 的占比减少，说明加入乙烯后促进了 MCA 进一步分解为含 N—C 多的组分。

分别对 300 g/m^3 聚乙烯与 7%乙烯和 30%MCA 混合爆炸固态产物的 C 元素、O 元素、N 元素和 P 元素图谱进行分峰拟合，如图 6.17 和表 6.4 所示。从 C 1s 的分峰谱图可以看到，其可以分成 4 个主要的特征峰，分别位于 283.54 eV、284.80 eV、286.11 eV 和 288.68 eV，分别对应于 C═C、(C—C，C—H)、(C—O，C═O)和 C—NH 的特征峰，占比分别为 4.38%、70.10%、13.98%和 11.54%。相比于未加入乙烯，(C—O，C═O)的占比略有减小，说明乙烯的加入同样会促使爆燃产物中氧被消耗。C—NH 特征峰的占比增大，说明更多三聚氰胺等含氮物质生成。O 1s 图谱的分峰结果，可以分成 2 个峰，分别位于 531.23 eV 和 532.56 eV 处，对应(C═O ，磷酸盐)和(C—O，O—H)特征峰，占比分别为 35.37%和

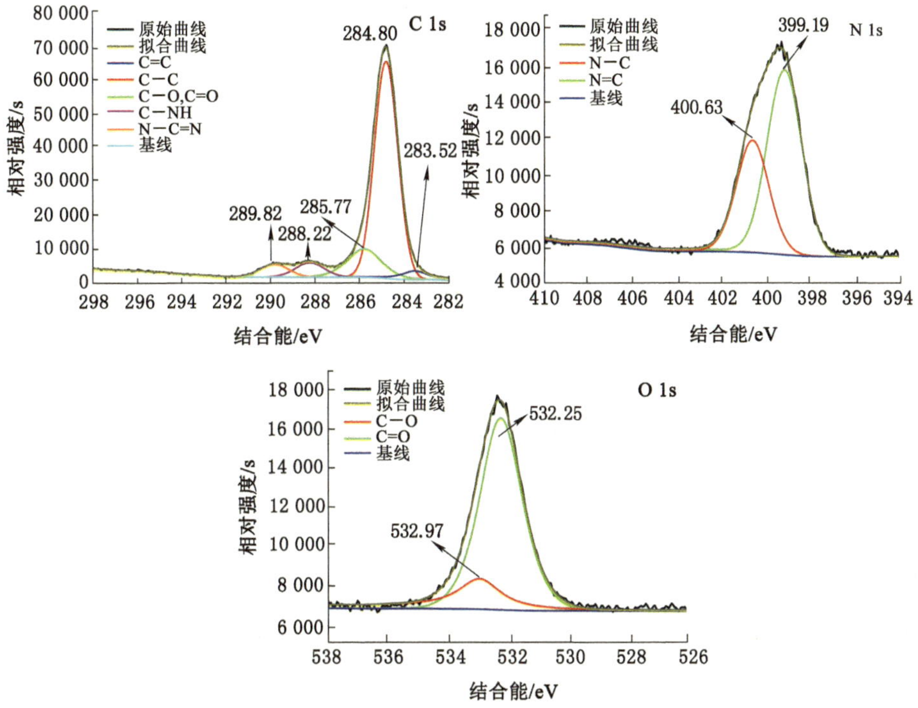

图 6.16　300 g/m³ 聚乙烯与 7%乙烯和 30%MCA 混合爆炸固态产物的 XPS 分析

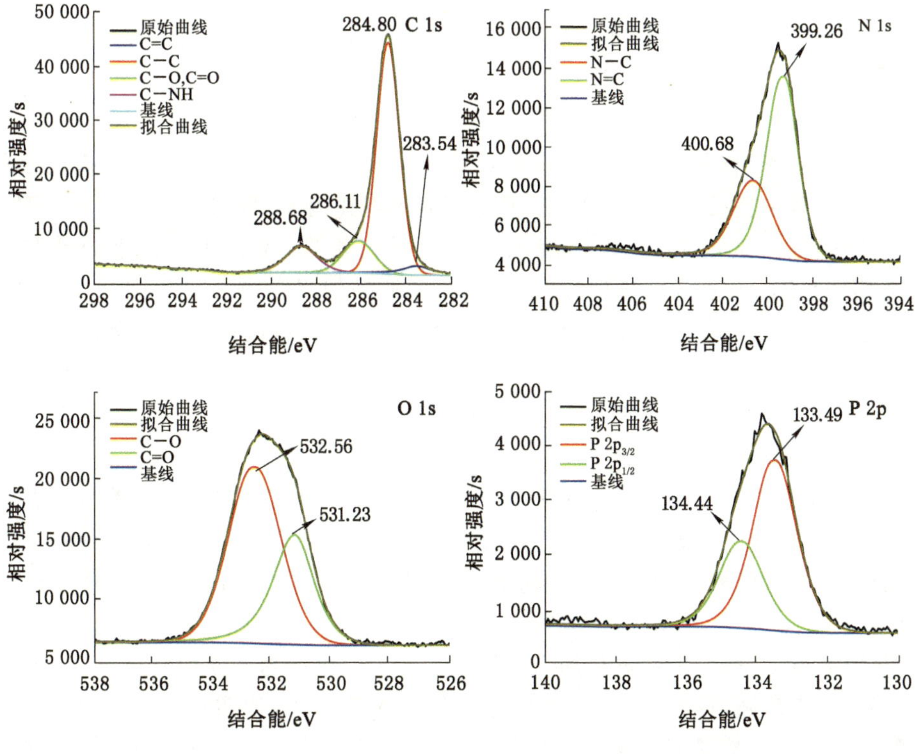

图 6.17　300 g/m³ 聚乙烯与 7%乙烯和 30%MPP 混合爆炸固态产物的 XPS 分析

64.63%，其中C═O和磷酸盐的占比比未加入乙烯的时候有所提高，说明乙烯的加入促进了部分C—O键转化为C═O，或者有更多的磷氧物质（PO_2、PO_3、HPO_2、P_2O_5等）生成。N 1s的分峰谱图，可以分出2个特征峰，分别位于399.26 eV和400.68 eV处，对应于N═C和N—C键，占比分别为65.17%和34.83%，同样来源于MPP与聚乙烯粉反应时部分MPP未分解或生成了三聚氰胺或其分解产物。P 2p的分峰图，图中位于133.49 eV和134.44 eV处的特征峰分别对应于P $2p_{3/2}$和P $2p_{1/2}$，说明MPP在爆炸过程中发生分解产生了磷氧化物（PO_2、PO_3、HPO_2、P_2O_5等），主要为P_2O_5。

6.2 粉体抑爆剂作用下聚乙烯粉气相爆炸的化学反应动力学特征

通过对爆炸固态产物进行XPS分析以及聚乙烯粉和抑爆剂的热解特性分析，明确了抑爆剂的热分解作用产物以及爆炸固态产物的化学组分，根据这些组分从相关的资料中获得其对应的反应机理数据，得到抑爆剂有效组分的反应机理模型。将抑爆剂的这些有效热解组分等效加入燃烧火焰中已被证明是一种有效的抑制机理分析方法[121,212]，据此构建聚乙烯粉爆炸的抑制反应动力学模型。

Chemkin是最早由美国Sandia实验室提出并开发的软件包，旨在解决复杂化学流动燃烧问题，包含有常见21种燃烧模型的解决方案，目前已在爆炸反应动力学得到了广泛应用，对反应进行如下的简化：

（1）假设聚乙烯粉的热解和脱挥步骤非常快，气体燃烧控制粉尘爆炸，聚乙烯燃烧时在高温下全部分解为乙烯气体[213-215]。

（2）假设ABC粉的热解作用产物只有H_3PO_4和NH_3[212]。

（3）假设MCA粉的热解作用产物只有HNCO和NH_3[155,168]。

（4）假设MPP粉的热解作用产物只有H_3PO_4和NH_3[155,168]。

所以，对于ABC粉和MCA粉的主要热解产物H_3PO_4，采用Jayaweera等提出的详细反应机理，取用其中包括H_3PO_4、HPO_3、P、PO、PO_2等在内44种组分[216]。对于HNCO和NH_3等含氮化合物，选用Konnov等提出的详细反应机理，包含127种组分及其反应步骤[217]，将其与GRI-Mech 3.0机理对比，补充部分缺失的烃类组分及反应[218]。GRI Mech 3.0机理模型由美国Lawrence Livermore国家实验室提出，该机理模型包含53种化学物质以及325个基元反应，已得到大量研究者验证且取得了很好的效果[219-221]，在乙烯参与的爆炸机理研究中也得到了应用，并证实了其准确性[222-224]。最终模型包括173种气相组分和1 444步气相反应。

本书模拟采用CHEMKIN PRO软件中的封闭同质0-D反应器，即认为反应是在定容的绝热条件下进行的，该模型已经在气相燃烧爆炸分析中得到了广泛应用和验证[225,226]。设置初始温度2 300 K，运行0.5 s，每种工况下当量比均为1，聚乙烯的质量浓度为300 g/m^3。

由图6.18可以发现，聚乙烯粉加入抑爆剂后反应的最大超压模拟值与4.2节中的实验值趋势一致，压力均随着抑爆剂占比的增加而先增大后减小，说明所构建的机理模型可以用于解释所选用粉体抑爆剂对聚乙烯粉爆炸的作用。由于模拟对反应过程进行了简化处理，没有考虑热量损失等，因此模拟值偏高。

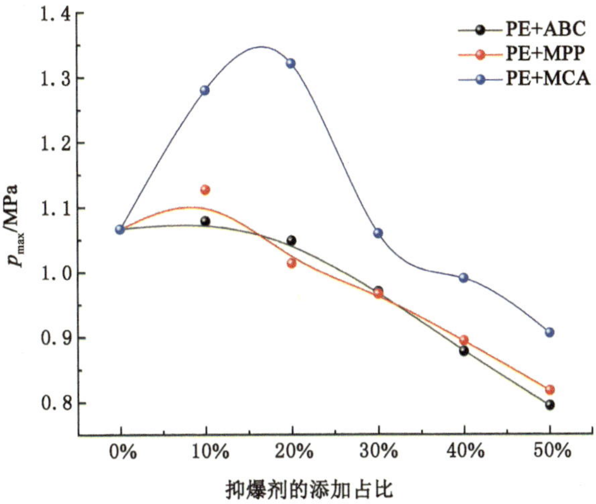

图 6.18　最大压力的模拟计算值

对比加入 ABC 粉后 H·、O·、HO·自由基的物质的量分数变化，如图 6.19(a)所示，未加入抑爆剂时自由基的数量最高且到达平衡的时间最快，随着抑爆剂的增加，各自由基的数量明显减少且到达平衡的时间延长。说明少量抑爆剂引起的爆炸压力升高并不是由爆炸被促进而导致的。如图 6.19(b)所示，体系中 NH_3 和 HPO_3 的生成量随着 ABC 粉的增加而变大，由 3.1 节和 3.4 节中抑爆剂的热动力学特性分析可知，它们是 ABC 粉的主要热解产物。

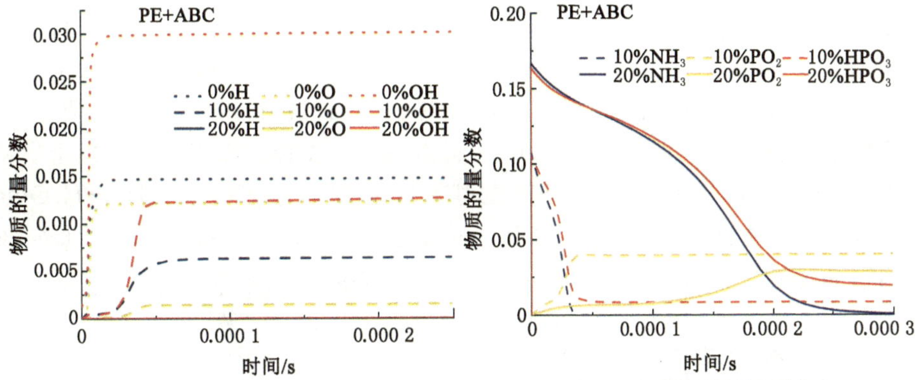

(a) 自由基的物质的量分数变化　　(b) 组分的物质的量分数变化

图 6.19　加入 ABC 粉后自由基和各组分物质的量分数的变化

自由基的降低是因为含磷组分可以在燃烧火焰中催化自由基的重组[227,228]，图 6.20 所示为添加 20%和 40%抑爆剂 ABC 粉时反应体系含磷中间产物的生成速率。可以发现，基元反应：$PO_2+OH+M = HOPO_2+M$(R1235)、$HOPO_2+H = PO_2+H_2O$(R1241)、$PO_2+H+M = HOPO+M$(R1259)、$HOPO+H = H_2+PO_2$(R1260)可以形成"$HOPO \rightleftharpoons PO_2$"和"$HOPO_2 \rightleftharpoons PO_2$"抑制循环，消耗大量的 H·和 HO·自由基，并形成稳定的化合物 H_2O 和 H_2。对于 O·自由基的消耗，主要是通过基元反应 $HOPO+O = OH+$

PO_2(R1261)和 HOPO+O+M ══ $HOPO_2$+M(R1237)实现的。

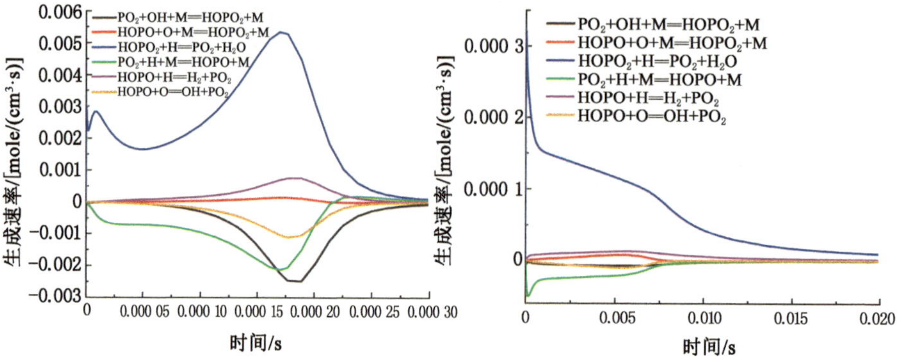

(a) PE+20%ABC　　(b) PE+40%ABC

图 6.20　抑爆剂 ABC 粉作用下含 P 中间产物的生成速率

为了得到抑爆剂对聚乙烯粉气相燃烧爆炸的影响机制，进一步对在爆炸中起关键作用的 H·、O·、HO·自由基进行敏感性分析，研究基元反应对自由基的影响。敏感性分析是指从众多不确定性因素中找出对总体反应有重要影响的敏感性因素，并分析、测算其对总体反应的影响程度和敏感性程度。敏感性系数为正，说明变量对此反应步骤正向促进，敏感性系数为负，表明变量对此反应步骤正向抑制。敏感性系数的绝对值越高则表示基元反应对总体反应的影响越大，敏感性分析是解释可燃气体爆炸和抑爆作用的常用手段[229,230]。以添加 10%和 20%抑爆剂 ABC 粉为例，图 6.21 给出了 ABC 粉作用下聚乙烯粉气相爆炸自由基的敏感性分析。

由图 6.21(a)可知，影响 H·自由基起抑制作用的主要反应有：PO_2+H+M ══ HOPO+M(R1259)以及 $HOPO_2$+H ══ PO_2+H_2O(R1241)，说明含磷的组分对聚乙烯的气相爆炸有明显的抑制作用，且随着 ABC 粉量的增加，敏感性系数的绝对值越大，说明抑制作用更强。由图 6.21(b)可知，对 OH·自由基起主要抑制作用的除了以上含磷的基元反应 R1259 和 R1241 之外，还有含 NH_3 的基元反应：NH_3+OH ══ NH_2+H_2O(R159)。由图 6.21(c)可知，对于 O·自由基的抑制同样也包括以上含磷的基元反应。此外，对于起

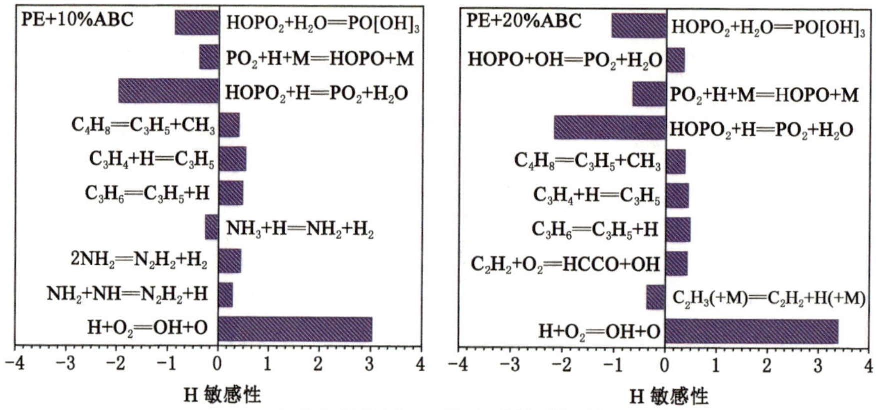

(a) 加入抑爆剂ABC粉后H的敏感性分析

图 6.21　加入抑爆剂 ABC 粉后聚乙烯粉爆炸的自由基敏感性分析

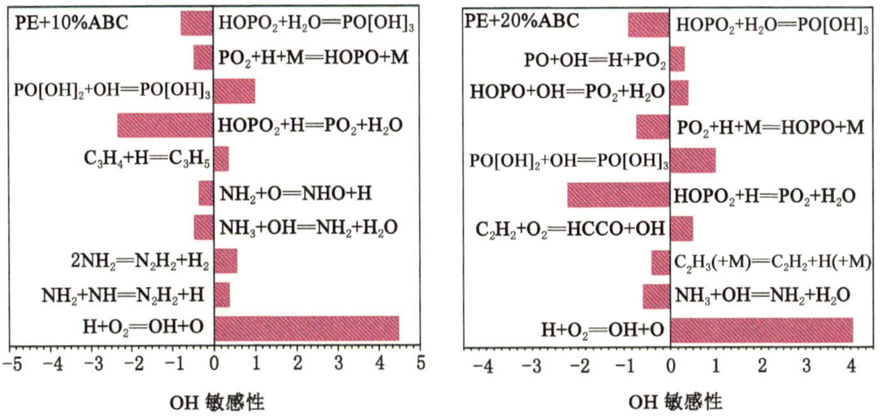

（b）加入抑爆剂ABC粉后OH的敏感性分析

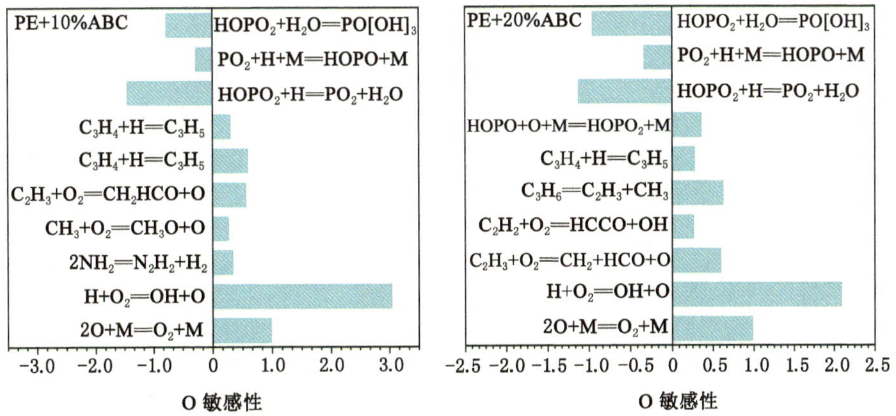

（c）加入抑爆剂ABC粉后O的敏感性分析

图 6.21 （续）

促进作用的基元反应：$H+O_2$══$OH+O$(R36)，当抑爆剂 ABC 粉为 20%时的敏感性系数绝对值小于 ABC 粉为 10%时的，说明随着 ABC 粉的增加，该基元反应被抑制。MCA 粉的热解作用产物和 ABC 粉不同，对于聚乙烯粉气相爆炸的抑制机理也不相同。图 6.22 给出了 MCA 粉作用下自由基和组分的物质的量分数变化。

对比加入 MCA 粉后 H·、O·、HO·自由基的物质的量分数变化，如图 6.22(a)所示，未加入抑爆剂时自由基的数量最高且到达平衡的时间最快，随着抑爆剂的加入，各自由基的数量明显减少且到达平衡的时间延长。由图 6.22(b)可知，体系 MCA 粉主要热解气体产物 NH_3 和 HNCO 的生成量随着 MCA 粉量的增加而变大。

MCA 粉高温热解产生的含 N 中间产物可以有效清除 O·自由基[163,164,168]，图 6.23 所示为添加 20%和 40%抑爆剂 MCA 粉时反应体系含磷中间产物的生成速率。可以发现，HNCO+O══NH+CO_2(R1185)、NNH+O══NH+NO(R222)、HNCO+O══NCO+OH(R1184)是消耗 O·自由基的主要基元反应。对 MCA 粉作用下聚乙烯粉气相爆炸抑制 O·自由基的敏感性进行分析，以添加 10%和 20%抑爆剂 MCA 粉为例，如图 6.24 所示。

由图 6.24 可知，对于 O·自由基起抑制作用的基元反应较多，主要是与 MCA 粉高温热解下产生的含 N 中间产物的基元反应有关，以及 $O+H_2$══$OH+H$(R35)。

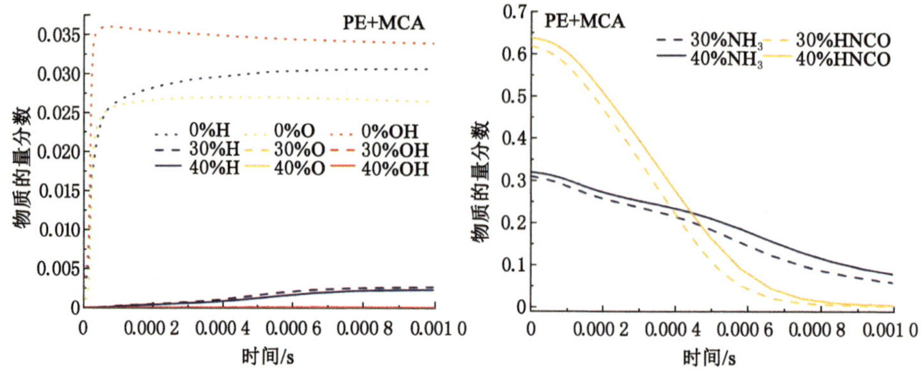

（a）自由基的物质的量分数变化　　（b）组分的物质的量分数变化

图 6.22　加入 MCA 粉后自由基和各组分物质的量分数的变化

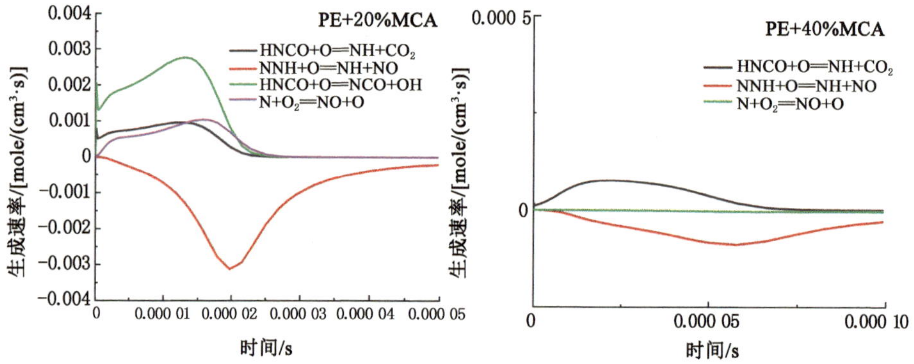

（a）主要反应含N中间产物的生成速率　　（b）不同占比MCA粉下基元反应的变化

图 6.23　抑爆剂 MCA 粉作用下主要基元反应的变化

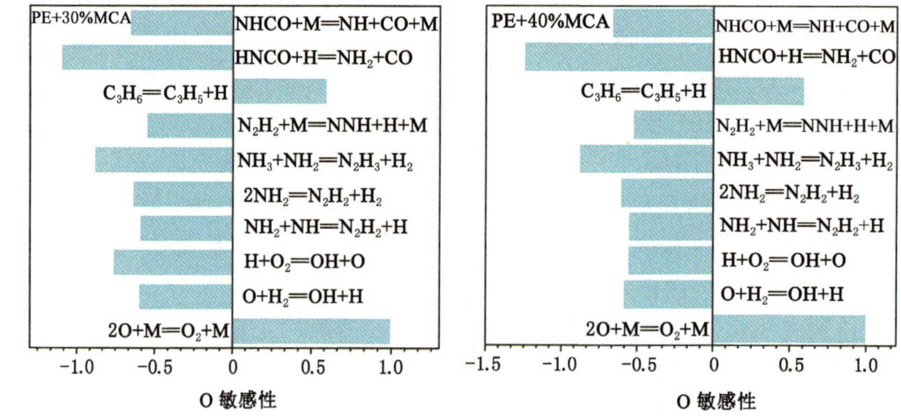

图 6.24　加入抑爆剂 MCA 粉后聚乙烯粉爆炸的 O· 自由基敏感性分析

MPP 粉和 ABC 粉的热解作用产物相同，但由于 MPP 粉的实际热解过程更复杂，相同质量的 ABC 粉和 MPP 粉产生的热解作用气体量不同，因此对聚乙烯粉气相爆炸具体的进程和时间影响不同，图 6.25 所示为添加 20％和 40％抑爆剂 MPP 粉时反应体系含磷中间产物的生成速率。

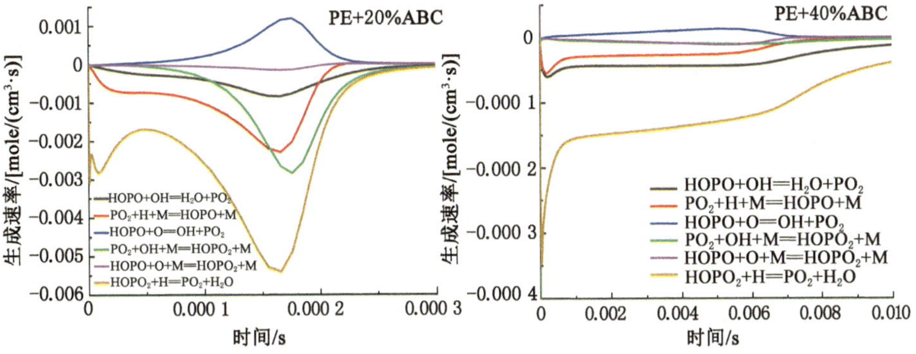

（a）主要反应含P中间产物的生成速率　（b）不同占比MPP粉下基元反应的变化

图 6.25　抑爆剂 MPP 粉作用下主要基元反应的变化

由图 6.25 可知，PO_2+OH+M ══ $HOPO_2+M$(R1235)、$HOPO_2+H$ ══ PO_2+H_2O(R1241)、PO_2+H+M ══ $HOPO+M$(R1259)、$HOPO+OH$ ══ PO_2+H_2O(R1239)等基元反应也可以形成“HOPO ⇌ PO_2”和“$HOPO_2$ ⇌ PO_2”抑制循环，消耗大量的 H・和 HO・自由基，并形成稳定的化合物 H_2O。对于 O・自由基的消耗，主要也是通过基元反应 $HOPO+O$ ══ $OH+PO_2$(R1261)和 $HOPO+O+M$ ══ $HOPO_2+M$(R1237)实现的。

对 MPP 粉作用下聚乙烯粉气相爆炸抑制的敏感性进行分析，以添加 10％和 20％抑爆剂 MPP 粉为例，如图 6.26 所示。

由图 6.26(a)可知，含磷的组分对 H・自由基的生成有明显的抑制作用，且随着 MPP 粉量的增加，敏感性系数的绝对值越大，说明抑制作用更强。基元反应 NH_2+NH ══ N_2H_2+H(R93)、$2NH_2$ ══ $N_2H_2+H_2$(R96)随着 MPP 粉量的增加，敏感性系数变小，促进作用减弱，说明 NH_2 对 H・自由基有抑制作用。由图 6.26(b)可知，R93 和 R96 同样对 OH・自由基有抑制作用。由图 6.26(c)可知，随着 MPP 粉的增多，反应 CH_3+O_2 ══ CH_3O+O(R304)的作用被抑制生成的 O・自由基减少。

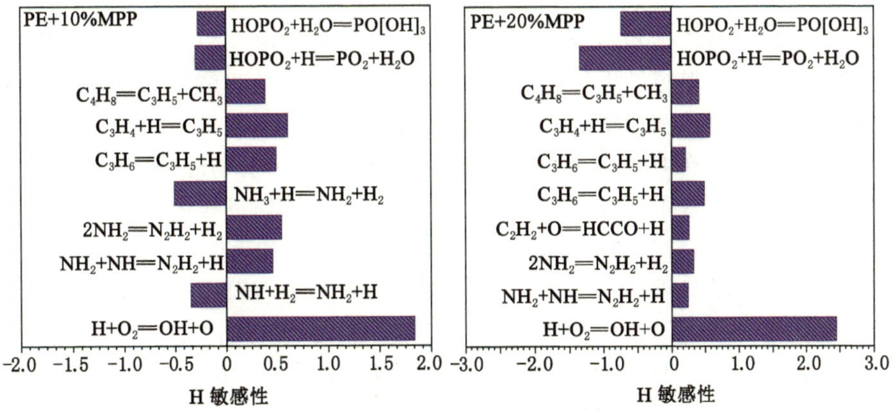

（a）加入抑爆剂MPP粉后H的敏感性分析

图 6.26　加入抑爆剂 MPP 粉后聚乙烯爆炸的敏感性分析

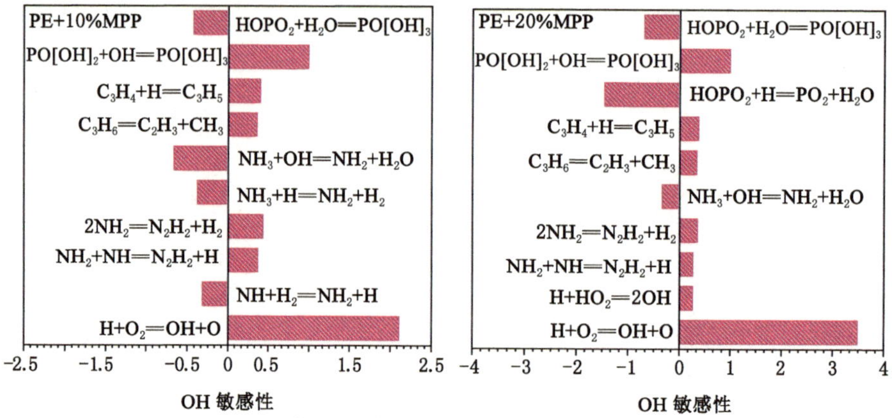

（b）加入抑爆剂MPP粉后OH的敏感性分析

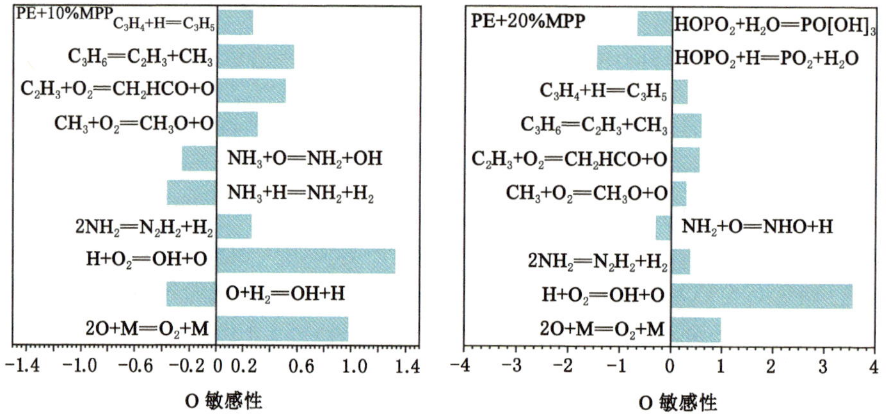

（c）加入抑爆剂MPP粉后O的敏感性分析

图 6.26 （续）

6.3 粉体抑爆剂抑制聚乙烯粉和乙烯/聚乙烯粉爆炸的机理分析

基于抑爆剂粉和聚乙烯粉混合物的热解特性以及混合物气相产物的红外表征和混合物共热解的分子动力学模拟结果可知，抑爆剂粉对聚乙烯粉的热解有抑制作用。结合爆炸固态产物的表面微观形貌和化学组分分析，并根据抑爆剂对聚乙烯粉爆炸的化学反应动力学特征分析，可以发现，在爆炸前后抑爆剂粉和聚乙烯粉发生了物理变化和化学变化，抑爆剂粉对聚乙烯粉爆炸过程中的自由基产生了影响，说明在爆炸过程中抑爆剂发挥了物理抑制作用和化学抑制作用，对 3 种抑爆剂的抑爆作用机理分析如下。

结合聚乙烯颗粒的热重-红外特性和其爆炸固态产物的 XPS 分析，以及聚乙烯粉爆炸的化学反应动力学分析，可以得到在高温下聚乙烯颗粒的分解式：

$$R—CH_2—CH_2—R \rightarrow CH_2=\!=CH_2 + R—CH_2\cdot + R''—CH—R' \tag{6.1}$$

$$R—CH_2\cdot + R''—CH_2—R' \rightarrow R''—CH—R' + R—CH_3 \tag{6.2}$$

聚乙烯颗粒的主要热解产物乙烯会发生反应进一步生成中间产物，其链式反应的主要机理如下[231]：

$$\left.\begin{cases}O_2 \to O\cdot + O\cdot \\ C_2H_4 \to CH_2\cdot + CH_2\cdot \\ C_2H_4 \to H\cdot + C_2H_3\cdot \\ \cdot H + O_2 \to O\cdot + OH\cdot \\ C_2H_4 + O\cdot \to HCO\cdot + CH_3\cdot \\ C_2H_4 + O\cdot \to CH_2\cdot + CH_2O\cdot \end{cases}\right\}\text{链引发} \tag{6.3}$$

$$\left.\begin{cases}CO + OH\cdot \to CO_2 + H\cdot \\ H_2 + OH\cdot \to H\cdot + H_2O \\ CH_2\cdot + O\cdot \to OH\cdot + CH\cdot \end{cases}\right\}\text{链传递} \tag{6.4}$$

$$\left.\begin{cases}CO + O\cdot \to CO_2 \\ HCO\cdot + OH\cdot \to CO + H_2O \\ HCO\cdot + O\cdot \to H\cdot + CO_2 \\ CH_2\cdot + OH\cdot \to CH\cdot + H_2O \end{cases}\right\}\text{链终止} \tag{6.5}$$

反应在生成 CO、CO_2、H_2O 等最终产物的同时，还分解出中间产物自由基，在这些自由基的作用下，基本反应得以继续进行。在这些基本反应中，H·、O·、HO·等自由基在爆炸反应中起关键作用。因此，抑爆剂的化学作用主要通过与相关自由基结合，进而破坏链式反应来实现。

图 6.27 所示为 ABC 粉抑制乙烯/聚乙烯粉混合爆炸的机理示意图，基于物理抑爆作用过程分析，加入 ABC 粉后，当 ABC 粉足量时，ABC 颗粒可以通过吸收聚乙烯颗粒燃烧产生的热量达到熔点，成为熔融状态的磷酸铵盐使聚乙烯颗粒表面炭化。随后，熔融状态的 ABC 粉继续吸收热量，分解产生氨气、水蒸气以及其他固体产物，这些固体产物会附着在未燃烧或正在热解的聚乙烯颗粒表面，使聚乙烯颗粒与氧气隔绝，而氨气和水蒸气降低了爆炸体系中氧气的浓度。

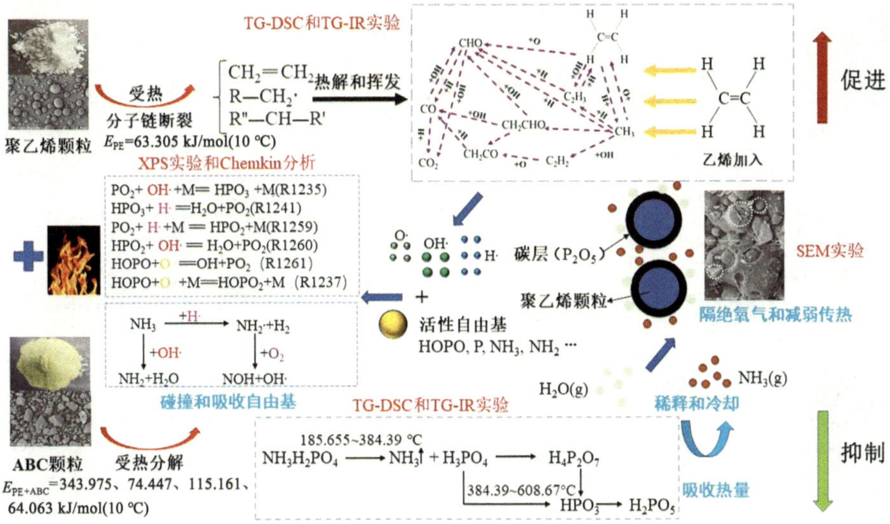

图 6.27　ABC 粉抑制乙烯/聚乙烯粉混合爆炸的机理

基于化学抑爆作用过程分析,ABC 颗粒在热解气化过程中会产生大量的活性自由基,这些活性自由基通过基元反应 R1261 和 R1237 可以消耗 O· 自由基;能够捕捉火焰中的 H 和 OH 自由基,使链反应减缓,尤其是基元反应 R1235、R1241、R1259、R1260 可以形成"$HOPO \rightleftharpoons PO_2$"和"$HOPO_2 \rightleftharpoons PO_2$"抑制循环,促进 H· 和 HO· 自由基的结合生成 H_2O,抑制了聚乙烯粉或乙烯/聚乙烯粉的爆炸。

基于热力学和动力学过程分析,当体系中 ABC 粉的质量占比从 20%增加到 60%时,在 10 ℃下聚乙烯粉的活化能由未添加任何抑爆剂时的 63.305 kJ/mol 分别提高到 343.975 kJ/mol、74.447 kJ/mol、115.161 kJ/mol、64.063 kJ/mol,热分解受到抑制。基于密度函数理论,进行了分子动力学模拟,计算了聚乙烯颗粒和 ABC 颗粒混合氧化热解体系的产物生产量,当抑爆剂 ABC 粉的占比由 0%增加到 10%、30%、50%时,最主要中间产物 C_2H_4 数量峰值由 156 个分别减少至 138、127、94 个,抑爆剂 ABC 粉的加入使得体系的烃类气体产量下降,爆炸得到抑制。

图 6.28 所示为 MCA 粉抑制乙烯/聚乙烯粉混合爆炸的机理示意图,基于物理抑爆作用过程分析,当加入足量 MCA 粉后,混合爆炸燃烧的凝聚相产物会隔绝未燃烧的聚乙烯颗粒与氧气的反应。MCA 粉的热分解会吸收反应体系的热量进而降低反应环境的温度。MCA 粉分解产生的氨气和水蒸气能降低爆炸体系的含氧量。基于化学抑爆作用过程分析,MCA 粉产生的活性自由基主要通过基元反应 R1185、R222、R1184 和 O· 自由基结合,进而破坏爆炸的链式反应。基于热力学和动力学过程分析,当体系中加入 MCA 粉占比分别为 20%、40%、50%、60%时,聚乙烯粉与 MCA 粉混合物的活化能分别为 66.957 kJ/mol、206.407 kJ/mol、205.294 kJ/mol、481.943 kJ/mol,相较于单一聚乙烯粉均有所提升,反应变难。分子动力学模拟的结果表明,当抑爆剂 MCA 粉的占比分别为 10%、30%、50%时,最主要中间产物 C_2H_4 数量峰值由 156 个分别减少至 125、116、119 个,说明抑爆剂 MCA 粉的加入使得聚乙烯的主要分解产物乙烯的量变小,从而减弱了爆炸。

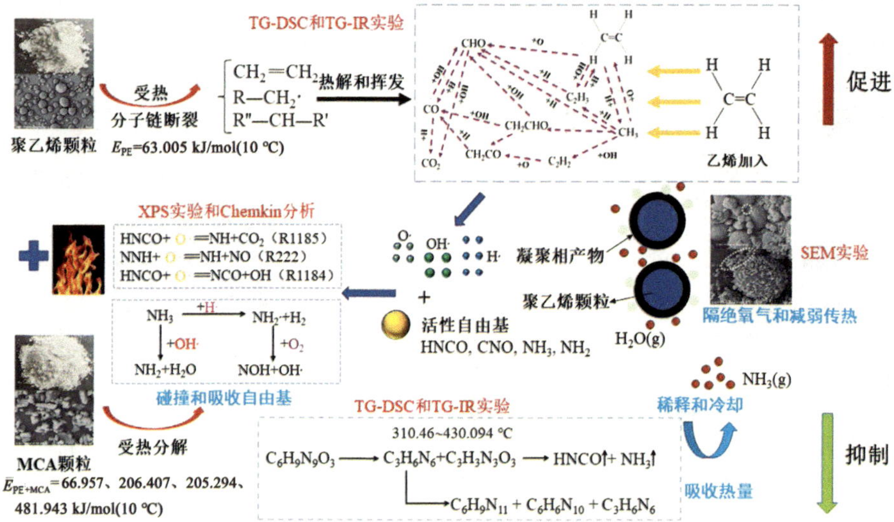

图 6.28 MCA 粉抑制乙烯/聚乙烯粉混合爆炸的机理

图 6.29 所示为 MPP 粉抑制乙烯/聚乙烯粉混合爆炸的机理示意图,其物理作用过程

与 ABC 粉类似，化学作用过程主要也是含磷组分分解产生的自由基破坏了反应的发生。基元反应 R1235、R1241、R1259、R1239 等也可以形成“HOPO$\rightleftharpoons$$PO_2$”和“$HOPO_2$$\rightleftharpoons$$PO_2$”抑制循环，消耗大量的 H· 和 HO· 自由基，并形成稳定的化合物 H_2O。对于 O· 自由基的消耗，主要也是通过基元反应 R1261 和 R1237 实现的。基于热力学和动力学过程分析，当体系中加入 MPP 粉占比分别为 20%、40%、50%、60%时，聚乙烯粉与 MPP 粉混合物的活化能分别为 88.118 kJ/mol、123.763 kJ/mol、104.634 kJ/mol、64.197 kJ/mol，均高于单一聚乙烯粉的活化能 63.305 kJ/mol，热分解受到抑制。当抑爆剂 MPP 粉在与聚乙烯混合物中质量占比分别为 10%、30%、50%时，最主要中间产物 C_2H_4 数量峰值通过分子动力学模拟发现，由纯聚乙烯粉氧化热解时的 156 个分别降低至 141、149、121 个，减弱了聚乙烯粉高温热解时的气相反应。

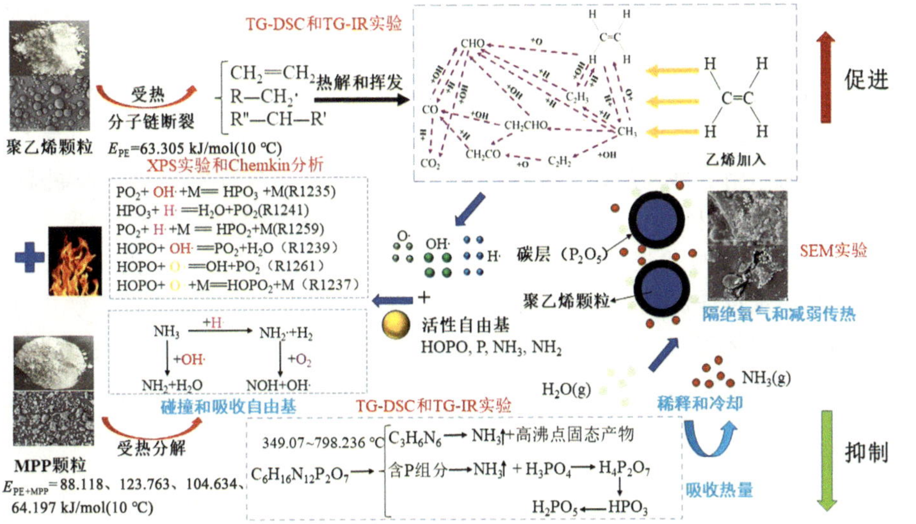

图 6.29　MPP 粉抑制乙烯/聚乙烯粉混合爆炸的机理

当反应体系中存在乙烯气体时，反应易于从非均相燃烧变为均相燃烧，释放的热量增加，混合体系产生自由基的数量和速度进一步提升，XPS 分析结果表明，乙烯还会部分抑制抑爆剂的进一步分解，因此，相同量的抑爆剂粉对于乙烯/聚乙烯粉混合体系的抑爆作用效果比对于单一聚乙烯的抑爆作用效果弱，即乙烯的加入使得抑爆难度变大。当抑爆剂粉少量时，高温热解产生的 NH_3 与氧气发生燃烧反应，释放的热量使得在球体容器内的压力升高。

6.4　本章小结

本章对不同工况爆炸固态产物的微观表征和组分进行分析，并据此确定爆炸过程中的化学组分，进而构建出抑爆剂作用下爆炸的化学反应动力学模型，分析了粉体抑爆剂抑制聚乙烯粉和乙烯/聚乙烯粉爆炸的机理，得到的主要结论如下：

(1) 爆炸后聚乙烯粉颗粒改变了原始形貌，当有乙烯存在时，粉尘颗粒表面呈现出明显的变形和突起，反应更加彻底。在添加抑爆剂后，抑爆剂分解产生氨气、水蒸气以及其他固

体产物，这些固体产物会附着在未燃烧或正在热解的聚乙烯颗粒表面，使聚乙烯颗粒与氧气隔绝，而氨气和水蒸气降低了爆炸体系中氧气的浓度。此外抑爆剂热解的过程也会降低环境的反应温度。

(2) 爆炸固态产物的 XPS 分析表明，聚乙烯粉的爆炸产物以裂解产生的烷烃为主，加入体积分数为 5%和 7%的乙烯后，产物中 C═C 的占比降低，而(C—C，C—H)的占比提高，C═O 键氧化为 C—O 的作用加剧，说明以上体积分数的乙烯促进了爆炸反应，加剧了烯烃的分解。当加入乙烯的体积分数为 3%时，爆炸产物中 O 元素的相对含量较未加入乙烯时有所增加。加入抑爆剂后，爆炸产物的 C═C 含量降低，(C—O，C═O)的含量也降低明显，相较于未加入抑爆剂，烯烃的生成相对困难，爆炸被抑制。加入乙烯后聚乙烯与抑爆剂的混合爆炸，相比于未加入乙烯时，产物中碳的相对含量升高而氧的相对含量降低，说明加入乙烯后会促进爆炸使得氧被更多消耗，同时 N 元素的含量有所提高，说明乙烯的加入部分抑制了抑爆剂的进一步分解，抑爆难度变大。

(3) 通过聚乙烯粉或乙烯/聚乙烯爆炸抑制后固态产物 XPS 能谱特征和聚乙烯与抑爆剂混合热解气相产物特征，确定了抑爆剂的热分解作用产物以及爆炸固态产物的化学组分，构建了抑爆剂作用下爆炸的化学反应动力学模型，揭示了抑爆剂的化学抑制爆炸过程。活性抑爆剂化学抑制过程主要是通过分解中间产物捕获聚乙烯粉或者乙烯/聚乙烯爆炸过程的关键自由基，破坏链式反应。不同活性抑爆剂的中间分解产物不同，与 H·、O· 和 OH· 等关键自由基反应历程也不同，其中 ABC 粉和 MPP 粉主要是通过含磷中间产物与 H·、O· 和 OH· 发生反应，MCA 粉主要是通过含氮中间产物与 O· 自由基发生反应。当存在乙烯气体时，反应易于从非均相燃烧变为均相燃烧，爆炸抑制更加困难。

7 结论与展望

7.1 结论

为分析不同粉体抑爆剂对聚乙烯粉和乙烯/聚乙烯粉爆炸特性的影响，从氧化燃烧热效应、球体和竖管爆炸实验、爆炸产物以及化学反应动力学等方面研究了添加抑爆剂后聚乙烯粉和乙烯/聚乙烯粉的爆炸过程，揭示了不同抑爆剂的抑爆特性及机理，主要得到以下结论：

(1) 得到了不同粉体抑爆剂对聚乙烯粉热解过程的影响。热解实验表明，当向聚乙烯粉中添加不同种类和质量的粉体抑爆剂时，相较于纯聚乙烯，抑爆剂与聚乙烯粉混合物的热稳定性提高。当混合物中 ABC 粉占比从 20%增加到 60%时，最快热解时对应的温度相对于未添加抑爆剂，分别增加 18.5 ℃、48.833 ℃、44.167 ℃、56.833 ℃；当 MCA 粉从 20%增加到 50%时，$T_{0.1}$分别为 349 ℃、355.667 ℃、374 ℃，均高于纯聚乙烯的 $T_{0.1}$；当 MPP 粉从 20%增加到 60%时，起始分解温度与纯聚乙烯粉相比，分别提高 21 ℃、6.167 ℃、47.834 ℃、53 ℃，$T_{0.1}$ 分别为 385.167 ℃、387.667 ℃、396.667 ℃、405.667 ℃，均高于纯聚乙烯的 $T_{0.1}$。根据热解反应动力学，分别计算在升温速率 10 K/min 下，聚乙烯粉以及添加 20%、40%、50%、60%抑爆剂后混合物的活化能，发现相对于未添加抑爆剂，抑爆剂与聚乙烯粉混合物的活化能均有所提升，热分解受到抑制。

(2) 获得了聚乙烯粉与抑爆剂粉混合物的热解气相产物释放规律。热解气相产物的实验表明，聚乙烯粉热解主要的气相产物为烷烃和烯烃气体以及 CO_2，加入抑爆剂后混合物的热解挥发物出现 NH_3 和 H_2O，具有消耗氧气和稀释氧气浓度的能力。基于密度函数理论，使用分子动力学模拟了聚乙烯粉和抑爆剂粉混合氧化热解过程，结果表明，聚乙烯燃烧热解主要中间产物为 C_2H_2、C_2H_4 等烃类气体和 H_2O、CO_2、CH_2O 等氧化物，ABC、MCA、MPP 这 3 种粉体抑爆剂的加入使得体系分解的烃类气体产量下降，聚乙烯的反应得到抑制。

(3) 得到了 3 种抑爆剂粉对聚乙烯粉爆炸超压影响的演化规律。当聚乙烯粉的质量浓度为 300 g/m^3 时爆炸峰值达到最大。当聚乙烯粉的质量浓度为 200 g/m^3、300 g/m^3、400 g/m^3 时，随着抑爆剂 ABC、MCA、MPP 粉添加量的增加，爆炸压力峰值均先增加后减少。当聚乙烯粉的质量浓度为 200 g/m^3 时，最大爆炸压力上升速率会随着抑爆剂添加量的增加先增加后减小；当聚乙烯粉的质量浓度为 300 g/m^3 和 400 g/m^3 时，最大爆炸压力上升速率会随着抑爆剂添加量的增加呈现整体下降趋势。

(4) 获得了 3 种抑爆剂粉对聚乙烯粉的临界抑爆浓度。当聚乙烯粉的质量浓度为 200 g/m^3、300 g/m^3、400 g/m^3 时，最大爆炸压力时刻和最大爆炸压力上升速率时刻均随着抑爆剂粉添加量的增加而延长。随着聚乙烯粉质量浓度的增加，每种抑爆剂的临界抑爆浓度也增加。对于 ABC 粉、MCA 粉、MPP 粉 3 种抑爆剂，当聚乙烯粉的质量浓度为 200 g/m^3、300 g/m^3、400 g/m^3时，临界抑爆浓度依次均为 ABC 粉<MPP 粉<MCA 粉。

(5) 得到了乙烯/聚乙烯粉爆炸及其与粉体抑爆剂混合爆炸的强度特性。当聚乙烯粉的质量浓度为 300 g/m^3时，气固两相爆炸的爆炸强度随着乙烯体积分数的增加先逐渐增大后减少，当乙烯的浓度为 7%时，两相爆炸的压力最大；当乙烯的浓度为 3%和 5%时，随着添加抑爆剂的增加，爆炸压力峰值均先增加后减少；当乙烯的浓度为 7%时，随着添加抑爆剂的增加，爆炸压力峰值均不断降低。当 ABC 粉的添加占比达到 83.3%时，300 g/m^3 聚乙烯粉与 3%乙烯气混合不发生爆炸，与 5%和 7%乙烯气混合爆炸的压力分别降低 19.61%、20.30%。当 MCA 粉的添加占比达到 70%时，3 种体积分数下乙烯气与 300 g/m^3 聚乙烯粉混合爆炸的压力分别降低 11.31%、6.36%、10.09%。当 MPP 粉的添加占比达到 70%时，3 种体积分数下乙烯气与 300 g/m^3 聚乙烯粉混合爆炸的压力分别降低 20.59%、5.31%、11.19%。

(6) 获得了聚乙烯粉和乙烯/聚乙烯粉爆炸及其与粉体抑爆剂混合爆炸的火焰特性。从火焰传播来看，相比于单一的聚乙烯粉爆炸，聚乙烯粉和乙烯气体混合爆炸的点火过程所需时间更短，燃烧反应速率和火焰传播速度也更快，火焰亮度更大。随着乙烯体积分数的增加，聚乙烯粉和乙烯气体混合爆炸的感应时间缩短，反应加快。在 20 L 球体实验中，300 g/m^3 聚乙烯粉爆炸的平均火焰速度约为 4.68 m/s，加入体积分数为 7%的乙烯后，平均火焰速度提升到约为 8.51 m/s；在竖管实验中 1 000 g/m^3 聚乙烯粉爆炸的火焰传播速度约为 4.43 m/s，加入体积分数为 5%的乙烯后，火焰传播速度约为 7.825 m/s。加入抑爆剂后，混合体系的火焰平均速度降低。分别添加 10%的 ABC、MCA、MPP 抑爆剂后，1 000 g/m^3 聚乙烯粉爆炸在竖管中的平均火焰速度分别降低了 58.85%、21.78%、42.34%；1 000 g/m^3 聚乙烯与 5%乙烯爆炸在竖管中的平均火焰速度分别降低了 22.58%、8.74%、12.69%，说明乙烯/聚乙烯粉混合体系的抑爆难度比单一聚乙烯的抑爆难度大。

(7) 揭示了粉体抑爆剂的抑爆机理。粉体抑爆剂抑制聚乙烯粉和乙烯/聚乙烯粉的爆炸机理可以从物理作用和化学作用以及热力学和动力学来分析。物理作用是指通过聚乙烯粉和抑爆剂粉的热动力学特性以及爆炸产物的微观特征和组分分析，抑爆剂通过吸热降低反应强度，其分解固体产物可以阻隔氧气，产生的气体和水蒸气可以降低体系的氧含量。化学作用是指通过构建粉体抑爆剂作用下聚乙烯粉气相爆炸的化学反应动力学模型，分析抑爆剂分解的中间产物捕获爆炸过程的关键自由基，其中 ABC 粉和 MPP 粉主要是通过含磷中间产物与 H·、O·和 OH·发生反应，MCA 粉主要是通过含氮中间产物与 O·自由基发生反应。热力学和动力学分析是指从活化能和氧化热解模拟产物的数量角度，表明粉体抑爆剂对聚乙烯粉氧化热解具有抑制作用。

(8) 探明了乙烯气体对聚乙烯粉爆炸和抑爆的影响作用。当反应体系中存在乙烯气体时，反应易于从非均相燃烧变为均相燃烧，释放的热量增加，混合体系产生自由基的数量和速度进一步提升，XPS 分析结果表明，乙烯还会部分抑制抑爆剂的进一步分解，因此，相同质量的抑爆剂粉对于乙烯/聚乙烯粉混合体系的抑爆作用效果比对于单一聚乙烯的抑爆作用效果弱，即乙烯的加入使得抑爆难度变大。当抑爆剂粉少量时，高温热解产生的 NH_3 与氧气发生燃烧反应，释放的热量使得在球体容器内的压力升高。

7.2 创新点

(1) 揭示了3种粉体抑爆剂对聚乙烯粉和乙烯/聚乙烯粉爆炸压力的影响规律，当纯聚乙烯粉爆炸时，最大爆炸压力随着ABC、MCA、MPP粉质量的增加先增加后减少；当乙烯的体积分数为3%和5%时，最大爆炸压力也随着抑爆剂粉质量的增加先增加后减少，当乙烯的体积分数为7%时，最大爆炸压力随着抑爆剂粉质量的增加而一直减少；当聚乙烯质量浓度为200 g/m^3、300 g/m^3、400 g/m^{3}时，不同粉体抑爆剂对纯聚乙烯粉的临界抑爆浓度依次均为ABC粉<MPP粉<MCA粉。

(2) 基于反应力场分子动力学(ReaxFF MD)，构建了聚乙烯与抑爆剂混合的氧化热解反应模型，从微观产物角度对抑爆剂粉抑制聚乙烯粉热解作用进行了分析。结合聚乙烯粉和粉体抑爆剂的热解特性分析以及爆炸固态产物组分分析，构建出聚乙烯粉气相爆炸抑制的化学反应动力学模型，该模型包含173种气相组分和1 444步气相反应，模拟结果与实验所得的超压对比表明，该模型可以用于描述爆炸的反应过程。

(3) 揭示了粉体抑爆剂抑制聚乙烯粉爆炸和乙烯/聚乙烯爆炸的机理。抑爆剂粉的加入提高了聚乙烯粉的热稳定性，抑制了聚乙烯热解中间产物烃类气体的生成；化学反应动力学分析表明，抑爆剂产生的活性自由基与爆炸产生的H·、O·和OH·自由基大量反应，抑制了聚乙烯粉或乙烯/聚乙烯粉燃烧的气相反应；结合分解吸热和稀释等作用，减少聚乙烯粉燃烧放热量，降低火焰传播速度和爆炸压力，但存在乙烯气体时，反应易于从非均相燃烧变为均相燃烧，释放的热量增加，混合体系产生自由基的数量和速度进一步提升，且部分抑制了抑爆剂的分解，使得粉体的抑爆作用减弱。

7.3 展望

由于粉尘爆炸的复杂性以及爆炸过程影响因素众多，研究中仍存在一些不足。为了更加有效快捷地控制聚乙烯粉或有可燃气体乙烯参与下的聚乙烯粉爆炸，在后期还需要对以下工作开展更加深入的研究。

(1) 本书只针对一种粒径分布的高密度聚乙烯粉开展了研究，由于不同粒径聚乙烯粉的燃烧主导模式不同，因此在下一步的研究中可以开展不同粒径聚乙烯粉的研究，包括聚乙烯的结构影响。此外，本书采用了爆炸球和竖直爆炸管道进行了研究，在实际的工业环境中，存在水平管道运输的情况，因此下一步研究可采用水平爆炸管道进行研究。

(2) 新型抑爆剂的合成和改性。基于聚乙烯粉和乙烯/聚乙烯粉爆炸抑制机理的研究，对现有抑爆剂进行改性，或合成新型固态抑爆剂。研发高效、环保、无毒的抑爆剂。该抑爆剂具有优异的吸热能力，可以包覆在聚乙烯颗粒表而阻碍聚乙烯的燃烧，在火焰中可以有效打断聚乙烯燃烧的链式反应。

参考文献

[1] 张师军，乔金樑.聚乙烯树脂及其应用[M].北京：化学工业出版社，2011.

[2] 李婷.聚乙烯化工材料的结构特点和应用发展[J].化学工业，2014，32(1)：20-24.

[3] 郑宁来.2020年全球PE需求达1.088亿t/年[J].合成材料老化与应用，2016，45(6)：114-115.

[4] 新产能投放在即，国产PE通过开工调节及出口平衡供需压力[EB/OL].https://baijiahao.baidu.com/s?id=1820732247417844604&wfr=spider&for=pc.

[5] 李亮亮，孙立富，宫宏，等.粉体料仓静电燃爆风险与防控措施[J].中国粉体技术，2017，23(6)：52-58.

[6] 马冉，高建村，杨凯，等.聚乙烯粉尘爆炸研究进展[J].中国粉体技术，2017，23(6)：59-63.

[7] 谭凤贵.近期聚烯烃料仓粉尘爆炸的分析与对策[J].石油化工安全环保技术，2008，24(6)：48-50.

[8] 谭凤贵.聚烯烃粉尘爆炸的危险分析与对策建议[J].石油化工安全技术，2005，21(6)：21-24.

[9] 佚名.乙烯和聚乙烯生产火灾爆炸事故[J].安全、健康和环境，2001，1(6)：4-5.

[10] 国家安全监管总局监管三司，中国化学品安全协会.国内外危险化学品典型事故案例分析[M].北京：中国劳动社会保障出版社，2009.

[11] 关世钧.浅析辽化"2.23"爆震事故的成因及预防[J].消防科学与技术，2002，21(5)：83-85.

[12] CSB. Investigation digest：dust explosion at west pharmaceutical services[J]. Process Safety Progress，2004，23(1)：380-381.

[13] 佚名.韩国丽水产业园区一化工厂发生爆炸致6死11伤[EB/OL].(2013-03-15).www.chinanews.com.cn/gj/2013/03-15/4646575.shtml.

[14] 齐宇萱.聚丙烯粉尘燃爆敏感性及惰化研究[D].沈阳：沈阳航空航天大学，2023.

[15] 喻健良，纪文涛，孙会利，等.乙烯/聚乙烯两相体系爆炸特性[J].化工学报，2017，68(12)：4841-4847.

[16] ECKHOFF R. Dust explosions in the process industries：identification，assessment and control of dust hazards[M]. Britain：Elsevier，2003.

[17] AMYOTTE P R，MINTZ K J，PEGG M J，et al. Laboratory investigation of the dust explosibility characteristics of three Nova Scotia coals[J]. Journal of Loss Prevention in the Process Industries，1991，4(2)：102-109.

[18] AMYOTTE P R，MINTZ K J，PEGG M J，et al. The ignitability of coal dust-air and methane-coal dust-air mixtures[J]. Fuel，1993，72(5)：671-679.

[19] AJRASH M J, ZANGANEH J, MOGHTADERI B. Effects of ignition energy on fire and explosion characteristics of dilute hybrid fuel in ventilation air methane[J]. Journal of Loss Prevention in the Process Industries, 2016, 40: 207-216.

[20] ZHAO P, TAN X, SCHMIDT M, et al. Minimum explosion concentration of coal dusts in air with small amount of $CH_4/H_2/CO$ under 10 kJ ignition energy conditions [J]. Fuel, 2020, 260: 116401.

[21] SONG S X, CHENG Y F, MENG X R, et al. Hybrid CH_4/coal dust explosions in a 20 L spherical vessel[J]. Process Safety and Environmental Protection, 2019, 122: 281-287.

[22] LI Q, LIN B, DAI H, et al. Explosion characteristics of H_2/CH_4/air and CH_4/coal dust/air mixtures[J]. Powder Technology, 2012, 229: 222-228.

[23] LANDMAN G. Ignition behaviour of hybrid mixtures of coal dust, methane, and air [J]. Journal of the Southern African Institute of Mining and Metallurgy, 1995, 95(1): 45-50.

[24] WANG Y, QI Y Q, GAN X Y, et al. Influences of coal dust components on the explosibility of hybrid mixtures of methane and coal dust [J]. Journal of Loss Prevention in the Process Industries, 2020, 67: 104222.

[25] LI H T, LI S S, ZHAI F E, et al. Effect of the initial oxidized status of coal dust on the deflagration severities and flame behaviors of pulverized coal explosion in various methane-air atmospheres[J]. Fuel, 2022, 315: 123211.

[26] MA D, QIN B T, GAO Y, et al. Study on the explosion characteristics of methane-air with coal dust originating from low-temperature oxidation of coal[J]. Fuel, 2020, 260: 116304.

[27] LI G, SHANG R, YU Y, et al. Influence of coal dust on the ignition of methane/air mixtures by friction sparks from rubbing of titanium against steel[J]. Fuel, 2013, 113: 448-453.

[28] ZHANG L, WANG H Y, CHEN C, et al. Experimental study to assess the explosion hazard of CH_4/coal dust mixtures induced by high-temperature source surface[J]. Process Safety and Environmental Protection, 2021, 154: 60-71.

[29] 王毅，王海燕，张雷，等. 高温热源表面点燃甲烷和煤尘实验研究[J]. 工矿自动化，2021，47(9)：85-90.

[30] LIU Q, HU Y, BAI C, et al. Methane/coal dust/air explosions and their suppression by solid particle suppressing agents in a large-scale experimental tube[J]. Journal of Loss Prevention in the Process Industries, 2013, 26(2): 310-316.

[31] AJRASH M J, ZANGANEH J, MOGHTADERI B. Impact of suspended coal dusts on methane deflagration properties in a large-scale straight duct [J]. Journal of Hazardous Materials, 2017, 338: 334-342.

[32] AJRASH M J, ZANGANEH J, MOGHTADERI B. Methane-coal dust hybrid fuel explosion properties in a large scale cylindrical explosion chamber[J]. Journal of Loss Prevention in the Process Industries, 2016, 40: 317-328.

[33] GUO C W,SHAO H,JIANG S G,et al. Effect of low-concentration coal dust on gas explosion propagation law[J]. Powder Technology,2020,367:243-252.

[34] 郭佳琪,裴蓓,徐梦娇,等. 燃料物性参数对瓦斯煤尘复合爆炸的耦合作用[J]. 爆炸与冲击,2022,42(11):173-184.

[35] 王秋红,潘婷,罗振敏,等. 煤尘云对瓦斯爆炸 6 种中间产物相对辐射强度的影响[J]. 煤炭学报,2023,43(3):1280-1289.

[36] 汤其建,秦汝祥,戴广龙. 索特平均直径对煤粉及其在瓦斯气氛下爆炸特性的影响[J]. 煤炭学报,2021,46(2):489-497.

[37] 杨前意,石必明,张雷林,等. 拐弯角度对瓦斯爆炸诱导煤尘爆炸的影响研究[J]. 中国安全科学学报,2019,29(7):58-63.

[38] NIU Y H,ZHANG L L,SHI B M. Experimental study on the explosion-propagation law of coal dust with different moisture contents induced by methane explosion[J]. Powder Technology,2020,361:507-511.

[39] 刘丹,司荣军. 冲击气流诱导对沉积煤尘参与瓦斯爆炸的试验研究[J]. 煤炭科学技术,2014,42(11):46-49.

[40] 李润之. 不同总量沉积煤尘在瓦斯爆炸诱导下的传播规律模拟研究[J]. 矿业安全与环保,2013,40(1):17-20.

[41] DONG C J,BI M S,ZHOU Y H. Effects of obstacles and deposited coal dust on characteristics of premixed methane-air explosions in a long closed pipe[J]. Safety Science,2012,50(9):1786-1791.

[42] 魏嘉,闻利群. 瓦斯与煤尘混合物爆炸特性数值模拟仿真[J]. 中北大学学报(自然科学版),2015,36(2):208-213.

[43] 李润之. 瓦斯爆炸诱导沉积煤尘爆炸的数值模拟[J]. 爆炸与冲击,2010,30(5):529-534.

[44] 何琰儒,朱顺兵,李明鑫,等. 煤粉粒径对粉尘爆炸影响试验研究与数值模拟[J]. 中国安全科学学报,2017,27(1):53-58.

[45] 李海涛,陈晓坤,邓军,等. 湍流状态下竖直管道内甲烷-煤尘预混特征及爆炸过程数值模拟[J]. 煤炭学报,2018,43(6):1769-1779.

[46] YU M G,LI S S,LI H T,et al. Numerical evaluation of the influence of initial pressure/temperature on the explosion properties and soot formation of methane/coal volatiles mixtures[J]. Fuel,2023,331:125698.

[47] YU M G,LI S S,ZHAI F E,et al. Effects of volatile contents on the deflagration characteristics and soot formation of methane/coal volatiles hybrid explosion using reaction kinetics simulation[J]. Fuel,2022,319:123767.

[48] LI H T,DENG J,CHEN X K,et al. Qualitative and quantitative characterisation for explosion severity and gaseous-solid residues during methane-coal particle hybrid explosions:an approach to estimating the safety degree for underground coal mines[J]. Process Safety and Environmental Protection,2020,141:150-166.

[49] LI H T,ZHAI F E,LI S S,et al. Macromorphological features and formation

mechanism of particulate residues from methane/air/coal dust gas-solid two-phase hybrid explosions:an approach for material evidence analysis in accident investigation [J]. Fuel,2022,315:123209.

[50] LIN S,LIU Z T,QIAN J F,et al. Flammability and explosion risk of post-explosion CH_4/air and CH_4/coal dust/air mixtures[J]. Combustion Science and Technology, 2021,193(8):1279-1292.

[51] BAKER W B. Explosions[M]. New York: Springer-Verlag,1981.

[52] ZHANG Q, TAN R. Effect of aluminum dust on flammability of gaseous epoxypropane in air[J]. Fuel,2013,109:647-65.

[53] GARCIA-AGREDA A, DI BENEDETTO A, RUSSO P, et al. Dust/gas mixtures explosion regimes[J]. Powder Technology,2011,205(1/2/3):81-86.

[54] RUSSO P, DI BENEDETTO A, SANCHIRICO R. Theoretical evaluation of the explosion regimes of hybrid mixtures[J]. Chemical Engineering,2012,26:51-56.

[55] 喻健良,孙会利,纪文涛,等. 甲烷/石松子两相混合体系爆炸强度参数[J]. 爆炸与冲击,2018,38(1):92-97.

[56] JI W T, YU J L, YU X Z, et al. Experimental investigation into the vented hybrid mixture explosions of lycopodium dust and methane[J]. Journal of Loss Prevention in the Process Industries,2018,51:102-111.

[57] JI W T, YAN X Q, SUN H L, et al. Comparative analysis of the explosibility of several different hybrid mixtures[J]. Powder Technology,2018,325:42-48.

[58] JI W T, WANG Y, YANG J J, et al. Explosion overpressure behavior and flame propagation characteristics in hybrid explosions of hydrogen and magnesium dust[J]. Fuel,2023,332:125801.

[59] JI W T, WANG Y, YANG J J, et al. Methods to predict variations of lower explosion limit associated with hybrid mixtures of flammable gas and dust[J]. Fuel, 2022, 310:122138.

[60] YU X Z, YU J L, ZHANG X Y, et al. Combustion behaviors and residues characteristics in hydrogen/aluminum dust hybrid explosions[J]. Process Safety and Environmental Protection,2020,134:343-352.

[61] YU X Z, YAN X Q, YU J L, et al. Effects of aluminum particle size distributions on the explosion behaviors of hydrogen/aluminum dust hybrid mixtures[J]. Powder Technology,2022,405:117548.

[62] YU X Z, ZHANG Z H, YAN X Q, et al. Effect of multi-component gaseous fuel on the explosion behaviors and mechanism of aluminum dust[J]. Journal of Loss Prevention in the Process Industries,2022,80:104918.

[63] YU X Z, YU J L, WANG C Y, et al. Experimental study on the overpressure and flame propagation of hybrid hydrogen/aluminum dust explosions in a square closed vessel[J]. Fuel,2021,285:119222.

[64] CHENG Y C, ZHAO J Q, LIAO S W, et al. Explosion mechanism of aluminum

powder mixed with low-concentration hydrogen [J]. International Journal of Hydrogen Energy,2022,47(63):27293-27302.

[65] YU L F,LI G,LIU W C,et al. Experimental investigations on ignition sensitivity of hybrid mixtures of oil shale dust and syngas[J]. Fuel,2017,210:1-7.

[66] 徐伟巍,熊静文,刘柏清,等. 酒精蒸气/烟草粉尘两相混合体系最小点火能试验研究[J]. 火灾科学,2022,31(3):137-142.

[67] KOSINSKI P, NYHEIM R, ASOKAN V, et al. Explosions of carbon black and propane hybrid mixtures[J]. Journal of Loss Prevention in the Process Industries, 2013,26(1):45-51.

[68] TORRADO D, CUERVO N, PACAULT S, et al. Explosions of gas/carbon black nanoparticles mixtures: an approach to assess the role of soot formation[J]. Chemical Engineering Transactions,2016,48:379-384.

[69] TORRADO D,GLAUDE P A,DUFAUD O. Effect of carbon black nanoparticles on methane/air explosions: influence at low initial turbulence[J]. Journal of Physics: Conference Series,2017,838:012022.

[70] KYLAFIS G F,TOMLIN A S,SLEIGH P A,et al. The influence of dust originating from carbon black nanopowders on the explosion characteristics of lean methane/air mixtures within a turbulent environment [J]. Journal of Loss Prevention in the Process Industries,2018,55:61-70.

[71] PICO P,RATKOVICH N,MUÑOZ F,et al. Analysis of the explosion behaviour of wheat starch/pyrolysis gases hybrid mixtures through experimentation and CFD-DPM simulations[J]. Powder Technology,2020,374:330-347.

[72] ADDO A, DASTIDAR A G, TAVEAU J R, et al. Niacin, lycopodium and polyethylene powder explosibility in 20 L and 1 m^3 test chambers[J]. Journal of Loss Prevention in the Process Industries,2019,62:103937.

[73] STAHMER K W, GERHOLD M. Study of the explosion reactions of sucrose, activated charcoal, polyethylene and lignite part 1: effect of variation in particle surface area upon explosion reaction[J]. Journal of Loss Prevention in the Process Industries,2017,46:177-184.

[74] STAHMER K W, GERHOLD M. Study of the explosion reactions of sucrose, activated charcoal,polyethylene and lignite part 2: study of the gas phase following the explosion reaction[J]. Journal of Loss Prevention in the Process Industries,2017, 48:216-222.

[75] DI BENEDETTO A,RUSSO P,AMYOTTE P,et al. Modelling the effect of particle size on dust explosions[J]. Chemical Engineering Science,2010,65(2):772-779.

[76] 郑秋雨,刘琳,刘天奇,等. HDPE 粉尘云最小点火能试验研究[J]. 消防科学与技术, 2021,40(6):801-804.

[77] 庞磊,赵钰,杨凯,等. 低密度聚乙烯粉尘云爆炸敏感性实验[J]. 消防科学与技术, 2019,38(9):1211-1215.

[78] PANG L, CAO J J, MA R, et al. Risk assessment method of polyethylene dust explosion based on explosion parameters[J]. Journal of Loss Prevention in the Process Industries, 2021, 69: 104397.

[79] BADLI H, SULAIMAN S Z, ARIFIN M N, et al. The influence of ethylene gas concentration on LDPE/C_2H_4 hybrid explosion process and its severity[J]. IOP Conference Series: Materials Science and Engineering, 2020, 991(1): 012119.

[80] 刘义,赵东风,路帅,等. 聚乙烯粉体粒径对静电放电点火的影响[J]. 河北大学学报(自然科学版),2007,27(6):625-629.

[81] 刘义,赵东风,路帅,等. 可燃性气体对 PE 粉体静电放电点火的影响[J]. 合成树脂及塑料,2008,25(1):20-22.

[82] 刘义,赵东风,路帅,等. 聚乙烯装置改造前后料仓静电危险性对比分析[J]. 河北大学学报(自然科学版),2010,30(5):516-520.

[83] 刘义,赵东风,路帅,等. 聚乙烯粉体输送系统安全可接受程度分析方法[J]. 石油化工高等学校学报,2010,23(2):72-75.

[84] 袁长高. 轻烃对聚乙烯装置燃爆危险的影响研究[D]. 青岛:中国石油大学(华东),2015.

[85] CHENG Y, CHANG S, SHU C. Effects of volatile organic compounds on the explosion characteristics of polyethylene dust[J]. Process Safety and Environmental Protection, 2022, 168: 114-122.

[86] 何贞君. 高密度聚乙烯生产过程燃爆危险分析及氧化动力学研究[D]. 兰州:兰州理工大学,2020.

[87] 尹同山. 乙烯氛围下的聚乙烯热解动力学研究[D]. 东营:中国石油大学(华东),2014.

[88] BAI M Q, LIU Y, LIU L, et al. Kinetics of polyethylene pyrolysis in the atmosphere of ethylene[J]. Journal of Thermal Analysis and Calorimetry, 2021, 144(2): 383-391.

[89] KANSA E J, PERLEE H E. A transient dust-flame model: application to coal-dust flames[J]. Combustion and Flame, 1980, 38: 17-36.

[90] SLEZAK S E, BUCKIUS R O, KRIER H. A model of flame propagation in rich mixtures of coal dust in air[J]. Combustion and Flame, 1985, 59(3): 251-265.

[91] CLARK D P, SMOOT L D. Model of accelerating coal dust flames[J]. Combustion and Flame, 1985, 62(3): 255-269.

[92] ESCOT BOCANEGRA P, DAVIDENKO D, SAROU-KANIAN V, et al. Experimental and numerical studies on the burning of aluminum micro and nanoparticle clouds in air[J]. Experimental Thermal and Fluid Science, 2010, 34(3): 299-307.

[93] ZHANG X Y, GAO W, YU J L, et al. Flame propagation mechanism of nano-scale PMMA dust explosion[J]. Powder Technology, 2020, 363: 207-217.

[94] ZHANG X Y, GAO W, YU J L, et al. Effect of flame propagation regime on pressure evolution of nano and micron PMMA dust explosions[J]. Journal of Loss Prevention in the Process Industries, 2020, 63: 104037.

[95] WANG Z H,CHENG Y F,MOGI T,et al. Flame structures and particle-combustion mechanisms in nano and micron titanium dust explosions [J]. Journal of Loss Prevention in the Process Industries,2022,80:104876.

[96] GAO W,MOGI T,YU J L,et al. Flame propagation mechanisms in dust explosions [J]. Journal of Loss Prevention in the Process Industries,2015,36:186-194.

[97] WANG Z,MENG X B,LIU J Q,et al. Flame propagation behaviours and explosion characteristics of AlMg alloy dust based on thermodynamic analysis [J]. Powder Technology,2022,406:117559.

[98] BAI C H,GONG G D,LIU Q M,et al. The explosion overpressure field and flame propagation of methane/air and methane/coal dust/air mixtures[J]. Safety Science,2011,49(10):1349-1354.

[99] 刘义. 甲烷、煤尘火焰结构及传播特性的研究[D]. 合肥:中国科学技术大学,2006.

[100] 陈东梁. 甲烷/煤尘复合火焰传播特性及机理的研究[D]. 合肥:中国科学技术大学,2007.

[101] LIU Y,SUN J H,CHEN D L. Flame propagation in hybrid mixture of coal dust and methane[J]. Journal of Loss Prevention in the Process Industries,2007,20(4/5/6):691-697.

[102] 裴蓓,朱知印,余明高,等. 瓦斯/煤尘爆炸初期复合火焰加速及灾害强化机制分析[J]. 工程热物理学报,2021,42(7):1879-1886.

[103] 周永浩,甘波,姜海鹏,等. 甲烷/煤尘复合爆炸火焰的传播特性[J]. 爆炸与冲击,2022,42(1):167-175.

[104] 景国勋,邵泓源,吴昱楼,等. 半封闭管道内瓦斯煤尘爆炸火焰传播特性试验[J]. 安全与环境学报,2020,20(4):1321-1326.

[105] WANG H Y,ZHANG Y W,XU J D,et al. Experimental study on effect of dilute coal dust on gas explosion pressure/flame evolution process [J]. Powder Technology,2022,404:117450.

[106] JIANG H P, BI M S, GAO Z H, et al. Effect of turbulence intensity on flame propagation and extinction limits of methane/coal dust explosions[J]. Energy,2022,239:122246.

[107] KIM W, ANRAKU S, ENDO T, et al. Flammability and flame propagation of propane/L-leucine powder hybrid mixtures [J]. Powder Technology, 2020, 372:694-702.

[108] TORRADO D, BUITRAGO V, GLAUDE P A, et al. Explosions of methane/air/nanoparticles mixtures: comparison between carbon black and inert particles [J]. Process Safety and Environmental Protection,2017,110:77-88.

[109] TORRADO D, CUERVO N, PACAULT S, et al. Influence of carbon black nanoparticles on the front flame velocity of methane/air explosions[J]. Journal of Loss Prevention in the Process Industries,2017,49:919-928.

[110] TORRADO D, PINILLA A, AMIN M, et al. Numerical study of the influence of

particle reaction and radiative heat transfer on the flame velocity of gas/nanoparticles hybrid mixtures[J]. Process Safety and Environmental Protection, 2018,118:211-226.

[111] VICKERY J,JULIEN P,GOROSHIN S,et al. Propagation of isobaric spherical flames in hybrid aluminum-methane fuel mixtures[J]. Journal of Loss Prevention in the Process Industries,2017,49:472-480.

[112] PANG L,MA R,HU S T,et al. Flame propagation of local LDPE dust cloud in a semi-open duct[J]. Experimental Thermal and Fluid Science,2019,101:209-216.

[113] QUEK V,SULAIMAN S Z,MAN R C,et al. Investigation of the LDPE dust flame propagation effected by the ethylene concentration [J]. Materials Today: Proceedings,2022,57:1422-1426.

[114] GAN B,GAO W,JIANG H P,et al. Flame propagation behaviors and temperature characteristics in polyethylene dust explosions[J]. Powder Technology,2018,328: 345-357.

[115] GAN B,LI B,JIANG H P,et al. Ethylene/polyethylene hybrid explosions:part 1. effects of ethylene concentrations on flame propagations [J]. Journal of Loss Prevention in the Process Industries,2018,54:93-102.

[116] GAN B,LI B,JIANG H P,et al. Ethylene/polyethylene hybrid explosions:part 2. effects of polyethylene particle size distributions on flame propagations[J]. Journal of Loss Prevention in the Process Industries,2018,55:134-143.

[117] 喻健良,侯玉洁,闫兴清,等. 密闭空间内聚乙烯粉尘爆炸火焰传播特性的实验研究[J]. 化工学报,2019,70(3):1227-1235.

[118] JI W T,YANG J J,WANG Y,et al. Flame propagation characteristics of hybrid explosion of ethylene and polyethylene mixture under pressure accumulation[J]. Energies,2022,15(13):4786.

[119] 姜海鹏. 固态抑爆剂抑制铝粉尘爆炸机理研究[D]. 大连:大连理工大学,2019.

[120] WANG Y,LIN C D,QI Y Q,et al. Suppression of polyethylene dust explosion by sodium bicarbonate[J]. Powder Technology,2020,367:206-212.

[121] ZHANG Y S,PAN Z C,YANG J J,et al. Study on the suppression mechanism of $(NH_4)_2CO_3$ and SiC for polyethylene deflagration based on flame propagation and experimental analysis[J]. Powder Technology,2022,399:117193.

[122] PAN Z C,ZHANG Y S,YAN K,et al. A novel ATH/SBA-15 suppressant prepared by in situ synthesis and its inhibition mechanism on PE dust deflagration flame[J]. Advanced Powder Technology,2022,33(12):103871.

[123] LIN S,LIU Z T,QIAN J F,et al. Inertant effects and mechanism of $Al(OH)_3$ powder on polyethylene dust explosions based on flame propagation behavior and thermal analysis[J]. Fire Safety Journal,2021,124:103392.

[124] 王燕,何佳,杨晶晶,等. 草酸盐和碳酸氢盐抑制聚乙烯粉尘爆炸特性[J]. 化工学报,2022,73(9):4207-4216.

[125] YANG J, YU Y, LI Y H, et al. Inerting effects of ammonium polyphosphate on explosion characteristics of polypropylene dust [J]. Process Safety and Environmental Protection, 2019, 130: 221-230.
[126] YU Y, LI Y H, ZHANG Q W, et al. Experimental investigation of the inerting effect of crystalline Ⅱ type ammonium polyphosphate on explosion characteristics of micron-size acrylates copolymer dust[J]. Journal of Hazardous Materials, 2018, 344: 558-565.
[127] ZHOU J H, LI B, MA D Q, et al. Suppression of nano-polymethyl methacrylate dust explosions by ABC powder[J]. Process Safety and Environmental Protection, 2019, 122: 144-152.
[128] ZHOU J H, JIANG H P, ZHOU Y H, et al. Flame suppression of 100 nm PMMA dust explosion by $KHCO_3$ with different particle size [J]. Process Safety and Environmental Protection, 2019, 132: 303-312.
[129] LIU B, XU K L, ZHANG Y Y, et al. PAN dust explosion inhibition mechanisms of $NaHCO_3$ and $Al(OH)_3$ [J]. Journal of Loss Prevention in the Process Industries, 2021, 73: 104619.
[130] 李振峰，王天政，安安，等. 细水雾抑制煤尘与瓦斯爆炸实验[J]. 西安科技大学学报，2011，31(6)：698-703.
[131] 许红利. 超细水雾抑制瓦斯煤尘混合爆炸模拟实验研究[D]. 合肥：中国科学技术大学，2013.
[132] XU H L, WANG X S, LI Y, et al. Experimental investigation of methane/coal dust explosion under influence of obstacles and ultrafine water mist[J]. Journal of Loss Prevention in the Process Industries, 2017, 49: 929-937.
[133] 陈彪，冯萧，张皓天，等. 超细水雾抑制甲烷-煤尘复合爆炸的实验研究[J]. 消防科学与技术，2021，40(7)：1046-1051.
[134] 陈彪. 甲烷-煤尘复合爆炸及超细水雾抑制研究[D]. 大连：大连理工大学，2021.
[135] FENG X, REN J J, PU M Z, et al. Suppression effect of ultra-fine water mist on methane-coal dust hybrid explosion[J]. Powder Technology, 2022, 406: 117590.
[136] 冯萧. 超细水雾抑制甲烷/煤尘两相爆炸机理研究[D]. 大连：大连理工大学，2022.
[137] JIANG H P, BI M S, HUANG L, et al. Suppression mechanism of ultrafine water mist containing phosphorus compounds in methane/coal dust explosions [J]. Energy, 2022, 239: 121987.
[138] 裴蓓，李杰，余明高，等. CO_2-超细水雾对瓦斯/煤尘爆炸抑制特性研究[J]. 中国安全生产科学技术，2018，14(8)：54-60.
[139] 谷恭天. 惰气-细水雾气液两相流抑制煤尘/瓦斯爆炸实验研究[D]. 太原：太原理工大学，2020.
[140] 李杰. CO_2-超细水雾抑制不同煤种煤尘/瓦斯爆炸衰减特性[D]. 焦作：河南理工大学，2019.
[141] CAO X Y, WEI H Y, WANG Z R, et al. Experimental research on the inhibition of

methane/coal dust hybrid explosions by the ultrafine water mist[J]. Fuel, 2023, 331:125937.

[142] 黄子超,司荣军. 粉体云幕对瓦斯煤尘爆炸隔爆效果的试验研究[J]. 中国安全科学学报,2020,30(3):74-81.

[143] LIU W, XU X Y, MU C M. Experimental study on two-phase explosion suppression of gas/pulverized coal by explosion suppressant[J]. ACS Omega, 2022, 7(19): 16644-16652.

[144] 余明高,贺涛,李海涛,等. 改性高岭土抑爆剂对瓦斯煤尘复合爆炸压力的影响[J]. 煤炭学报,2022,47(1):348-359.

[145] YU M G, WANG F C, HE T, et al. Experimental exploration and mechanism analysis of the deflagration pressure of methane/pulverized coal blenders inhibited by modified kaoline-containing compound inhibitors[J]. Fuel, 2023, 333:126353.

[146] SONG Y F, NASSIM B, ZHANG Q. Explosion energy of methane/deposited coal dust and inert effects of rock dust[J]. Fuel, 2018, 228:112-122.

[147] ZHAO Q, LIU J, HUANG C Y, et al. Characteristics of coal dust deflagration under the atmosphere of methane and their inhibition by coal ash[J]. Fuel, 2021, 291:120121.

[148] ZHAO Q, CHEN X F, YANG M J, et al. Suppression characteristics and mechanisms of ABC powder on methane/coal dust compound deflagration[J]. Fuel, 2021, 298:120831.

[149] CHEN X F, HOU X Z, ZHAO Q, et al. Suppression of methane/coal dust deflagration by $Al(OH)_3$ based on flame propagation characteristics and thermal decomposition[J]. Fuel, 2022, 311:122530.

[150] ZHAO Q, CHEN X F, LI Y, et al. Suppression mechanisms of ammonium polyphosphate on methane/coal dust explosion: based on flame characteristics, thermal pyrolysis and explosion residues[J]. Fuel, 2022, 326:125014.

[151] ZHAO Q, LIU J, CHEN X F, et al. Hindrance and suppression characteristics of local whole-inerting zone on flame propagation of methane/coal dust deflagration [J]. Fuel, 2021, 305:121483.

[152] ZHAO Q, LI Y, CHEN X F. Fire extinguishing and explosion suppression characteristics of explosion suppression system with N_2/APP after methane/coal dust explosion[J]. Energy, 2022, 257:124767.

[153] LI J, GUO Z Z, CHEN X Y, et al. Rapid and efficient removal of CO in CH_4 and CH_4/coal dust hybrid explosions: a novel approach of spraying catalyst powder[J]. Fuel, 2021, 290:119790.

[154] DENKEVITS A. Hydrogen/dust explosion hazard in ITER: effect of nitrogen dilution on explosion behavior of hydrogen/tungsten dust/air mixtures[J]. Fusion Engineering and Design, 2010, 85(7/8/9):1059-1063.

[155] TSAI Y T, FU T, ZHOU Q. Explosion characteristics and suppression of hybrid

Mg/H_2 mixtures[J]. International Journal of Hydrogen Energy, 2021, 46(78): 38934-38943.

[156] YANG K, CAO J J, ZHAO Y, et al. Inerting effect of N_2 on explosion of LDPE dust/ethylene hybrid mixtures[J]. Journal of Loss Prevention in the Process Industries, 2021, 70: 104431.

[157] WEI L J, SU M Q, WANG K, et al. Suppression effects of ABC powder on explosion characteristics of hybrid C_2H_4/polyethylene dust[J]. Fuel, 2022, 310: 122159.

[158] YAN C C, BI M S, LI Y C, et al. Effects of nitrogen and carbon dioxide on hydrogen explosion behaviors near suppression limit[J]. Journal of Loss Prevention in the Process Industries, 2020, 67: 104228.

[159] LI M H, XU J C, WANG C J, et al. Thermal and kinetics mechanism of explosion mitigation of methane-air mixture by N_2/CO_2 in a closed compartment[J]. Fuel, 2019, 255: 115747.

[160] ZHENG L J, YU Y, YANG J, et al. Inhibiting effect of inhibitors on ignition sensitivity of wood dust[J]. Journal of Loss Prevention in the Process Industries, 2021, 70: 104391.

[161] 黄楚原. 可燃木塑混合粉尘爆燃特性及惰化抑制研究[D]. 武汉:武汉理工大学, 2021.

[162] LU K L, CHEN X K, LUO Z M, et al. Inhibiting effects investigation of pulverized coal explosion using melamine cyanurate[J]. Powder Technology, 2022, 401: 117300.

[163] DAI H M, YIN H P, ZHAI C. Experimental investigation on the inhibition of coal dust deflagration by the composite inhibitor of floating bead and melamine cyanurate [J]. Energy, 2022, 261: 125207.

[164] ZHANG S L, BI M S, JIANG H P, et al. Synergistic inhibition of aluminum dust explosion by gas-solid inhibitors[J]. Journal of Loss Prevention in the Process Industries, 2021, 71: 104511.

[165] ZHANG T Y, ZHANG Q W, YU Y, et al. Effects of melamine polyphosphate on explosion characteristics and thermal pyrolysis behavior of polyamide 66 dust[J]. Journal of Loss Prevention in the Process Industries, 2022, 78: 104820.

[166] SONG N, LUO T Y, YU Y, et al. Investigation on suppression of melamine polyphosphate on acrylonitrile-butadiene-styrene dust explosion[J]. Process Safety Progress, 2021, 40(4): 345-354.

[167] JIANG H P, BI M S, MA D Q, et al. Flame suppression mechanism of aluminum dust cloud by melamine cyanurate and melamine polyphosphate[J]. Journal of Hazardous Materials, 2019, 368: 797-810.

[168] JIANG H P, BI M S, GAO W. Suppression mechanism of Al dust explosion by melamine polyphosphate and melamine cyanurate[J]. Journal of Hazardous Materials, 2020, 386: 121648.

[169] MA X S, MENG X B, LI Z Y, et al. Study of the influence of melamine polyphosphate and aluminum hydroxide on the flame propagation and explosion overpressure of aluminum magnesium alloy dust[J]. Journal of Loss Prevention in the Process Industries,2020,68:104291.

[170] MENG X B,YAN K,PAN Z C,et al. Study on mechanism and dynamics of inert powder explosion inhibitor inhibiting aluminum powder explosion[J]. Advanced Powder Technology,2022,33(11):103773.

[171] 王秋红,王力文. 优选阻燃材料惰化锆粉云燃烧的效果和机理[J]. 吉林大学学报(工学版),2020,50(3):929-938.

[172] 王秋红,闵锐,王清峰. 3种阻燃粉体抑制锆粉云爆炸强度的效果和机理[J]. 华南理工大学学报(自然科学版),2020,48(8):72-81.

[173] 王秋红,申中一,王清峰. 抑制铝粉尘云爆炸的粉体材料效能对比分析[J]. 中南大学学报(自然科学版),2020,51(4):922-930.

[174] WANG Q H, SHEN Z Y, JIANG J C, et al. Suppression effects of ammonium dihydrogen phosphate dry powder and melamine pyrophosphate powder on an aluminium dust cloud explosion[J]. Journal of Loss Prevention in the Process Industries,2020,68:104312.

[175] International Organization for Standardization. Explosion protection systems-part 1: determination of explosion indices of combustible dusts in air:ISO 6184-1:1985[S]. 1985.

[176] 国家市场监督管理总局,国家标准化管理委员会. 粉尘云爆炸下限浓度测定方法:GB/T 16425—2018[S]. 北京:中国标准出版社,2018.

[177] European Committee for Standardization. Determination of explosion characteristics of dust clouds-part 3:determination of the lower explosion limit LEL of dust clouds :EN 14034-3:2006 [S]. 2006.

[178] GOING J E, CHATRATHI K, CASHDOLLAR K L. Flammability limit measurements for dusts in 20 L and 1 m^3 vessels[J]. Journal of Loss Prevention in the Process Industries,2000,13(3/4/5):209-219.

[179] MYERS T J. Reducing aluminum dust explosion hazards:case study of dust inerting in an aluminum buffing operation[J]. Journal of Hazardous Materials,2008,159(1):72-80.

[180] 国家质量监督检验检疫总局,中国国家标准化管理委员会. 空气中可燃气体爆炸指数测定方法:GB/T 803—2008[S]. 北京:中国标准出版社,2008.

[181] 国家质量监督检验检疫总局,中国国家标准化管理委员会. 空气中可燃气体爆炸极限测定方法:GB/T 12474—2008[S]. 北京:中国标准出版社,2009.

[182] ADDAI E K,GABEL D,KRAUSE U. Lower explosion limit of hybrid mixtures of burnable gas and dust[J]. Journal of Loss Prevention in the Process Industries,2015,36:497-504.

[183] SUN Z Y, LI G X. Turbulence influence on explosion characteristics of

stoichiometric and rich hydrogen/air mixtures in a spherical closed vessel[J]. Energy Conversion and Management, 2017, 149: 526-535.
[184] KUAI N, HUANG W, DU B, et al. Experiment-based investigations on the effect of ignition energy on dust explosion behaviors[J]. Journal of Loss Prevention in the Process Industries, 2013, 26(4): 869-877.
[185] ZHOU Q, CHEUNG C S, LEUNG C W, et al. Explosion characteristics of bio-syngas at various fuel compositions and dilutions in a confined vessel[J]. Fuel, 2020, 259: 116254.
[186] 张洪铭. 管道内淀粉粉尘爆燃火焰传播行为及惰化抑制特性研究[D]. 武汉: 武汉理工大学, 2018.
[187] 蔡伟. 国内外高密度聚乙烯的供需现状及未来发展分析[J]. 石油化工技术与经济, 2020, 36(4): 9-14.
[188] HE Z H, LI X B, LIU L M, et al. The intrinsic mechanism of methane oxidation under explosion condition: a combined ReaxFF and DFT study[J]. Fuel, 2014, 124: 85-90.
[189] LIU S H, WEI L H, ZHOU Q, et al. Simulation strategies for ReaxFF molecular dynamics in coal pyrolysis applications: a review[J]. Journal of Analytical and Applied Pyrolysis, 2023, 170: 105882.
[190] LI G X, ZHENG F J, HUANG Q F, et al. Molecular insight into pyrolysis processes via reactive force field molecular dynamics: a state-of-the-art review[J]. Journal of Analytical and Applied Pyrolysis, 2022, 166: 105620.
[191] CHEN Z J, SUN W Z, ZHAO L. High-temperature and high-pressure pyrolysis of hexadecane: molecular dynamic simulation based on reactive force field (ReaxFF) [J]. The Journal of Physical Chemistry A, 2017, 121(10): 2069-2078.
[192] LIU Y L, DING J X, HAN K L. Molecular dynamics simulation of the high-temperature pyrolysis of methylcyclohexane[J]. Fuel, 2018, 217: 185-192.
[193] ASHRAF C, SHABNAM S, JAIN A, et al. Pyrolysis of binary fuel mixtures at supercritical conditions: a ReaxFF molecular dynamics study[J]. Fuel, 2019, 235: 194-207.
[194] LIU J, LI X X, GUO L, et al. Reaction analysis and visualization of ReaxFF molecular dynamics simulations[J]. Journal of Molecular Graphics and Modelling, 2014, 53: 13-22.
[195] DE CACHINHO CORDEIRO I M, CHEN T B Y, YUEN A C Y, et al. Pyrolysis and combustion characterisation of HDPE/APP composites via molecular dynamics and CFD simulations[J]. Journal of Analytical and Applied Pyrolysis, 2022, 163: 105499.
[196] LIAO L J, MENG C Y, HUANG C G. Thermal decomposition behaviour of polyethylene in oxygen-free and low oxygen content circumstances by reactive molecular dynamic simulation[J]. Molecular Simulation, 2018, 44(12): 954-964.
[197] GUO W, FAN K, GUO G L, et al. Atomic-scale insight into thermal decomposition

behavior of polypropylene: a ReaxFF method [J]. Polymer Degradation and Stability,2022,202:110038.

[198] MONTI S,LI C,CARRAVETTA V. Reactive dynamics simulation of monolayer and multilayer adsorption of glycine on Cu(110) [J]. The Journal of Physical Chemistry C,2013,117(10):5221-5228.

[199] European Committee for Standardization. Determination of explosion characteristics of dust clouds-part 1: determination of the maximum explosion pressure Pmax of dust clouds:EN 14034-1:2006[S]. 2006.

[200] DASTIDAR A G,AMYOTTE P R,GOING J,et al. Flammability limits of dusts: minimum inerting concentrations[J]. Process Safety Progress,1999,18(1):56-63.

[201] AMYOTTE P R. Solid inertants and their use in dust explosion prevention and mitigation[J]. Journal of Loss Prevention in the Process Industries,2006,19(2/3): 161-173.

[202] JIANG H P,BI M S,LI B,et al. Inhibition evaluation of ABC powder in aluminum dust explosion[J]. Journal of Hazardous Materials,2019,361:273-282.

[203] AMYOTTE P R,BASU A,KHAN F I. Dust explosion hazard of pulverized fuel carry-over[J]. Journal of Hazardous Materials,2005,122(1/2):23-30.

[204] MENG F Y, HOU X C, AMYOTTE P, et al. Opposite effects of typical solid inertants on flame propagation in Mg dust clouds versus dust layers[J]. Fuel,2022, 324:124394.

[205] MENG F Y,HOU X C,AMYOTTE P,et al. Effects of physical and chemical factors on the suppressant enhanced explosion parameter (SEEP) in flame propagation of metal dust layers[J]. Fuel,2023,334:126620.

[206] ZHANG P P,ZHOU Y H,CAO X Y,et al. Enhancement effects of methane/air explosion caused by water spraying in a sealed vessel[J]. Journal of Loss Prevention in the Process Industries,2014,29:313-318.

[207] PAGLIARO J L,LINTERIS G T,SUNDERLAND P B,et al. Combustion inhibition and enhancement of premixed methane-air flames by halon replacements [J]. Combustion and Flame,2015,162(1):41-49.

[208] LINTERIS G T,BURGESS D R,TAKAHASHI F,et al. Stirred reactor calculations to understand unwanted combustion enhancement by potential halon replacements [J]. Combustion and Flame,2012,159(3):1016-1025.

[209] HAN D H, SUNG H G. A numerical study on heterogeneous aluminum dust combustion including particle surface and gas-phase reaction[J]. Combustion and Flame,2019,206:112-122.

[210] LIU X L,LI X X,LIU J,et al. Study of high density polyethylene (HDPE) pyrolysis with reactive molecular dynamics[J]. Polymer Degradation and Stability,2014,104: 62-70.

[211] JIN Z R,LI Q Y,TANG P D,et al. Copper-doped carbon dots with enhanced Fenton

reaction activity for rhodamine B degradation[J]. Nanoscale Advances,2022,4(14):3073-3082.

[212] JIANG H P,BI M S,LI B,et al. Flame inhibition of aluminum dust explosion by $NaHCO_3$ and $NH_4H_2PO_4$[J]. Combustion and Flame,2019,200:97-114.

[213] DI BENEDETTO A,RUSSO P. Thermo-kinetic modelling of dust explosions[J]. Journal of Loss Prevention in the Process Industries,2007,20(4/5/6):303-309.

[214] MATSUGI D, MATSUOKA T, NAKAMURA Y. Study of successive-burning characteristics of porous combustible soaked in liquid oxidizer[J]. Combustion and Flame,2021,233:111571.

[215] OGAMI Y, MORI M, YOSHINAGA K, et al. Experimental study on polymer pyrolysis in high-temperature air diluted by H_2O and CO_2 using stagnation-point flow[J]. Combustion Science and Technology,2012,184(6):735-749.

[216] JAYAWEERA T M, MELIUS C F, PITZ W J, et al. Flame inhibition by phosphorus-containing compounds over a range of equivalence ratios [J]. Combustion and Flame,2005,140(1/2):103-115.

[217] KONNOV A A. Implementation of the NCN pathway of prompt-NO formation in the detailed reaction mechanism [J]. Combustion and Flame, 2009, 156 (11): 2093-2105.

[218] JING Q,WANG D,LIU Q M,et al. Transient reaction process and mechanism of cornstarch/air and CH_4/cornstarch/air in a closed container: quantitative research based on experiments and simulations[J]. Journal of Hazardous Materials, 2021, 409:124475.

[219] VANESSEN V, SEPMAN A, MOKHOV A, et al. Pressure dependence of NO formation in laminar fuel-rich premixed CH_4/air flames[J]. Combustion and Flame, 2008,153(3):434-441.

[220] WANG T,LIANG H,LIN J J,et al. The explosion thermal behavior of H_2/CH_4/air mixtures in a closed 20 L vessel[J]. International Journal of Hydrogen Energy, 2022,47(2):1390-1400.

[221] LI Y C,BI M S,ZHOU Y H,et al. Characteristics of hydrogen-ammonia-air cloud explosion[J]. Process Safety and Environmental Protection,2021,148:1207-1216.

[222] WANG T,LUO Z M,WEN H,et al. The explosion enhancement of methane-air mixtures by ethylene in a confined chamber[J]. Energy,2021,214:119042.

[223] SUN T Y,ZHANG Q B,CHEN L X,et al. Prediction of detonation initiation in an air-breathing pulse detonation combustor utilizing a simplified ethylene-air reaction mechanism[J]. Aerospace Science and Technology,2022,129:107821.

[224] LIU L,LUO Z,SVEN ECKART,et al. Investigation of C_2H_6,C_2H_4,CO and H_2 on the explosion pressure behavior of methane/blended fuels[J]. International Journal of Hydrogen Energy,2023,48(72):27978-27991.

[225] ZHOU S Y,LUO Z M,GAO J C,et al. Experimental and chemical kinetic behaviors

at the explosion reaction of typical C_6 hydrocarbons[J]. Fuel,2022,322:124258.

[226] YANG M, YANG Y, LIAO C Y, et al. The auto-ignition boundary of ethylene/nitrous oxide as a promising monopropellant[J]. Combustion and Flame,2020,221:64-73.

[227] WERNER J H, COOL T A. Kinetic model for the decomposition of DMMP in a hydrogen/oxygen flame[J]. Combustion and Flame,1999,117(1/2):78-98.

[228] WANG J Y, LIANG Y T, ZHAO Z Z. Effect of N_2 and CO_2 on explosion behavior of H_2-liquefied petroleum gas-air mixtures in a confined space[J]. International Journal of Hydrogen Energy,2022,47(56):23887-23897.

[229] FAN R J, WANG Z R, GUO W J, et al. Experimental and theoretical study on the suppression effect of CF_3CHFCF_3 (FM-200) on hydrogen-air explosion [J]. International Journal of Hydrogen Energy,2022,47(26):13191-13198.

[230] SIOW J E, LAURENDEAU N M. Flame inhibition activity of phosphorus-containing compounds using laser-induced fluorescence measurements of hydroxyl [J]. Combustion and Flame,2004,136(1/2):16-24.

[231] 胡守涛,李如霞,聂百胜,等. 磁场对乙烯预混气体爆炸自由基影响机理[J]. 含能材料,2022,30(12):1252-1258.